"十三五"国家重点出版物出版规划项目

DSP 技术及应用

主编 吴冬梅　朱周华

参编 石　崟　张晓莉　吴延海

机械工业出版社

本书首先介绍了实时数字信号处理系统，DSP 芯片的结构特点、分类及应用领域，DSP 芯片产品及 DSP 应用系统的设计概要；然后以 TMS320C54x 系列 DSP 为描述对象，介绍了硬件结构、寻址方式及指令系统、汇编语言及 C 语言程序设计、DSP 集成开发环境（CCS），并结合实例介绍了 C54x 的中断系统及片内外设、DSP 最小硬件系统设计；最后详细介绍了 DSP 系统中经典信号处理的应用设计和实现方法。本书的突出特点是以 DSP 的基本应用为主，内容安排详略得当，实例丰富，实用性强。

本书可作为电子信息工程、通信工程、物联网工程、自动化等相关专业的本科生教材和参考书，也可作为通信与信息系统、信号与信息处理、电子与通信工程等相关学科的研究生教材和参考书，还可作为相关技术人员从事 DSP 芯片开发与应用的参考书。

图书在版编目（CIP）数据

DSP 技术及应用／吴冬梅，朱周华主编．—北京：机械工业出版社，2020.5（2023.1 重印）
"十三五"国家重点出版物出版规划项目
ISBN 978 - 7 - 111 - 65252 - 6

Ⅰ.①D… Ⅱ.①吴… ②朱… Ⅲ.①数字信号处理
Ⅳ.①TN911.72

中国版本图书馆 CIP 数据核字（2020）第 052783 号

机械工业出版社（北京市百万庄大街 22 号 邮政编码 100037）
策划编辑：王玉鑫 责任编辑：王玉鑫 张翠翠 刘丽敏
责任校对：杜雨霏 封面设计：鞠 杨
责任印制：郜 敏
中煤（北京）印务有限公司印刷
2023 年 1 月第 1 版第 3 次印刷
184mm × 260mm·18 印张·464 千字
标准书号：ISBN 978 - 7 - 111 - 65252 - 6
定价：48.00 元

电话服务　　　　　　　　　　　　网络服务
客服电话：010 - 88361066　　　　机 工 官 网：www.cmpbook.com
　　　　　010 - 88379833　　　　机 工 官 博：weibo.com/cmp1952
　　　　　010 - 68326294　　　　金 书 网：www.golden-book.com
封底无防伪标均为盗版　　　　机工教育服务网：www.cmpedu.com

序

　　工程教育在我国高等教育中占有重要地位，高素质工程科技人才是支撑产业转型升级、实施国家重大发展战略的重要保障。当前，世界范围内新一轮科技革命和产业变革加速进行，以新技术、新业态、新产业、新模式为特点的新经济蓬勃发展，迫切需要培养、造就一大批多样化、创新型卓越工程科技人才。目前，我国高等工程教育规模世界第一。我国工科本科在校生约占我国本科在校生总数的1/3。近年来我国每年工科本科毕业生占世界总数的1/3以上。如何保证和提高高等工程教育质量，如何适应国家战略需求和企业需要，一直受到教育界、工程界和社会各方面的关注。多年以来，我国一直致力于提高高等教育的质量，组织实施了多项重大工程，包括卓越工程师教育培养计划（以下简称卓越计划）、工程教育专业认证和新工科建设等。

　　卓越计划的主要任务是探索建立高校与行业企业联合培养人才的新机制，创新工程教育人才培养模式，建设高水平工程教育教师队伍，扩大工程教育的对外开放。计划实施以来，各相关部门建立了协同育人机制。卓越计划要求试点专业要大力改革课程体系和教学形式，依据卓越计划培养标准，遵循工程的集成与创新特征，以强化工程实践能力、工程设计能力与工程创新能力为核心，重构课程体系和教学内容；加强跨专业、跨学科的复合型人才培养；着力推动基于问题的学习、基于项目的学习、基于案例的学习等多种研究性学习方法，加强学生创新能力训练，"真刀真枪"做毕业设计。卓越计划实施以来，培养了一批获得行业认可、具备很好的国际视野和创新能力、适应经济社会发展需要的各类型高质量人才，教育培养模式改革创新取得突破，教师队伍建设初见成效，为卓越计划的后续实施和最终目标达成奠定了坚实基础。各高校以卓越计划为突破口，逐渐形成各具特色的人才培养模式。

　　2016年6月2日，我国正式成为工程教育"华盛顿协议"第18个成员，标志着我国工程教育真正融入世界工程教育，人才培养质量开始与其他成员达到了实质等效，同时，也为以后我国参加国际工程师认证奠定了基础，为我国工程师走向世界创造了条件。专业认证把以学生为中心、以产出为导向和持续改进作为三大基本理念，与传统的内容驱动、重视投入的教育形成了鲜明对比，是一种教育范式的革新。通过专业认证，把先进的教育理念引入我国工程教育，有力地推动了我国工程教育专业教学改革，逐步引导我国高等工程教育实现从以教师为中心向以学生为中心转变、从以课程为导向向以产出为导向转变、从质量监控向持续改进转变。

　　在实施卓越计划和开展工程教育专业认证的过程中，许多高校的电气工程及其自动化、自动化专业结合自身的办学特色，引入先进的教育理念，在专业建设、人才培养模式、教学内容、教学方法、课程建设等方面积极开展教学改革，取得了较好的效果，建设了一大批优质课程。为了将这些优秀的教学改革经验和教学内容推广给广大高校，中国工程教育专业认证协会电子信息与电气工程类专业认证分委员会、教育部高等学校电气类专业教学指导委员会、教育部高等学校自动化类专业教学指导委员会、中国机械工业教育协会自动化学科教学委员会、中国机械工业教育协会电气工程及其自动化学科教学委员会联合组织规划了"卓越工程能力培养与工程教育专业认证系列规划教材（电气工程及其自动化、自动化专业）"。本套教材通过国家新闻出版广电总局的评审，入选了"十三五"国家重点图书。本套教材密切联系行业和市场需求，以学生工程能力培养为主线，以教育培养优秀工程师为目标，突出学生工程理念、工程思维和工程能力的培养。本套教材在广泛吸纳相关学校在"卓越工程师教育培养计划"实施和工程教育专业认证过程中的经验和成果的基础上，针对目前同类教材存在的内容滞后、与工程脱节等问题，紧密结合工程应用和行业企业需求，突出实际工程案例，强化学生工程能力的教育培养，积极进行教材内容、结构、体系和展现形式的改革。

　　经过全体教材编审委员会委员和编者的努力，本套教材陆续跟读者见面了。由于时间紧迫，各校相关专业教学改革推进的程度不同，本套教材还存在许多问题，希望各位老师对本套教材多提宝贵意见，以使教材内容不断完善提高。也希望通过本套教材在高校的推广使用，促进我国高等工程教育教学质量的提高，为实现高等教育的内涵式发展积极贡献一份力量。

卓越工程能力培养与工程教育专业认证系列规划教材
（电气工程及其自动化、自动化专业）
编审委员会

前　言

随着数字化的迅速发展，DSP 技术的地位突显出来，因为数字化的基础技术是数字信号处理，而数字信号处理的任务，特别是实时处理（Real-Time Processing）的任务，是要由通用的或专用的 DSP 来完成的。可以毫不夸张地说，DSP 芯片的诞生及发展对多年来通信、计算机、控制等领域的发展起到了十分重要的作用。

作为专用的数字信号处理芯片，可编程 DSP 芯片对完成实时数字信号处理任务具有独特的优势。20 世纪 90 年代以后，DSP 芯片的发展突飞猛进。其功能日益强大，性价比不断上升，开发手段不断改进。DSP 芯片迅速成为众多电子产品的核心器件，DSP 系统也被广泛地用于当今技术革命的各个领域，如通信电子、信号处理、自动控制、雷达、军事、航空航天、医疗、家用电器、电力电子等。与此同时，新的应用领域还在不断地被发现、拓展。

本书以 TMS320C54x 系列 DSP 为描述对象，以 DSP 的基本应用为主，介绍 DSP 应用系统的设计和实现方法，并贯穿大量的实例。通过本书的学习，读者可以掌握 DSP 基本技术及应用，并能举一反三，不断扩大应用的深度和广度。

全书共分 8 章。第 1 章是 DSP 系统概述，介绍了实时数字信号处理系统，DSP 芯片的结构特点、分类及应用领域，DSP 芯片产品简介，最后概括地介绍了 DSP 应用系统的设计过程；第 2 章是 TMS320C54x 的硬件结构，介绍了总线结构、中央处理单元结构、存储器结构；第 3 章是寻址方式及指令系统，介绍了指令集术语及符号、指令的寻址方式、汇编指令系统、汇编伪指令和宏指令；第 4 章是汇编语言及 C 语言程序设计，首先介绍了 TMS320C54x 软件开发流程，然后重点介绍了汇编语言程序的编写方法、程序的汇编和链接、汇编语言程序设计、DSP 的 C 语言程序设计及 DSP 的 C 语言和汇编语言混合编程；第 5 章是 DSP 集成开发环境（CCS），介绍了 CCS 的一些知识及 DSP/BIOS 的功能；第 6 章是中断系统及片内外设，介绍了中断系统、可编程定时器、串行口、主机接口、外部总线结构及通用 I/O；第 7 章是 DSP 最小硬件系统设计，介绍了 TMS320C54x DSP 硬件系统组成、时钟及复位电路设计、A/D 和 D/A 接口设计、外部存储器接口设计、供电系统设计、JTAG 在线仿真调试接口电路设计；第 8 章是经典信号处理应用实例，介绍了 DSP 应用系统设计过程、信号的生成、信号的谱分析、混合信号的带通滤波、图像信号的锐化处理等，详细叙述了设计方法和编程过程，并附有实用程序和运行结果。通过这些实例，读者可以掌握基于 DSP 的汇编语言和 C 语言编程的基本方法。

本书由吴冬梅、朱周华任主编，吴冬梅编写第 1 章、第 3 章、第 4 章的 4.1~4.4 节和第 8 章的 8.1、8.2、8.4、8.5 节，朱周华编写第 2 章、第 4 章的 4.5 和 4.6 节、第 5 章、第 6 章、第 7 章和第 8 章的 8.3 节。全书由吴冬梅统稿。本书的实例、思考题由石鉴、张晓莉、吴延海参与编写并进行了验证。

由于编者水平有限，书中难免存在疏漏之处，恳请读者批评指正。

编者

目 录

第 1 章

DSP 系统概述

本章首先介绍实时数字信号处理的实现方法和 DSP 技术的发展情况，其次介绍可编程 DSP 芯片的结构特点、分类及其应用领域，接着简单介绍 DSP 芯片产品，最后概括地介绍 DSP 系统的设计过程。希望读者不仅要熟悉芯片的硬件结构、指令系统等，还要熟悉开发、调试工具的使用，从而使后续各章的学习目标更加明确。

1.1 实时数字信号处理系统

随着数字电路与系统技术以及计算机技术的发展，数字信号处理技术也相应地得到迅速发展，其应用领域十分广泛。就所获取信号的来源而言，有通信信号的处理、雷达信号的处理、遥感信号的处理、控制信号的处理、生物医学信号的处理、地球物理信号的处理、振动信号的处理等。若以所处理信号的特点来讲，又可分为语音信号处理、图像信号处理、一维信号处理和多维信号处理等。在这些不同的领域，它们虽各有其特点，但所利用的基本技术大致相同。其中，数字信号处理技术起着主要的作用。尤其是在一些需要实时完成信号处理任务的场合，实时数字信号处理系统是必不可少的。

1.1.1 实时数字信号处理系统框图

数字信号处理是利用计算机或专用处理设备以数字形式对信号进行采集、变换、滤波、估值、增强、压缩、识别等处理，以得到符合人们需要的信号形式。图 1.1 是一个典型的数字信号处理系统。

图 1.1 数字信号处理系统框图

在图 1.1 中，输入信号可以是语音信号、图像信号，也可以是视频信号，还可以是传感器（如温度传感器）的输出信号。

首先，来自现实世界的模拟信号 $x(t)$ 经过抗混叠滤波器后，通过 A/D 转换器将模拟信号转换成数字信号 $x(n)$。根据采样定理，采样频率至少是输入带限信号最高频率的 2 倍，在实际应用中，一般为 4 倍以上。

其次，用数字信号处理器对 $x(n)$ 进行数字化处理，得到处理后的数字信号 $y(n)$。数字信号处理器一般使用 DSP 芯片或其他可以完成实时处理任务的芯片，如通用微处理器、可编程逻辑阵列（FPGA）等。芯片上运行的实时处理软件对输入的数字信号按照一定的算法进行处理，如实现信号的变换、增强、压缩、识别等，得到需要的数字信号。

最后将处理后的信号 $y(n)$ 输出给 D/A 转换器，经 D/A 转换、内插和平滑滤波后得到连续的模拟信号 $y(t)$，送回现实世界。

以上介绍的是针对现实世界中模拟信号的典型处理系统。当然，并非所有的数字信号处理系统都具有图 1.1 所示的所有部件。例如，频谱分析仪输出的不是连续波形，而是离散波形，有些传感器的输出信号本身就是数字信号。此时，系统可以根据实际情况简化。但无论如何简化，其中的微处理器都是数字信号处理系统的核心部件。

1.1.2 实时数字信号处理的实现方法

数字信号处理的实现方法分为非实时和实时两种。

非实时方法主要完成算法研究任务，一般在通用的计算机上用软件实现，采用 C 语言、MATLAB 语言等编程，根据系统需求进行算法的模拟与仿真，验证算法的正确性、精度和效率，以确定最佳算法，并初步确定相应的参数。非实时方法的优点是灵活方便，缺点是速度较慢。

而实时方法对系统的处理速度提出了严格的要求，所有的运算、处理都必须小于系统可接受的最大时延。以视频会议为例，从发送端完成图像、声音信号的采集、压缩，通过信道传输，到接收端完成数据接收，以及图像、声音信号的解压、还原，其中的任何一个处理环节都应满足最大时延要求，否则将出现图像、声音信号的间断，从而影响视频会议的正常进行。如果每个数据包都包含时长为 20ms 的音视频信号，则每个数据包的处理时间必须小于 20ms 才能满足系统实时处理要求。

当前的实时数字信号处理主要有以下几种方法。它们各具优缺点，需要使用者根据具体情况做出相应选择。

1. 利用 X86 处理器完成实时数字信号处理

随着 CPU 技术的不断进步，X86 处理器的处理能力不断发展，基于 X86 处理器的处理系统已经不能仅局限于以往的模拟和仿真，而是应能满足部分数字信号的实时处理要求，而各种便携式或工业标准的推出，如 PC104、PC104Plus 结构，以及 CPCI 总线标准的应用，改善了 X86 系统的抗恶劣环境的性能，扩展了 X86 系统的应用范围。

利用 X86 系统进行实时数字信号处理有下列优点。

1）处理器选择范围较宽。X86 处理器涵盖了从 386 到奔腾系列的处理器，工作频率从 100MHz 到几吉赫兹。而为了满足工控等各种应用，X86 厂商也推出了多款低功耗处理器，其功耗远远小于商用处理器。

2）主板及外设资源丰富。无论是普通结构还是 PC104 和 PC104Plus 结构，以及 CPCI 总线标准，都有多种主板及扩展子板可供选择，节省了用户的大量硬件开发时间。

3）有多种操作系统可供选择：这些操作系统包括 Windows、Linux、VxWorks 等，而针对特殊应用，还可根据需要对操作系统进行裁减，以适应实时数字信号处理要求。

4）开发、调试较为方便。X86 的开发工具、调试工具十分成熟，使用者不需要很深的硬件基础，只要能够熟练使用 VC、C-Build 等开发工具即可进行开发。

但使用 X86 进行实时信号处理的缺点也是十分明显的，主要表现在以下几个方面。

1）数字信号处理能力不强。X86 系列的处理器没有为数字信号处理提供专用乘法器等设备，寻址方式也没有为数字信号处理进行优化，实时信号处理对中断的响应延迟要求十分严格，通用操作系统并不能满足这一要求。

2）硬件组成较为复杂。即使是采用最小系统，X86 数字信号处理系统也要包括主板（包括 CPU、内存等）、非易失存储器（硬盘或电子硬盘、SD 卡或 CF 卡）和信号输入/输出部分（这部分通常为 A/D 扩展卡和 D/A 扩展卡）。如果再包括显示器、键盘等设备，系统将更为复杂。

3）系统体积、重量较大，功耗较高。即使采用紧凑的 PC104 结构，其尺寸也达到 96mm × 90mm。尽管采用各种降低功耗的措施，X86 主板的峰值功耗仍不小于 5W，高功耗对供电提出较高要求，需要便携式系统提供容量较大的电池，进一步增大了系统的重量。

4）抗环境影响能力较弱：便携式系统往往要工作于自然环境中，温度、湿度、振动、电磁干扰等都会给系统的正常工作带来影响，而为了克服这些影响，X86 系统所需付出的代价将是十分巨大的。

2. 利用通用微处理器完成实时数字信号处理

通用微处理器的种类很多，包括 51 系列及其扩展系列，TI 公司的 MSP430 系列，ARM 公司的 ARM7、ARM9、ARM10 系列等。

利用通用微处理器进行信号处理的优点如下。

1）可选范围广。通用微处理器的种类很多，设计者可从速度、片内存储器容量、片内外设资源等各种角度进行选择。许多处理器还为进行数字信号处理专门提供了乘法器等。

2）硬件组成简单。只需要非易失存储器，A/D、D/A 即可组成最小系统。这类处理器一般都包括各种串行接口、并行接口，可以方便地与各种 A/D、D/A 转换器进行连接。

3）系统功耗低，适应环境能力强。

利用通用微处理器进行信号处理的缺点有以下两点。

1）信号处理的效率较低。以两个数值的乘法为例，处理器需要先用两条指令从存储器取值到寄存器中，用一条指令完成两个寄存器的值相乘，再用一条指令将结果存到存储器中，这样，完成一次乘法就使用了 4 条指令，使信号处理的效率难以提高。

2）内部 DMA 通道较少。数字信号处理需要对大量的数据进行搬移，如果这些数据的搬移全部通过 CPU 进行，将极大地浪费 CPU 资源，但往往通用处理器的 DMA 通道数量较少，甚至没有 DMA 通道，这也将影响信号处理的效率。

针对这些缺点，当前的发展趋势是在通用处理器中内嵌硬件数字信号处理单元，例如，很多视频处理器产品都是在 ARM9 处理器中嵌入 H. 264、MPEG4 等硬件视频处理模块，从而取得了较好地处理效果。而另一种方法是在单片中集成 ARM 处理器和 DSP 处理器，类似的产品如 TI 的 OMAP 处理器及达·芬奇视频处理器，它们就是在芯片中集成了一个 ARM9 处理器和一个 C55x 处理器或一个 C64x 处理器。

3. 利用可编程逻辑阵列（FPGA）完成实时数字信号处理

随着微电子技术的快速发展，FPGA 的制作工艺已经进入了 14nm 时期，这意味着在一片集成电路中可以集成更多的晶体管，芯片运行更快，功耗更低。其主要优点如下。

1）适合高速信号处理。FPGA 采用硬件实现数字信号处理，更加适合实现高速数字信号的处理。对于采样频率大于 100MHz 的信号，采用专用芯片或 FPGA 是合适的选择。

2）具有专用数字信号处理结构。纵观当前较先进的 FPGA，如 Altera 公司的 Stratix IV、V 系列、Cyclone IV、V 系列，Xilinx 公司的 Virtex-6、Virtex-7 系列，都为数字信号处理提供了专用的数字信号处理单元。这些单元由专用的乘法累加器组成。所提供的乘法累加器不仅减少了逻辑资源的使用，其结构也更加适合实现数字滤波器、FFT 等数字信号处理算法。

使用 FPGA 的缺点如下。

1）开发需要较深的硬件基础：无论是用 VHDL 还是用 Verilog HDL 实现数字信号处理功能，都需要掌握较多的数字电路知识。硬件实现的思想与软件编程有着很大区别，从软件算法转移到 FPGA 硬件实现存在着很多需要克服的困难。

2）调试困难。对 FPGA 进行调试与软件调试存在很大区别，输出的信号需要通过示波器、逻辑分析仪进行分析，或者利用 JTAG 端口输出波形文件，而很多处理过程中的中间信号量甚至无法引出来进行观察，因此 FPGA 的更多工作是通过软件仿真来进行验证的，这就需要编写全面的测试文件。FPGA 的软件测试工作是十分艰巨的。

4. 利用通用的可编程 DSP 芯片完成实时数字信号处理

数字信号处理器（Digital Signal Processor，DSP）是一种专门为实时、快速实现各种数字信号处理算法而设计的具有特殊结构的微处理器。与通用的微处理器相比，DSP 在结构上采用了许多的专门技术和措施来提高处理速度。尽管不同的厂商所采用的技术和措施不尽相同，但往往有许多共同的特点。

主要的特点有：DSP 采用了程序存储器空间和数据存储器空间分开的哈佛结构，以及多套地址总线、数据总线，每个存储器空间独立编址、独立访问；采用流水线结构将指令的执行分解为取指、译码、取操作数和执行等几个阶段；具有硬件乘法累加单元，可实现单周期乘法；具有特殊的寻址方式，可降低滤波、卷积、自相关算法和 FFT 算法的地址计算开销；具有高效的特殊指令和丰富的片内外设。

因此，作为专用的数字信号处理芯片，可编程 DSP 芯片对完成实时数字信号处理任务具有独特的优势。20 世纪 80 年代初，世界上第一片可编程 DSP 芯片的诞生为数字信号处理理论的实际应用开辟了道路，随着低成本数字信号处理器的不断推出，更加促进了这一进程。20 世纪 90 年代以后，DSP 芯片的发展突飞猛进。其功能日益强大，性价比不断上升，开发手段不断改进。DSP 芯片已成为集成电路中发展较快的电子产品之一。

DSP 芯片迅速成为众多电子产品的核心器件，DSP 系统也广泛地用于当今技术革命的各个领域，如通信电子、信号处理、自动控制、雷达、军事、航空航天、医疗、家用电器、电力电子等。而且新的应用领域还在不断地被发现、拓展。可以说，DSP 技术还在不断进步，未来是向多核、异构方向发展。

本书主要讨论利用 DSP 芯片，通过配置硬件和软件编程，实现所要求的数字信号处理任务。

1.1.3 DSP 技术及发展

DSP 既是 Digital Signal Processing 的缩写，也是 Digital Signal Processor 和 Digital Signal Process 的缩写，三者英文简写相同，但含义不同。通常情况下：

Digital Signal Processing——指数字信号处理的理论和方法。

　　Digital Signal Processor——指用于进行数字信号处理的可编程微处理器，人们常用 DSP 一词来指通用数字信号处理器。这是一种特别适合于进行数字信号处理运算的微处理器，其主要应用是实时快速地实现各种数字信号处理算法。

　　Digital Signal Process ———一般是指 DSP 技术，即采用通用的或专用的数字信号处理器完成数字信号处理的方法与技术。

　　自从 20 世纪 70 年代微处理器产生以来就一直沿着 3 个方向发展，分别如下。

　　① 通用 CPU：微型计算机中央处理器（如奔腾等）。

　　②（MCU）微控制器：单片微型计算机（如 MCS-51、MCS-96 等）。

　　③ DSP：可编程的数字信号处理器。

　　这 3 类微处理器（CPU、MCU、DSP）既有区别也有联系，每类微处理器各有其特点，虽然在技术上不断借鉴和交融，但又有各自不同的应用领域。

　　数字信号处理器是由大规模或超大规模集成电路芯片组成的用来完成某种信号处理任务的处理器。它是为适应高速实时信号处理任务的需要而逐渐发展起来的。随着集成电路技术和数字信号处理算法的发展，数字信号处理器的实现方法也在不断变化，处理功能不断提高和扩大。DSP 技术的发展过程因其内涵而分为两个方面。

　　一方面是数字信号处理的理论和方法的发展。数字信号处理是以众多学科为理论基础的，它所涉及的范围极其广泛。例如，在数学领域，微积分、概率统计、随机过程、数值分析等都是数字信号处理的基本工具，数字信号处理与网络理论、信号与系统、控制理论、通信理论、故障诊断等也密切相关。近年来新兴的一些学科，如人工智能、模式识别、神经网络等，都与数字信号处理密不可分。可以说，数字信号处理把许多经典的理论体系作为自己的理论基础，同时又使自己成为一系列新兴学科的理论基础。

　　数字信号处理在算法研究方面，主要研究如何以最小的运算量和存储器使用量完成指定的任务。对数字信号处理的系统实现而言，除了有关的输入/输出部分外，其中最核心的部分就是其算法的实现，即用硬件、软件或软硬件相结合的方法来实现各种算法，如 FFT 算法的实现。各种快速算法，如声音与图像的压缩编码、识别与鉴别、加密解密、调制解调、信道辨识与均衡、频谱分析等算法都成为研究的热点，并有长足的进步，为各种实时处理的应用提供了算法基础。

　　另一方面是 DSP 性能的提高。虽然数字信号处理的理论发展迅速，但在 20 世纪 80 年代以前，由于实现方法的限制，数字信号处理的理论还得不到广泛的应用。直到 20 世纪 80 年代初世界上第一片单片可编程 DSP 芯片的诞生，才将理论研究结果广泛应用到低成本的实际系统中，并且推动了新的理论的发展。可以毫不夸张地说，DSP 芯片的诞生及发展对通信、计算机、控制等领域的发展起了十分重要的作用。

　　为了满足应用市场的需求，随着微电子科学与技术的进步，DSP 的性能也在迅速地提高。DSP 的性能可分为 3 个档次：低成本、低性能的 DSP 芯片，低能耗的中端 DSP 芯片和多样化的高端 DSP 芯片。低成本、低性能的低端 DSP 芯片是工业界使用最广泛的处理器，这一范围内的产品有 ADSP-21xx、TMS320C2xx、DSP560xx 等系列，它们的运行速度一般为 20 ~ 50MIPS，可在维持适当能量消耗和存储容量的同时提供优质的 DSP 性能。价格适中的 DSP，通过增加时钟频率，结合更为复杂的硬件来提高性能，形成了 DSP 的中端产品，如 DSP16xx、TMS320C54x 系列，它们的运行速度为 100 ~ 150MIPS，通常用在无线电信设备和高速解调器中。高端 DSP 芯片受超高速处理需求的推动，其结构真正开始进行分类和向多样化发展。高端 DSP 的主频在 150MHz 以上，处理速度在 1000MIPS 以上，如 TI 的 TMS320C6x 系列、ADI 的 Tiger SHARC 等。

目前的 DSP 芯片，时钟频率可以达到 1.1GHz；处理速度达到每秒 90 亿次 32 位浮点运算；数据吞吐率达到 2GB/s。在性能大幅度提高的同时，体积、功耗和成本却大幅度地下降，以满足低成本便携式电池供电应用系统的要求。

DSP 技术发展的上述两方面互相促进，理论和算法的研究推动了应用，而应用的需求又促进了理论的发展。

当前，5G 通信在快速发展，人工智能的各种应用也全面展开，复杂的算法对 DSP 技术提出了更高的要求。DSP 产品将向着高性能、低功耗、加强融合和拓展多种应用趋势发展，DSP 芯片将越来越多地应用到各种电子产品当中，成为各种电子产品尤其是通信、音视频和娱乐类电子产品的技术核心。

DSP 技术的发展趋势如下。

1）DSP 的内核结构将进一步改善。多通道结构和单指令多重数据（Single Instruction Multiple Data，SIMD）、特大指令字组（VLIM）将在新的高性能处理器中占主导地位。

2）DSP 和微控制器的融合。微控制器是一种执行智能定向控制任务的通用微处理器，它能很好地执行智能控制任务，但是对数字信号的处理能力较差。DSP 芯片具有高速的数字信号处理能力，在许多应用中均需要同时提供智能控制和数字信号处理两种功能。将 DSP 芯片和微处理器结合起来，可简化设计，加速产品的开发，减小 PCB 体积，降低功耗和整个系统的成本。

3）DSP 和高档 CPU 的融合。大多数高档 MCU，如 Pentium 和 Powerpc，都采用了基于 SIMD 指令组的超标量体系结构，速度很快。在 DSP 中融入高档 CPU 的分支预示和动态缓冲技术，具有结构规范、利于编程和不用进行指令排队的特点，使 DSP 性能大幅度提高。

4）DSP 和 FPGA 的融合。FPGA 是现场可编程门阵列器件。它和 DSP 集成在一块芯片上，可实现宽带信号处理，大大提高信号的处理速度。

5）实时操作系统 RTOS 与 DSP 的结合。随着 DSP 处理能力的增强，DSP 系统越来越复杂，使得软件的规模越来越大，往往需要运行多个任务，因此各任务间的通信、同步等问题就变得非常突出。随着 DSP 性能和功能的日益增强，对 DSP 应用提供 RTOS 已成为必然的结果。

6）DSP 的并行处理结构。为了提高 DSP 芯片的运算速度，各 DSP 厂商纷纷在 DSP 芯片中引入并行处理机制，这样可以在同一时刻将不同的 DSP 与不同的存储器联通，大大提高数据传输的速率。

7）功耗越来越低。随着超大规模集成电路技术和先进的电源管理设计技术的发展，DSP 芯片内核的电源电压将会越来越低。

1.2　DSP 芯片的结构特点、分类及应用领域

1.2.1　DSP 芯片的结构特点

DSP 芯片是专门设计用来进行高速数字信号处理的微处理器。与通用的 CPU 和微控制器

（MCU）相比，DSP 芯片在结构上采用了许多的专门技术和措施来提高处理速度。尽管不同的厂商所采用的技术和措施不尽相同，但往往有许多共同的特点。以下介绍的就是它们的共同点。

1. 改进的哈佛结构

以奔腾为代表的通用微处理器，其程序代码和数据共用一个公共的存储空间和单一的地址总线与数据总线，取指令和取操作数只能分时进行，这样的结构称为冯·诺依曼结构（Von Neumann Architecture），如图 1.2a 所示。

DSP 芯片则将程序代码和数据的存储空间分开，各有自己的地址总线与数据总线，这就是所谓的哈佛结构（Harvard Architecture），如图 1.2b 所示。之所以采用哈佛结构，是为了同时取指令和取操作数，并行地进行指令和数据的处理，从而可以大大地提高运算的速度。例如，在进行数字滤波处理时，将滤波器的参数存放在程序代码空间里，而将待处理的样本存放在数据空间里，这样，处理器就可以同时提取滤波器参数和待处理的样本，进行乘和累加运算。

为了进一步提高信号处理的效率，在哈佛结构的基础上又加以改进，使得程序代码空间和数据存储空间之间也可以进行数据的传送，称为改进的哈佛结构（Modified Harvard Architecture），如图 1.2c 所示。

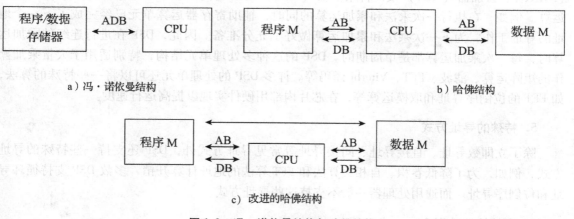

a）冯·诺依曼结构　　　　　　　　　　　　　b）哈佛结构

c）改进的哈佛结构

图 1.2　冯·诺依曼结构与哈佛结构

2. 多总线结构

许多 DSP 芯片内部都采用多总线结构，这样可以保证在一个机器周期内可以多次访问程序代码空间和数据存储空间。例如，TMS320C54x 内部有 P、C、D、E 等 4 条总线（每条总线又包括地址总线和数据总线），可以在一个机器周期内从程序存储器取一条指令、从数据存储器读两个操作数和向数据存储器写一个操作数，大大提高了 DSP 的运行速度。因此，对 DSP 来说，内部总线是十分重要的资源，总线越多，可以完成的功能就越复杂。

3. 流水线技术（Pipeline）

计算机在执行一条指令时，总要经过取指、译码、取数、执行运算等步骤，需要若干个指令周期才能完成。流水线技术可将各指令的各个步骤重叠起来执行，而不是一条指令执行完成之后才开始执行下一条指令。也就是说，第一条指令取指后，在译码时，第二条指令就取指；第一条指令取数时，第二条指令译码，而第三条指令就开始取指，以此类推，如

图 1.3 所示。使用流水线技术后，尽管每一条指令的执行仍然要经过这些步骤，需要同样的指令周期数，但将一个指令段综合起来看，其中的每一条指令的执行就都是在一个指令周期内完成的。DSP 芯片所采用的将程序代码空间和数据存储空间的地址总线与数据总线分开的哈佛结构，为采用流水线技术提供了很大的方便。

	N	$N+1$	$N+2$	$N+3$			
第一条指令	取指	译码	取数	执行			
第二条指令		取指	译码	取数	执行		
第三条指令			取指	译码	取数	执行	
第四条指令				取指	译码	取数	执行

图 1.3　流水线技术示意图

4. 多处理单元

DSP 内部一般都包括多个处理单元，如算术逻辑运算单元（ALU）、辅助寄存器运算单元（ARAU）、累加器（ACC）及硬件乘法器（MUL）等。它们可以在一个指令周期内同时进行运算。例如，在执行一次乘法和累加运算的同时，辅助寄存器运算单元已经完成了下一个地址的寻址工作，为下一次乘法和累加运算做好了充分准备。因此，DSP 在进行连续的乘加运算时，每一次乘加运算都是单周期的。DSP 的这种多处理单元结构，特别适用于大量乘加操作的矩阵运算、滤波、FFT、Viterbi 译码等。许多 DSP 的处理单元还可以将一些特殊的算法，如 FFT 的位倒序寻址和取模运算等，在芯片内部用硬件实现以提高运行速度。

5. 特殊的寻址方式

除了立即数寻址、直接寻址、间接寻址等常见寻址方式外，DSP 还支持一些特殊的寻址方式，例如，为了降低卷积、自相关算法和 FFT 算法的地址计算开销，多数 DSP 支持循环寻址和位倒序寻址。而通用处理器一般不支持这些寻址方式。

6. 高效的特殊指令

为了更好地满足数字信号处理应用的需要，在 DSP 的指令系统中设计了一些特殊的 DSP 指令。例如，TMS320C54x 中的 FIRS 和 LMS 指令，专门用于系数对称的 FIR 滤波器和 LMS 算法。

7. 零消耗循环控制

DSP 算法的特点之一是主要的处理时间用在程序的循环结构中，因此，大部分 DSP 芯片都有专门支持循环结构的硬件。零消耗循环是指循环计数、条件转移等循环机制由专门硬件控制，处理器不用花费任何时间。有些 DSP 芯片还通过一条指令的超高速缓存实现高速的单指令循环。而通用处理器的循环控制通常是由软件来实现的。

8. 丰富的片内外设

新一代 DSP 的接口功能越来越强，片内具有主机接口（HPI）、直接存储器访问控制器（DMAC）、外部存储器扩展口、串行通信口、中断处理器、定时器、锁相环时钟产生器及实现在片仿真符合 IEEE 1149.1 标准的测绘访问口，更易于完成系统设计。

9. 功耗低

许多 DSP 芯片都可以工作在省电方式，使系统功耗降低。一般芯片的功耗为 0.5~4W，而采用低功耗技术的 DSP 芯片只有 0.1W，可用电池供电。如 TMS3205510 仅 0.25mW，特别适用于便携式数字终端。

另外，DSP 芯片还具有指令周期短和运算精度高等特点。早期 DSP 的指令周期约 400ns，采用 4μm NMOS 制造工艺，其运算速度为 5MIPS（每秒执行 5 百万条指令）。随着集成电路工艺的发展，DSP 广泛采用亚微米 CMOS 制造工艺，其运行速度越来越快。以 TMS320C54x 为例，其运行速度可达 100MIPS。TMS320C6203 的时钟频率为 300MHz，运行速度达 2400MIPS。早期 DSP 的字长为 8 位，后来逐步提高到 16 位、24 位、32 位。为防止运算过程中溢出，有的累加器达到 40 位。此外，一批浮点 DSP，如 TMS320C3x、TMS320C4x、ADSP21020 等，则提供了更大的动态范围。

总之，DSP 是一种特殊的微处理器，不仅具有可编程性，而且实时运行速度远远超过通用微处理器。其特殊的内部结构、强大的信息处理能力及较高的运行速度，是 DSP 非常重要的特点。

1.2.2　DSP 芯片的分类

DSP 芯片的使用是为了达到实时信号的高速处理。为适应各种各样的实际应用，出现了多种类型、档次的 DSP 芯片。

1. 按数据格式分类

在用 DSP 进行数字信号处理时，首先遇到的问题是数的表示方法。按数的不同表示方法将 DSP 分为两种类型：一种是定点 DSP，另一种是浮点 DSP。

在定点 DSP 中，数据采用定点方式表示。它有两种基本表示方法：整数表示方法和小数表示方法。整数表示方法主要用于控制操作、地址计算和其他非信号处理的应用，而小数表示方法则主要用于数字和各种信号处理算法的计算。也就是说，定点表示并不意味着就一定是整数表示。数据以定点格式工作的 DSP 芯片称为定点 DSP 芯片，该芯片简单，成本较低。

在浮点 DSP 中，数据既可以表示成整数，也可以表示成浮点数。浮点数在运算中，由于表示数的范围的指数可自动调节，因此可避免数的规格化和溢出等问题。但浮点 DSP 一般比定点 DSP 复杂，成本也较高。

2. 按用途分类

按照 DSP 的用途，可分为通用型 DSP 芯片和专用型 DSP 芯片。

通用型 DSP 芯片一般指可以用指令编程的 DSP 芯片，适合普通的 DSP 应用。例如，TI 公司的一系列 DSP 芯片属于通用型 DSP 芯片。

专用型 DSP 芯片是为特定的 DSP 运算而设计的，只针对一种应用，适合特殊的运算，如数字滤波、卷积和 FFT 等，只能通过加载数据、控制参数或在引脚上加控制信号的方法使其具有有限的可编程能力。例如，Motorola 公司的 DSP56200、Zoran 公司的 ZR34881、Inmos 公司的 IMSA100 等就属于专用型的 DSP 芯片。

本书主要讨论通用型的 DSP 芯片。

1.2.3 DSP 芯片的应用领域

DSP 芯片是高性能数字处理系统的核心。它接收模拟信号，如光和声，将它们转换成为数字信号，实时地对大量数据进行数字技术处理。这种实时能力使 DSP 在声音处理、图像处理等不允许时间延迟领域的应用十分理想，成了全球 70% 数字电话的"心脏"，同时 DSP 在网络领域也有广泛的应用。DSP 芯片的上述特点，使其在各个领域得到越来越广泛的应用。

DSP 芯片的应用几乎已遍及电子与信息的每一个领域，常见的典型应用如下。

1）通用数字信号处理：数字滤波、卷积、FFT、希尔伯特变换、自适应滤波、窗函数和谱分析等。

2）语音识别与处理：语音识别及合成、矢量编码、语音鉴别和语音信箱等。

3）图形/图像处理：二维/三维图形变换处理、模式识别、图像鉴别、图像增强、动画、电子地图和机器人视觉等。

4）通信：纠错编/译码、自适应均衡、回波抵消、同步、分集接收、数字调制/解调、软件无线电和扩频通信等。

5）自动控制：引擎控制、声控、自动驾驶、机器人控制、磁盘控制等。

6）医学工程：助听器、X-射线扫描、心电图/脑电图、病员监护和超声设备等。

7）家用电器：数字电视、高清晰度电视（HDTV）、高保真音响、电子玩具、数字电话等。

8）仪器仪表：暂态分析、函数发生、波形产生、数据采集、石油/地质勘探、地震预测与处理等。

9）计算机：阵列处理器、图形加速器、工作站和多媒体计算机等。

10）军事：雷达与声呐信号处理、导航、导弹制导、保密通信、全球定位、电子对抗、情报收集与处理等。

DSP 当前最大的应用领域是通信。以无线通信领域中的数字蜂窝电话为例，蜂窝电话中的 DSP 协调模拟基带芯片、电源处理芯片、数字基带处理芯片、RF 射频处理芯片合理而快速地工作，并兼有开发和测试的功能，使移动通信设备更加个性化、智能化。

军事领域是高性能 DSP 的天地。例如，雷达图像处理中使用 DSP 进行目标识别和实时飞行轨迹估计，要求浮点 DSP 每秒执行数十亿次浮点运算，而定点 DSP 的运算能力已经高达 9600MIPS。

嵌入 DSP 的家用电器已经融入了我们的生活之中。例如，在高清晰数字电视中，就采用 DSP 实现了其中关键的 MPEG2 译码电路；使用 DSP 技术的家庭音响，可以产生比模拟音响更自然、更清晰和更丰富的音响效果；配置了 DSP 处理器的洗衣机、冰箱不仅提高了系统的功能、效率和可靠性，减少了系统能耗和电磁干扰，而且更加容易操作和控制。

DSP 的应用领域也在不断地扩大。例如，DSP 是运行计算机图像学（Computer Graphics，CG）软件和提供虚拟现实（Virtual Reality，VR）系统三维图形处理能力最为关键的器件。DSP 使 CG、VR 传统分析方法得到了质的飞跃。可以预见，随着 DSP 芯片性价比的不断提高和新的实用 DSP 算法的不断出现，DSP 系统的应用在深度和广度上会有更大的发展。

1.3　DSP 芯片产品简介

1.3.1　产品的发展历程

在 DSP 芯片出现之前，实时数字信号处理只能依靠通用微处理器（MPU）来完成，但 MPU 较低的处理速度却无法满足系统高速实时的要求。直到 20 世纪 70 年代，才有人提出了 DSP 理论和算法基础。那时的 DSP 仅仅停留在教科书上，研制出来的 DSP 系统是用分立元件组成的，其应用领域仅限于军事、航空航天。纵观 DSP 芯片的发展历程，可以将其分为 3 个阶段。

第一阶段，DSP 的雏形阶段。世界上第一片单片 DSP 芯片是 1978 年 AMI 公司宣布的 S2811。在这之后，最成功的 DSP 芯片当数美国德州仪器公司（Texas Instruments，TI）在 1982 年推出的 DSP 芯片。这种 DSP 器件采用微米工艺、NMOS 技术制作，虽然功耗和尺寸稍大，但运算速度却比 MPU 快几十倍，尤其在语音合成和编解码器中得到了广泛应用。DSP 芯片的问世是个里程碑，使 DSP 应用系统由大型系统向小型化迈了一大步。

第二阶段，DSP 的成熟阶段。至 20 世纪 80 年代中期，随着 CMOS 技术的进步与发展，第二代基于 CMOS 工艺的 DSP 应运而生，其存储容量和运算速度都得到成倍提高，成为语音处理及图像处理技术的基础。20 世纪 80 年代后期，第三代 DSP 芯片问世，运算速度进一步提高，应用范围逐步扩大到通信和计算机领域。20 世纪 90 年代，DSP 发展最快，相继出现了第四代和第五代 DSP 器件。第五代产品与第四代相比，系统集成度更高，将 DSP 芯核及外围元件综合集成在单一芯片上。这种集成度极高的 DSP 芯片不仅在通信、计算机领域大显身手，而且逐渐渗透到人们的日常消费领域。

第三阶段，DSP 的完善阶段。2000 年以后，不仅 DSP 芯片的信号处理能力更加完善，而且系统开发更加方便，程序编辑更加灵活，功耗进一步降低，成本大幅下降，系统集成度更高，大大提高了数字信号的处理能力。这一时期 DSP 芯片的另外一个特点是实现了指令的多发射，一般采用超长指令字（VLIW）结构，还有一些采用 SIMD 结构，其时钟频率可高达 1GHz 以上，可在 Windows 环境下直接用 C 语言编程。

经过多年的发展，DSP 产品的应用扩大到人们的学习、工作和生活的各个方面，并逐渐成为电子产品更新换代的决定因素。目前，对 DSP 爆炸性需求的时代已经来临，前景十分广阔。现在，世界上的 DSP 芯片有 300 多种，其中定点 DSP 有 200 多种。迄今为止，生产 DSP 的公司有 80 多家，主要厂家有 TI 公司、AD 公司、Lucent 公司、Motorola 公司和 LSI Logic 公司。TI 公司作为 DSP 生产商的代表，生产的品种很多，定点 DSP 和浮点 DSP 大约都占市场份额的 60%；AD 公司的定点 DSP 和浮点 DSP 大约分别占 16% 和 13%；Motorola 公司的定点 DSP 和浮点 DSP 大约分别占 7% 和 14%；而 Lucent 公司则主要生产定点 DSP，约占 5%。

1.3.2　典型产品 TMS320 系列

TI 公司自 1982 年成功推出第一代 DSP 芯片 TMS32010 及其系列产品后，又相继推出了第二代 DSP 芯片 TMS32020、TMS320C25/C26/C28，第三代 DSP 芯片 TMS320C30/C31/C32，第四代 DSP 芯片 TMS320C40/C44，第五代 DSP 芯片 TMS320C50/C51/C52/C53/C54，集多个

DSP 于一体的高性能 DSP 芯片 TMS320C80/C82 等，以及目前速度最快的第六代 DSP 芯片 TMS320C62x/C67x/C64x 等。

TI 公司的一系列 DSP 产品是当今世界上最有影响力的 DSP 芯片。TI 公司常用的 DSP 芯片可以归纳为三大系列：

TMS320C2000 系列——包括 TMS320C2xx/C24x/C28x 等；

TMS320C5000 系列——包括 TMS320C54x/C55x；

TMS320C6000 系列——包括 TMS320C62x/C67x/C64x。

同一代 TMS320 系列 DSP 产品的 CPU 结构是相同的，但其片内存储器及外设电路的配置不一定相同。一些派生器件，诸如片内存储器和外设电路的不同组合，满足了世界电子市场的各种需求。由于片内集成了存储器和外围电路，使 TMS320 系列器件的系统成本降低，并且节省了电路板的空间。

1. TMS320C2000 系列简介

TMS320C2000 系列的 DSP 控制器具有很好的性能，集成了 Flash 存储器、高速 A/D 转换器及可靠的 CAN 模块，主要应用于数字化的控制。

C2000 系列既有带 ROM 的片种，也有带 Flash 存储器的片种。例如，TMS320LF2407A 就有 32K 字的 Flash 存储器、2.5K 字的 RAM、500ns 的闪烁式高速 A/D 转换器。片上的事件管理器提供脉冲宽度调制（PWM），其 I/O 特性可以驱动各种电动机及看门狗定时器、SPI、SCI、CAN 等。特别值得注意的是，片上 Flash 存储器的引入，使 C2000 系列 DSP 能够快速设计原型机，并进行升级，不使用片外的 EPROM，既提高速度，又降低成本。因此，TMS320C2000 系列的 DSP 是比 8 位或 16 位微控制器（MCU）速度更快、更灵活、功能更强的面向控制的微处理器。

TMS320C2000 系列的主要应用包括工业驱动、供电、UPS，光网络、可调激光器，手持电动工具，制冷系统，消费类电子产品，智能传感器。

在 TMS320C2000 系列里，TI 目前主推的是 C24x 和 C28x 两个子系列，见表 1.1。

表 1.1　TMS320C2000 定点 DSP

DSP	类型	特性
C24x	16 位数据，定点	具有 SCI、SPI、CAN、A/D、事件管理器、看门狗定时器、片上 Flash 存储器、运行速度为 20～40MIPS
C28x	32 位数据，定点	具有 SCI、SPI、CAN、A/D、McBSP、看门狗定时器、片上 Flash 存储器、运行速度可达 400MIPS

C24x 系列的 DSP 芯片比传统的 16 位 MCU 的性能要高出很多。而且，该系列中的许多片种的速度要比 20MIPS 高。使用了 DSP 后，就可以应用自适应控制、Kalman 滤波、状态控制等先进的控制算法，使控制系统的性能大大提高。

C28x 是到目前为止用于数字控制领域的性能最好的 DSP 芯片。这种芯片采用 32 位的定点 DSP 核，最高速度可达 400MIPS，可以在单个指令周期内完成 32×32 位的乘累加运算，具有增强的电动机控制外设、高性能的模/数转换能力和改进的通信接口，具有 8GB 的线性地址空间，采用低电压供电（3.3V 外设/1.8V CPU 核），与 C24x 源代码兼容。

TMS320C2000 系列 DSP 芯片价格低，具有较高的性能和适用于控制领域的功能，因此在工业自动化、电动机控制、家用电器和消费电子等领域得到广泛应用。

2. TMS320C5000 系列简介

由于具有杰出的性能和优良的性能价格比，TI 的 16 位定点 TMS320C5000 系列 DSP 芯片得到了广泛的应用，尤其是在通信领域，主要应用于数字式助听器、便携式声音/数据/视频产品、调制解调器、手机和移动电话基站、语音服务器、数字无线电、SOHO（小型办公室和家庭办公室）的语音和数据系统。

TMS320C5000 系列 DSP 芯片目前包括了 C54x 和 C55x 两大类。这两类芯片的软件完全兼容，所不同的是，C55x 具有更低的功耗和更高的性能。

C54x 是 16 位定点 DSP，运算性能可达 100 ~ 160MIPS，具有高度的操作灵活性和较高的运行速度，能满足远程通信等实时嵌入式应用的需要，主要应用于一些相对低端的产品，如移动电话等个人通信系统、PDAs、网关（路由器）、数字音频产品等。代表器件有 5402、5409、5410 和 5416（160MIPS）等。

C55x 也是一种 16 位定点 DSP，运算性能可达 400MIPS。C55x 是在 C54x 的基础上改进发展起来的，指令系统与 C54x 完全兼容，以便保护用户在 C54x 软件上的投入。与 C54x 比较，C55x 具有更强的运算能力、更低的功耗，以常用的 C5510 和 C5410 为例，前者的运算能力最高为后者的 4 倍，但功耗却只有后者的 1/6。C55x 主要应用于一些高端产品，如高性能移动电话和移动通信基站、GPS 接收器、语音识别、指纹识别、生物医学工程等。代表器件有 5502、5509 和 5510 等。C54x 系列和 C55x 系列 DSP 的性能比较见表 1.2。

表 1.2　C54x 系列和 C55x 系列 DSP 的性能

功能	C54x	C55x
乘法器（MAC）	1 个	2 个
累加器（ACC）	2 个	4 个
读总线	2 条	3 条
写总线	1 条	2 条
地址总线	4 条	6 条
指令字长	16 位	8 ~ 48 位
数据字长	16 位	16 位
算术逻辑单元（ALU）	1 个(40 位)	1 个（40 位）+1 个（16 位）
辅助寄存器字长	16 位（2 字节）	24 位（3 字节）
辅助寄存器	8 个	8 个
存储空间	独立的程序/数据空间	统一的程序/数据空间
临时寄存器	无	4 个
最大运算速度	160MIPS	400MIPS

从表 1.2 可以看出，C55x 在结构上复杂得多，采用了近似"双 CPU 结构"。其核具有双 MAC 以及相应的并行指令，还增加了累加器、ALU 和临时寄存器。其指令集是 C54x 指令集的超集，以便和扩展了的总线结构和新增加的硬件执行单元相适应。C55x 像 C54x 一样，保持了代码密度高的优势，以便降低系统成本。C55x 的指令长度从 8 位到 48 位可变，由此可

控制代码的大小。减小控制代码的大小，也就意味着降低对存储器的要求，从而降低系统的成本。并且，C55x 系列采用了先进的电源管理技术，其功耗得到明显降低。总之，C55x 系列 DSP 芯片是一款嵌入式低功耗、高性能处理器，它具有省电、实时性高的优点，同时外部接口丰富，能满足大多数嵌入式应用的需要。

C54x 和 ARM7 结合可广泛用于嵌入式系统中，如数码相机等；C55x 和 ARM9 结合，主要应用于 2G 和 3G 的手机中。几乎所有 2G 手机采用的基带体系结构，都是以两个可编程处理器为基础的，一个是 DSP，一个是 MCU。在时分多址（TDMA）模式中，DSP 芯片负责实现数据流的调制/解调、纠错编码、加密/解密、话音数据的压缩/解压缩；在码分多址（CDMA）模式中，DSP 芯片负责实现符号级功能，如前向纠错、加密、语音解压缩，对扩频信号进行调制/解调及后续处理。MCU 负责支持手机的用户界面，并处理通信协议栈中的上层协议，MCU 采用了 32 位 RISC 内核，ARM7TDMI 就是此类 MCU 的典型代表。早期的 2G 手机中，这些功能由 C54x 实现，工作频率约 40MHz；在 2.5G 手机中，这些功能由 C55x 实现，工作频率大于 100MHz。3G 手机将实时通信功能与用户交互式应用分开，实现多媒体通信。开放式多媒体应用平台（OMAP）包含多个 DSP 芯片和 MCU 芯片，应用环境是动态的，可不断将新的应用软件下载到 DSP 和 MCU 内。

本书将以 C54x 为主介绍 DSP 技术，详细内容见后续章节。既然 C55x 系列芯片比 C54x 系列 DSP 的许多性能都明显要好，为什么我们要学习 C54x 系列 DSP 呢？首先，C54x 系列 DSP 的结构典型且比较简单，易于学习，C55x 系列是在 C54x 系列的基础上进行改进的，因此，学好了 C54x 系列 DSP 的结构原理，就能很快掌握 C55x 系列的原理了。另外，与 C55x 系列相比，C54x 系列 DSP 芯片的性价比高，应用广泛。

3. TMS320C6000 系列简介

TMS320C6000（简称 C6000）系列是 TI 公司从 1997 年开始推出的最新的 DSP 系列。采用 TI 的专利技术 VeloiTI 和新的超长指令字结构，使该系列 DSP 的性能达到很高的水平。

该系列的第一款芯片 C6201，在 200MHz 时钟频率时，达到 1600MIPS。而 2000 年以后推出的 C64x，在时钟频率为 1.1GHz 时，可以达到 8800MIPS 以上，即每秒执行近 90 亿条指令。在时钟频率提高的同时，VeloiTI 充分利用结构上的并行性，可以在每个周期内完成更多的工作。CPU 的高速运行，还需要提高 I/O 带宽，即增大数据的吞吐量。C64x 的片内 DMA 引擎和 64 个独立的通道，使其 I/O 带宽可以达到每秒 2GB。

C6000 所采用的类似于 RISC 的指令集，以及流水技术，可以使许多指令得以并行运行。C6000 系列现在已经推出了 C62x/C67x/C64x 等 3 个子系列。

C62x 是 TI 公司于 1997 年开发的一种新型定点 DSP 芯片。该芯片的内部结构与以前的 DSP 不同，内部集成了多个功能单元，可同时执行 8 条指令，其运算能力可达 2400MIPS。

C67x 是 TI 公司继定点 DSP 芯片 C62x 系列后开发的一种新型浮点 DSP 芯片。该芯片的内部结构在 C62x 的基础上加以改进，同样集成了多个功能单元，可同时执行 8 条指令，其运算能力可达 1GFLOPS。

C64x 是 C6000 系列中最新的高性能定点 DSP 芯片，其软件与 C62x 完全兼容。C64x 采用 VelociTI1.2 结构的 DSP 核，增强的并行机制可以在单个周期内完成 4 个 16×16 位或 8 个 8×8 位的乘积加操作。其采用两级缓冲（Cache）机制，第一级中的程序和数据各有 16KB，而第二级中的程序和数据共用 128KB。增强的 32 位通道 DMA 控制器具有高效的数据传输引擎，可以提供超过 2GB/s 的持续带宽。与 C62x 相比，C64x 的总性能提高了 10 倍。

C6000 系列主要应用在以下方面。

（1）数字通信

例如 ADSL（非对称数字用户线），在现有的电话双绞线上可以达到上行 800kbit/s，C6000 成为许多 ADSL 实现方案的首选处理引擎，适用于 FFT/IFFT、Reed-Solomon 编解码、循环回声综合滤波器、星座编解码、卷积编码、Viterbi 解码等信号处理算法的实时实现。

线缆调制解调器（Cable Modem）是另一类重要应用。随着有线电视及其网络的日益普及，极大地促进了利用电缆网来进行数字通信。C6000 系列 DSP 非常适合于线缆调制解调器的实现方案。除了上面提到的 Reed-Solomon 编解码等算法外，其特性还适用于采样频率变换，以及最小均方（LMS）均衡等重要算法。

移动通信是 C6000 系列 DSP 的重要应用领域。日益普及的移动电话，对其基本设施提出了越来越高的要求。基站必须在越来越宽的范围内处理越来越多的呼叫，在现有的移动电话基站、3G 基站里的收发器、智能天线、无线本地环（WLL）及无线局域网（Wireless LAN）等移动通信领域里，C6000 系列 DSP 已经得到了广泛的应用。以基站的收发器为例，载波频率为 2.4GHz，下变频到 6～12MHz。对于每个突发周期，要处理 4 个信道。DSP 的主要功能是完成 FFT、信道和噪声估计、信道纠错、干扰估计和检测等。

（2）图像处理

C6000 系列 DSP 广泛地应用在图像处理领域。例如，在数字电视、数字照相机与摄像机、打印机、数字扫描仪、雷达/声呐及医用图像处理等应用中，DSP 用来进行图像压缩、图像传输、模式及光学特性识别、加密/解密、图像增强等。

1.3.3　国内 DSP 的发展

目前，我国的 DSP 产品主要来自海外。TI 公司的第一代产品 TMS32010 在 1983 年最早进入中国市场，以后 TI 公司通过提供 DSP 培训课程，不断扩大市场份额，现约占我国 DSP 市场的 90%，其余份额被 Lucent、AD、Motorola、ZSP 和 NEC 等公司所占有。我国引入的主流产品有 TMS320F2407（电机控制）、TMS320C5409（信息处理）、TMS320C6201（图像处理）等。

目前全球有数百家直接依靠 TI 公司的 DSP 而成立的公司，称为 TI 的第三方（Third Party）。我国也有 TI 的第三方公司，这些第三方公司有的做 DSP 开发工具，有的从事 DSP 硬件平台开发，还有的从事 DSP 应用软件开发。这些公司基本上是 20 世纪 80 年代末至 90 年代初创建的，现在已发展到相当大的规模。

对于 DSP 的发展，与国外相比，我国在硬件、软件上还有很大的差距，还有很长一段路要走。虽然 DSP 的主要应用产品的市场都由国际半导体大厂所控制，但是我国在政策的扶植下，本土厂商积极进行研发，并取得了初步的进展，如国产 DSP 芯片 ADP32F03 替代 TI 公司的 TMS320F28034 已具有可行性。我们对 DSP 的应用前景充满希望和信心。

1.4　DSP 应用系统设计概要

本节简要介绍 DSP 应用系统设计的全过程，探讨 DSP 芯片选择的原则，初步了解 DSP 应用系统的开发工具、集成开发环境 CCS（Code Composer Studio），使读者在学习具体内容前对

DSP 技术有一个全面的认识。

1.4.1　系统设计流程

与其他系统设计工作一样，在进行 DSP 系统设计之前，设计者首先要明确自己设计系统的目的，应具有什么样的技术指标。当具体进行 DSP 系统设计时，一般设计流程图如图 1.4 所示。设计过程可大致分为如下几个阶段。

1. 算法研究与优化

该阶段在通用的计算机上用软件实现，一般采用 C 语言、MATLAB 语言等进行编程，验证算法的正确性和性能，优点是灵活方便。

这一阶段主要根据设计任务确定系统的技术指标。首先应根据系统需求进行算法仿真，通过仿真验证算法的正确性、精度和效率，以确定最佳算法，并初步确定相应的参数。其次核算算法需要的 DSP 处理能力，一方

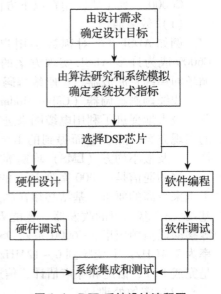

图 1.4　DSP 系统设计流程图

面这是选择 DSP 的重要因素，另一方面也影响目标板的 DSP 结构，如采用单 DSP 还是多 DSP，并行结构还是串行结构等。最后还要反复对算法进行优化，一方面提高算法的效率，另一方面使算法更加适合 DSP 的体系结构，如对算法进行并行处理或流水处理的分解等，以便获得运算量最小和使用资源最少的算法。

2. DSP 芯片及外围芯片的确定

该阶段根据算法的运算速度、运算精度和存储要求等参数选择 DSP 芯片及外围芯片。每种 DSP 芯片都有它特别适合处理的领域，例如，TMS320C54x 系列就特别适合通信领域的应用，其良好的性能价格比和硬件结构对 Vertbi 译码、FFT 等算法的支持，都保证了通信信号处理算法的实现效率。又例如，TMS320C24xx 系列特别适合家电产品领域，不论是对算法的支持、存储器配置，还是对外设的支持，都能充分保证应用的效率。

3. 软硬件设计阶段

首先，按照选定的算法和 DSP 芯片，对系统的各项功能是用软件实现还是用硬件实现进行初步分工，例如，FFT、数字上/下变频器、RAKE 分集接收是否需要专门芯片或 FPGA 芯片实现，译码判决算法是用软件判决还是硬件判决，等等。

然后，根据系统技术指标要求着手进行硬件设计，完成 DSP 芯片外围电路和其他电路（如转换、控制、存储、输出/输入等电路）的设计。

最后，根据系统技术指标的要求和所确定的硬件编写相应的 DSP 汇编程序，完成软件设计，也可采用高级语言进行，如 TI 公司提供了最佳的 ANSI C 语言编译器，该编译软件可将使用 C 语言编写的信号处理软件变换成 TMS320 系列的汇编语言。由于现有的高级语言编译器的效率比不上手工编写汇编语言的效率，因此在实际应用系统中常常采用高级语言和汇编语言的混合编程方法，即在算法运算量大的地方，用手工编写的方法编写汇编语言，而在运算量不大的地方则采用高级语言编写。采用这种方法，既可缩短软件开发的周期，提高程序

的可读性和可移植性，又能满足系统实时运算的要求。

4. 硬件和软件调试阶段

硬件调试一般采用硬件仿真器进行，软件调试一般借助 DSP 开发工具（如集成开发环境）进行。通过比较在 DSP 上运行的实时程序和模拟程序的情况来判断软件设计是否正确。

5. 系统集成与测试阶段

系统的软件和硬件分别调试完成后，就可以将软件脱离开发系统而直接在应用系统上运行，评估是否完成设计目标。当然，DSP 应用系统的开发，特别是软件开发，是一个需要反复进行的过程，虽然通过算法模拟基本上可以知道实时系统的性能，但实际上，模拟环境不可能与实时系统环境完全一致，而且将模拟算法移植到实时系统时必须考虑算法是否能够实时运行的问题。如果算法运算量太大而不能在硬件上实时运行，则必须重新修改或简化算法。

1.4.2　DSP 芯片的选择

在设计 DSP 应用系统时，选择 DSP 芯片是非常重要的一个环节。只有选定了 DSP 芯片，才能进一步设计其外围电路及系统的其他电路。总的来说，DSP 芯片的选择应根据实际的应用系统需要而确定。应用场合和设计目标不同，DSP 选择的依据重点也不同，通常需要考虑的因素如下。

1. 运算速度

运算速度是 DSP 芯片最重要的一个性能指标，也是选择 DSP 芯片时所需要考虑的主要因素。DSP 芯片的运算速度可以用以下几种指标来衡量。

1）指令周期：即执行一条指令所需的时间，通常以 ns（纳秒）为单位。如 TMS320VC5402 - 100 在主频为 100MHz 时的指令周期为 10ns。

2）MAC 时间：即一次乘法加上一次加法的时间。大部分 DSP 芯片可在一个指令周期内完成一次乘法和加法操作，如 TMS320VC5402 - 100 的 MAC 时间就是 10ns。

3）FFT 执行时间：即运行一个 N 点 FFT 程序所需的时间。由于 FFT 涉及的运算在数字信号处理中很有代表性，因此 FFT 运算时间常作为衡量 DSP 芯片运算能力的一个指标。

4）MIPS：即每秒执行百万条指令。如 TMS320VC5402 - 100 的处理能力为 100MIPS，即每秒可执行 1 亿条指令。

5）MOPS：即每秒执行百万次操作。如 TMS320C40 的运算能力为 275MOPS。

6）MFLOPS：即每秒执行百万次浮点操作。如 TMS320C31 在主频为 40MHz 时的处理能力为 40MFLOPS。

7）BOPS：即每秒执行 10 亿次操作。如 TMS320C80 的处理能力为 2BOPS。

设计者先由输入信号的频率范围确定系统的最高采样频率，再根据算法的运算量和实时处理限定的完成时间确定 DSP 运算速度的下限。确定 DSP 应用系统的运算量是非常重要的，它是选用 DSP 芯片的基础，运算量小则可以选用处理能力不是很强的 DSP 芯片，从而可以降低系统成本。相反，运算量大的 DSP 系统则必须选用处理能力强的 DSP 芯片，如果 DSP 芯片的处理能力达不到系统要求，则必须用多个 DSP 芯片并行处理。

那么如何确定 DSP 系统的运算量以选择 DSP 芯片呢？下面考虑两种情况。

（1）按样点处理

所谓按样点处理，就是 DSP 算法对每一个输入样点循环一次。数字滤波就是这种情况，在数字滤波器中，通常需要对每一个输入样点计算一次。

例如，一个采用 LMS 算法的 256 抽头的自适应 FIR 滤波器，假定每个抽头的计算需要 3 个 MAC 周期，则 256 抽头计算需要的 MAC 周期数为

$$256 \times 3 = 768$$

如果采样频率为 8kHz，即样点之间的间隔为 125μs，DSP 芯片的 MAC 周期为 200ns，则 768 个 MAC 周期需要的时间为

$$768 \times 200\text{ns} = 153.6\mu\text{s}$$

由于计算一个样点所需的时间 153.6μs 大于样点之间的间隔 125μs，显然无法实时处理，需要选用速度更高的 DSP 芯片。

若选 DSP 芯片的 MAC 周期为 100ns，则 768 个 MAC 周期需要的时间为

$$768 \times 100\text{ns} = 76.8\mu\text{s}$$

由于计算一个样点所需的时间 76.8μs 小于样点之间的间隔 125μs，可实现实时处理。

（2）按帧处理

有些数字信号处理算法不是对每个输入样点循环一次，而是每隔一定的时间间隔（通常称为帧）循环一次。中低速语音编码算法通常以 10ms 或 20ms 为一帧，每隔 10ms 或 20ms，语音编码算法循环一次。所以，选择 DSP 芯片时应该比较一帧内 DSP 芯片的处理能力和 DSP 算法的运算量。

例如，假设 DSP 芯片的指令周期为 p（ns），一帧的时间为 Δt（ns），则该 DSP 芯片在一帧内所能提供的最大运算量的指令数为

$$最大运算量 = \Delta t/p$$

例如，TMS320VC5402 – 100 的指令周期为 10ns，设帧长为 20ms，则一帧内 TMS320VC5402 – 100 所能提供的最大运算量的指令数为

$$最大运算量 = 20\text{ms}/10\text{ns} = 2 \times 10^6。$$

因此，只要语音编码算法的运算量不超过 2×10^6 条指令（单周期指令），就可以在 TMS320VC5402 – 100 上实时运行。

2. 运算精度

由系统所需要的精度确定是采用定点运算还是浮点运算。

参加运算的数据字长越长，精度越高，目前，除少数 DSP 芯片采用 20 位、24 位或 32 位的格式外，绝大多数定点 DSP 都采用 16 位数据格式。由于其功耗小和价格低廉，因此实际应用的 DSP 芯片绝大多数是定点处理器。

为了保证底数的精度，浮点 DSP 的数据格式基本上都为 32 位，其数据总线、寄存器、存储器等的宽度也相应地为 32 位。在实时性要求很高的场合，往往使用浮点 DSP 芯片。与定点 DSP 芯片相比，浮点 DSP 芯片的速度更快，但价格比较高，开发难度也更大。

3. 片内硬件资源

由系统数据量的大小确定所使用的片内 RAM 及需要扩展的 RAM 的大小；根据系统是用

于计算还是用于控制来确定 I/O 端口的需求。

不同的 DSP 芯片所提供的硬件资源是不相同的，如片内 RAM、ROM 的数量，外部可扩展的程序和数据空间，总线接口、I/O 接口等。即使是同一系列的 DSP 芯片（如 TI 的 TMS320C54x 系列），系列中的不同 DSP 芯片也具有不同的内部硬件资源，可以适应不同的需要。在一些特殊的控制场合有一些专门的芯片可供选用，如 TMS320C2xx 系列自身带有 2 路 A/D 输入和 6 路 PWM 输出，以及强大的人机接口，特别适合于电动机控制场合。

4. 功耗

在某些 DSP 应用场合，功耗也是一个很重要的问题。功耗的大小意味着发热的大小和能耗的多少。如便携式的 DSP 设备、手持设备（手机）和野外应用的 DSP 设备，对功耗都有特殊的要求。

5. 开发工具

快捷、方便的开发工具和完善的软件支持是开发大型、复杂 DSP 系统必备的条件，有强大的开发工具支持，就会大大缩短系统开发时间。现在的 DSP 芯片都有较完善的软件和硬件开发工具，其中包括软仿真器、在线仿真器等。如 TI 公司的集成开发环境 CCS，为用户快速开发实时高效的应用系统给予了巨大帮助。

6. 价格

在选择 DSP 芯片时一定要考虑其性能价格比。例如，DSP 芯片应用于民用品或批量生产的产品中，就可考虑较低廉价格的；在开发阶段可选择性能高、价格稍贵的 DSP 芯片。另外，DSP 芯片发展迅速，价格下降也很快。

7. 其他因素

除了上述因素外，选择 DSP 芯片还应考虑封装的形式、质量标准、供货情况、生命周期等。有的 DSP 芯片可能有 DIP、PGA、PLCC、PQFP 等多种封装形式。有些 DSP 系统可能最终要求的是工业级或军用级标准，在选择时就需要注意所选的芯片是否有工业级或军用级的同类产品。如果所设计的 DSP 系统不仅是一个实验系统，而是需要批量生产并可能有几年甚至十几年生命周期的系统，那么就需要考虑所选 DSP 芯片的供货情况如何，是否也有同样的甚至更长的生命周期等。

1.4.3　开发工具和环境

对于 DSP 工程师来说，除必须了解和熟悉 DSP 本身的结构及技术指标外，大量的时间和精力要花费在熟悉和掌握其开发工具和环境上。此外，通常情况下开发一个嵌入式系统，80% 的复杂程度取决于软件。所以，设计人员在为实时系统选择处理器时，都极为看重先进的、易于使用的开发环境与工具。良好的开发环境，可以缩短开发周期，降低开发难度。

因此，各 DSP 生产厂商以及许多第三方公司作了极大的努力，为 DSP 系统集成和硬软件的开发提供了大量有用的工具，使其成为 DSP 发展过程中最为活跃的领域之一，随着 DSP 技术本身的发展而不断地发展与完善。

一个 DSP 软件可以使用汇编或 C 语言编写源程序，通过编译、连接工具产生 DSP 的执行代码。在调试阶段，可以利用软仿真器（Simulator）在计算机上仿真运行，也可以利用硬件调试工具（如 XD510）将代码下载到 DSP 中，并通过计算机监控、调试运行该程序。当调试完成后，可以将该程序代码固化到 EPROM 中，以便 DSP 目标系统脱离计算机单独运行。

在 DSP 应用系统开发过程中，需要开发工具支持的情况见表 1.3。

表 1.3　DSP 应用系统开发工具支持

开发步骤	开发内容	开发工具支持	
		硬件支持	软件支持
1	算法模拟	计算机	C 语言、MATLAB 语言等
2	DSP 软件编程	计算机	编辑器（如 Edit 等）
3	DSP 软件调试	计算机、DSP 仿真器等	DSP 代码生成工具（包括 C 编译器、汇编器、链接器等）、DSP 代码调试工具（软仿真器、CCS 等）
4	DSP 硬件设计	计算机	电路设计软件（如 Protel98、Protel99 等）、其他相关软件（如 EDA 软件等）
5	DSP 硬件调试	计算机、DSP 仿真器、信号发生器、逻辑分析仪等	相关支持软件
6	系统集成	计算机、DSP 仿真器、示波器、信号发生器、逻辑分析仪等	相关支持软件

下面简要介绍几种常用的开发工具。

1. 代码生成工具

代码生成工具包括编译器、优化 C 编译器、链接器、转换工具等，可将汇编语言或 C 语言编写的源程序编译并链接，最终形成可执行的机器代码。

2. 软仿真器（Simulator）

软仿真器是一个软件程序，使用主机的处理器和存储器来仿真 TMS320DSP 的微处理器和微计算机模式，从而进行软件开发和非实时的程序验证，可以在没有目标硬件的情况下进行 DSP 软件的开发和调试。在 PC 上，典型的软仿真速度是每秒几百条指令。早期的软仿真器软件与其他开发工具（如代码生成工具）是分离的，使用起来不太方便。现在，软仿真器作为 CCS 的一个标准插件已经被广泛应用于 DSP 的开发中。

3. 硬仿真器（Emulator）

硬仿真器由插在 PC 内的 PCI 卡或接在 USB 口上的仿真器和目标板组成；C54x 硬件扫描仿真口通过仿真头（JTAG）将 PC 中的用户程序代码下载到目标板的存储器中，并在目标板内实时运行。

TMS320 扩展开发系统（eXtended Development System，XDS）是功能强大的全速仿真器，用于系统级的集成与调试。扫描式仿真（Scan-Based Emulator）是一种独特的、非插入式的系统仿真与集成调试方法，程序可以从片外或片内的目标存储器实时执行，在任何时钟速度下都不会引入额外的等待状态。

XDS510/XDS510WS 仿真器是用户界面友好、以 PC 或 SUN 工作站为基础的开发系统，可以对 C2000、C5000、C6000、C8x 系列的各片种实施全速扫描式仿真，因此可以用来开发软件和硬件，并将它们集成到目标系统中。XDS510 适用于 PC，XDS510WS 适用于 SPARC 工作站。

4. 集成开发环境 CCS

CCS 是一个完整的 DSP 集成开发环境，包括了编辑、编译、汇编、链接、软件模拟、调试等几乎所有需要的软件，是目前使用非常广泛的 DSP 开发软件之一。它有两种工作模式，一是软仿真器模式，即脱离 DSP 芯片，在 PC 上模拟 DSP 指令集与工作机制，主要用于前期算法和调试；二是 PC 与硬件开发板相结合的在线编程模式，即实时运行在 DSP 芯片上，可以在线编制和调试应用程序。CCS 的详细内容见第 5 章。

5. DSK 系列评估工具及标准评估模块（EVM）

DSP 入门套件（DSP Starter Kit，DSK）、评估模块（Evaluation Module，EVM）是 TI 或 TI 的第三方为 TMS320DSP 的使用者设计和生产的一种评估平台，目前可以为 C2000、C3x、C5000、C6000 等系列片种提供。DSK 或 EVM 除了提供一个完整的 DSP 硬件系统（包括 A/D、D/A、外部程序/数据存储器、外部接口等）外，还提供完整的代码生成工具及调试工具。用户可以使用 DSK 或 EVM 来做有关 DSP 的实验，进行诸如控制系统、语音处理等应用，也可以用来编写和运行实时源代码，并对其进行评估，还可以用来调试用户自己的系统。

思考题

1. 实时数字信号处理的实现方法有哪些？各有何特点？
2. 什么是 DSP 技术？
3. DSP 芯片的结构特点有哪些？
4. 简述 TI 公司 C2000/C5000/C6000 系列 DSP 的特点及主要用途。
5. 简述 DSP 系统设计的一般步骤。
6. 设计 DSP 应用系统时，如何选择合适的 DSP 芯片？
7. 开发 DSP 应用系统一般需要哪些软硬件开发工具？

第 2 章

TMS320C54x 的硬件结构

TMS320C5000 DSP 具有高速度、低功耗、小型封装和最佳电源效率的特点，广泛应用于便携设备及其无线通信系统领域。TMS320C54x 是 TMS320C5000 系列的一个代表子系列，本章重点介绍 TMS320C54x。

2.1 概述

2.1.1 TMS320C54x 芯片的引脚功能

TMS320C54x 芯片采用 CMOS 制造工艺，整个系列基本上采用塑料或陶瓷四方扁平封装形式（TQFP）。

不同的器件型号其引脚的个数有所不同。下面以 TMS320C5402 芯片为例介绍 C54x 引脚的名称及功能。

TMS320C5402 引脚包括电源引脚、时钟引脚、控制引脚、地址和数据引脚、串行口引脚、主机接口 HPI 引脚、通用 I/O 引脚、测试引脚。C5402DSP 引脚图如图 2.1 所示。

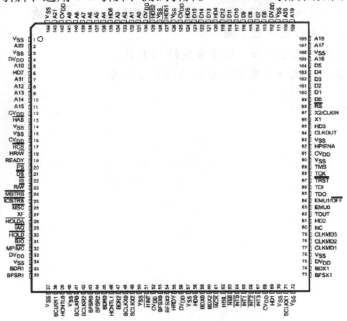

图 2.1　C54x DSP 引脚图

1. 电源引脚

C5402 采用双电源供电，其引脚如下。

CVDD（16、52、68、91、125、142）：电压为 +1.8V，是 CPU 内核提供的专用电源；

DVDD（4、33、56、75、112、130）：电压为 +3.3V，是各 I/O 引脚提供的电源；

VSS（3、14、34、40、50、57、70、76、93、106、111、128），接地。

2. 时钟引脚

CLKOUT：主时钟输出引脚，周期为 CPU 的机器周期；

CLKMD1、CLKMD2 和 CLKMD3：设定时钟工作模式引脚，可通过硬件配置时钟模式；

X2/CLKIN：时钟振荡器引脚。若使用内部时钟，该引脚用来外接晶体电路；若使用外部时钟，该引脚接外部时钟输入；

X1：时钟振荡器引脚。若使用内部时钟，该引脚用来外接晶体电路；若使用外部时钟，该引脚悬空；

TOUT0：定时器输出引脚。

3. 控制引脚

$\overline{RS}$：复位信号；

$\overline{MSTRB}$：外部存储器选通信号；

$\overline{PS}$：外部程序存储器片选信号；

$\overline{DS}$：外部数据存储器片选信号；

$\overline{IS}$：I/O 设备选择信号；

$\overline{IOSTRB}$：I/O 设备选通信号；

$R/\overline{W}$：读/写信号；

READY：数据准备好信号。

$\overline{HOLD}$：请求控制存储器接口信号；

$\overline{HOLDA}$：响应控制存储器请求信号；

$\overline{MSC}$：微状态完成信号；

IAQ：中断请求信号；

$\overline{IACK}$：中断响应信号；

$MP/\overline{MC}$：DSP 工作方式选择信号；

$\overline{INT0}$、$\overline{INT1}$、$\overline{INT2}$、$\overline{INT3}$：外部中断请求信号；

$\overline{NMI}$：非屏蔽中断。

4. 地址和数据引脚

C5402 芯片共有 20 个地址引脚和 16 个数据引脚。

地址引脚用来寻址外部程序空间、外部数据空间和片外 I/O 空间。

A0 ~ A19：可寻址 1M 字的外部程序空间、64K 字外部数据空间、64K 字片外 I/O 空间。

数据引脚：用于在处理器、外部数据存储器、程序存储器和 I/O 器件之间进行 16 位数据并行传输。

D15 ~ D0：组成 16 位外部数据总线。

在下列情况下，D0 ~ D15 将呈现高阻状态。

1）当没有输出时；

2）当 HOLD 有效时；

3）当 RS 有效时；

4）当 EMU1/OFF 为低电平时。

5. 串行口引脚

C5402 器件有两个 McBSP 串行口，共有 12 个外部引脚。

BCLKR0：缓冲串行口 0 同步接收时钟信号；

BCLKR1：缓冲串行口 1 同步接收时钟信号；

BCLKX0：缓冲串行口 0 同步发送时钟信号；

BCLKX1：缓冲串行口 1 同步发送时钟信号；

BDR0：缓冲串行口 0 的串行数据接收输入；

BDR1：缓冲串行口 1 的串行数据接收输入；

BDX0：缓冲串行口 0 的串行数据发送输出；

BDX1：缓冲串行口 1 的串行数据发送输出；

BFSR0：缓冲串行口 0 同步接收信号；

BFSR1：缓冲串行口 1 同步接收信号；

BFSX0：缓冲串行口 0 同步发送信号；

BFSX1：缓冲串行口 1 同步发送信号。

6. 主机接口 HPI 引脚

C5402 的 HPI 接口是一个 8 位并行口，用来与主设备或主处理器连接，实现 DSP 与主设备或主处理器间的通信。

HD0 ~ HD7：8 位双向并行数据线；

HCS：片选信号，作为 HPI 的使能端；

HAS：地址选通信号；

HDS1：数据选通信号，由主机控制 HPI 数据传输；

HDS2：数据选通信号，由主机控制 HPI 数据传输；

HBIL：字节识别信号，用来判断主机送来的数据是第 1 字节还是第 2 字节；

HCNTL0：用于主机选择所要寻址的寄存器；

HCNTL1：用于主机选择所要寻址的寄存器；

HR/W：主机对 HPI 口的读/写信号；

HRDY：HPI 数据准备好信号；

HINT/TOUT1：HPI 向主机请求的中断信号；

HPIENA：HPI 模块选择信号。

7. 通用 I/O 引脚

C5402 芯片都有 2 个通用的 I/O 引脚，分别如下。

XF：外部标志输出信号，用来给外部设备发送信号。通过编程设置，控制外设工作；

$\overline{BIO}$：控制分支转移输入信号，用来监测外设的工作状态。

8. 测试引脚

TCK：测试时钟输入引脚；

TDI：测试数据输入引脚；

TDO：测试数据输出引脚；

TMS：测试方式选择引脚；

$\overline{TRST}$：测试复位引脚；

EMU0：仿真器中断 0 引脚；

EMU1/OFF：仿真器中断 1 引脚/关断所有输出引脚。

2.1.2　TMS320C54x 基本结构和主要特性

TMS320C54x DSP 是 TI 公司为实现低功耗、高速实时信号处理而专门设计的 16 位定点数字信号处理器，TMS320C54x 的中央处理器（CPU）采用改进的哈佛结构，具有低功耗设计和高度并行性的特点。除此之外，高度专业化的指令系统可以全面发挥系统性能，适合远程通信等实时嵌入式应用的需要，现已广泛地应用于无线电通信系统中。

TMS320C54x DSP 采用先进的修正哈佛结构和 8 总线结构，使处理器的性能大大提高。其独立的程序总线和数据总线，提供了高度的并行操作，允许同时访问程序存储器和数据存储器。例如，可以在一条指令中同时执行 3 次读操作和一次写操作。此外，还可以在数据总线与程序总线之间相互传送数据，从而使处理器具有在单个周期内同时执行算术运算、逻辑运算、移位操作、乘法累加运算，以及访问程序存储器和数据存储器的强大功能。

TMS320C54x 系列定点 DSP 芯片共享同样的 CPU 内核和总线结构，各个型号间的差别主要是片内存储器和片内外设的配置。图 2.2 给出了 TMS320C54x DSP 的典型内部硬件组成框图，上半部分是改进的哈佛总线结构，下半部分是 CPU 核心部分。TMS320C54x 的硬件结构基本上可分为 3 大块。

1）CPU：包括算术逻辑运算单元（ALU）、乘法器、累加器、移位寄存器、各种专门用途的寄存器、地址生成器及内部总线。

2）存储器系统：包括片内的程序 ROM、片内单访问的数据 RAM 和双访问的数据 RAM、外接存储器接口。

3）片内外设与专用硬件电路：包括片内的定时器、各种类型的串口、主机接口、片内的锁相环（PLL）时钟发生器及各种控制电路。

此外，在芯片中还包含具有仿真功能的器及其 IEEE 1149.1 标准接口，用于芯片开发应用时的仿真。

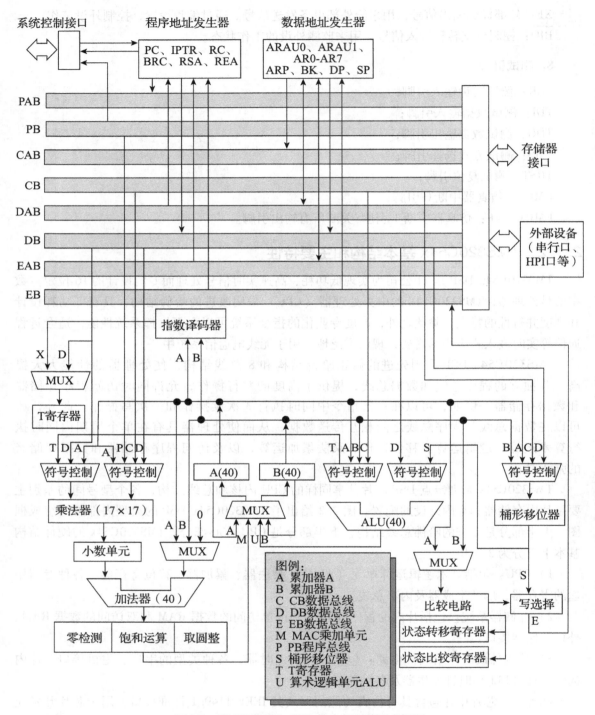

图 2.2 TMS320C54x DSP 的内部硬件组成框图

C54x 是一款低功耗、高性能的定点 DSP 芯片，其主要特点如下。

1. CPU 具有高效的数据存取能力和数据处理能力

1）先进的多总线结构（一条程序总线、3 条数据总线和 4 条地址总线）。

2）40 位算术逻辑运算单元（ALU），包括一个 40 位桶形移位寄存器和两个独立的 40 位累加器。

3）17 位 ×17 位并行乘法器，与 40 位专用加法器相连，用于非流水线式单周期乘法/累加（MAC）运算。

4）比较、选择、存储单元（CSSU），用于加法/比较选择。

5）指数编码器，可以在单个周期内计算 40 位累加器中数值的指数。

6）双地址生成器，包括 8 个辅助寄存器和两个辅助寄存器算术运算单元（ARAU）。

2. 支持 192K 字的存储空间管理

1）具有 192 K 字可寻址存储空间：64K 字程序存储空间、64 K 字数据存储空间及 64 K 字 I/O 空间，对于 C548、C549、C5402、C5410 和 C5416 等可将其程序空间扩展至 8MB。

2）片内双寻址 RAM（DARAM）。C54x 中的 DARAM 被分成若干块。在每个机器周期内，CPU 可以对同一个 DARAM 块寻址（访问）两次，即 CPU 可以在一个机器周期内对同一个 DARAM 块读出一次和写入一次。DARAM 可以映像到程序空间和数据空间。但一般情况下，DARAM 总是映像到数据存储器空间，用于存放数据。

3）片内单寻址 RAM（SARAM）。

3. 丰富的片内外设

1）软件可编程等待状态发生器。

2）可编程分区转换逻辑电路。

3）带有内部振荡器或用外部时钟源的片内锁相环（PLL）时钟发生器。

4）串口。一般 TI 公司的 DSP 都有串口，C54x 系列 DSP 集成在芯片内部的串口分为 4 种：标准同步串口（SP）、带缓冲的串口（BSP）、时分复用（TDM）串口和多通道带缓冲串口（McBSP）。芯片的不同串口配置也不尽相同。

5）8 位或 16 位主机接口（HPI）。大部分 C54x DSP 都配置了 HPI 接口，具体配置情况见表 2.1。

表 2.1　C54x DSP 主机接口（HPI）配置

芯片	标准 8 位 HPI	增强型 8 位 HPI	增强型 16 位 HPI
C541	0	0	0
C542	1	0	0
C543	0	0	0
C545	1	0	0
C546	0	0	0
C548	1	0	0
C549	1	0	0
C5402	0	1	0
C5410	0	1	0
C5420	0	0	1

6）外部总线关断控制，以断开外部的数据总线、地址总线和控制信号。

7）数据总线具有总线保持特性。

8）可编程的定时器。

4. 专业的指令系统

1）单指令重复和块指令重复操作。

2）用于程序和数据管理的块存储器传送指令。

3）32 位长操作数指令。

4）同时读入两个或 3 个操作数的指令。

5）可以并行存储和并行加载的算术指令。

6）条件存储指令。

7）从中断快速返回的指令。

5. 具有在片仿真接口

具有符合 IEEE 1149.1 标准的在片仿真接口。

6. 执行指令速度快

C54x DSP 单周期定点指令的执行时间分别为 25ns、20ns、15ns、12.5ns、10ns。

7. 电源可以处于低功耗状态

1）可采用 5V、3.3V、3V、1.8V 或 2.5V 的超低电压供电。

2）可用 IDLE1、IDLE2 和 IDLE3 指令控制功耗，以工作在省电方式。

2.2 总线结构

C54x DSP 片内有 8 条 16 位的总线，形成了支持高速指令执行的硬件基础。这 8 条总线包括一条程序总线、3 条数据总线和 4 条地址总线。这些总线的功能如下。

1）程序总线（PB）传送取自程序存储器的指令代码和立即操作数。

2）数据总线（CB、DB 和 EB）将内部各单元（如 CPU、数据地址生成电路、程序地址生成电路、在片外围电路及数据存储器）连接在一起。其中，CB 和 DB 传送读自数据存储器的操作数，EB 传送写到存储器的数据。

3）4 条地址总线（PAB、CAB、DAB 和 EAB）传送执行指令所需的地址。

C54x DSP 可以利用两个辅助寄存器的算术运算单元（ARAU0 和 ARAU1），在每个周期内产生两个数据存储器的地址。

PB 能够将存放在程序空间（如系数表）中的操作数传送到乘法器和加法器，以便执行乘法/累加操作，或通过数据传送指令（MVPD 和 READA 指令）传送到数据空间的目的地址。这种功能，连同双操作数的特性，支持在一个周期内执行 3 操作数指令（如 FIRS 指令）。

C54x DSP 还有一条在片双向总线，用于寻址片内外设。这条总线通过 CPU 接口中的总线交换器连到 DB 和 EB。利用这个总线读/写，需要两个或两个以上周期，具体时间取决于外围电路的结构。

表 2.2 列出了各种寻址方式用到的总线。

表 2.2　各种寻址方式所用到的总线

读/写方式	地址总线				程序总线	数据总线		
	PAB	CAB	DAB	EAB	PB	CB	DB	EB
程序读	√				√			
程序写	√							√
单数据读			√				√	
双数据读		√	√			√	√	
长数据（32 位）读		√①	√②			√①	√②	
单数据写				√				√
数据读/数据写			√	√			√	√
双数据读/系数读	√	√	√		√	√	√	
外设读			√				√	
外设写			√					√

① HW，高 16 位字。

② LW，低 16 位字。

2.3　中央处理单元（CPU）结构

CPU 是 DSP 芯片的核心部分，决定了 DSP 的运算速度和程序效率，是用来实现数字信号处理运算和高速控制功能的部件。CPU 内的硬件构成决定了其指令系统的性能。C54x DSP 的并行结构设计特点，使其能在一条指令周期内高速地完成算术运算。其 CPU 的基本组成如下：

1）40 位算术逻辑运算单元（ALU）；

2）两个 40 位累加器；

3）一个 -16 ~ 30 位的桶形移位寄存器；

4）乘法器/加法器单元；

5）16 位暂存器（T）；

6）CPU 状态和控制寄存器；

7）比较、选择和存储单元（CSSU）；

8）指数编码器。

C54x DSP 的 CPU 寄存器都是存储器映像的，可以快速保存和读取。

2.3.1 CPU 状态和控制部件

C54x DSP 有 3 个 16 位的状态和控制寄存器：状态寄存器 0（ST0）、状态寄存器 1（ST1）和处理器工作模式状态寄存器（PMST）。

ST0 和 ST1 中有各种工作条件和工作方式的状态；PMST 中有存储器的设置状态及其他控制信息。由于这些寄存器都是存储器映像寄存器，所以可以快速地存放到数据存储器中，或者由数据存储器对它们加载，以及用子程序或中断服务程序保存和恢复处理器的状态。

1. 状态寄存器 ST0 和 ST1

ST0 和 ST1 的各位可以使用 SSBX 和 RSBX 指令来设置和清除。ARP、DP 和 ASM 位可以使用带短立即数的 LD 指令来加载。

1）状态寄存器 ST0。ST0 的各位的说明如图 2.3 所示。

15 ~ 13	12	11	10	9	8 ~ 0
ARP	TC	C	OVA	OVB	DP

图 2.3　ST0 各位的说明

状态寄存器 ST0 各位的解释见表 2.3。

表 2.3　ST0 各位的解释

位	名称	复位值	功能
15 ~ 13	ARP	0	辅助寄存器指针。这 3 位是在间接寻址单操作数时用来选择辅助寄存器的。当 DSP 处在标准方式时（CMPT = 0），ARP 总是置成 0
12	TC	1	测试/控制标志位。TC 保存 ALU 测试位操作的结果。TC 受 BIT、BITF、BITT、CMPM、CMPS 及 SFTC 指令的影响。可以由 TC 的状态门（1 或 0）决定条件分支转移指令、子程序调用及返回指令是否执行。 如果下列条件为真，则 TC = 1； 1）由 BIT 或 BITT 指令所测试的位等于 1 2）当执行 CMPM、CMPR 或 CMPS 比较指令时，比较一个数据存储单元中的值与一个立即操作数、AR0 与另一个辅助寄存器，或者一个累加器的高字与低字的条件成立 3）复位值为 1
11	C	1	进位位。如果执行加法产生进位，则置 1；如果执行减法产生借位，则清 0。否则，加法后它将被复位，减法后被置位，带 16 位移位的加法或减法除外。在后一种情况下，加法只能对进位置位，减法对其复位，它们都不影响进位位。所谓进位和借位，都只是 ALU 上的运算结果，且定义在第 32 位的位置上。移位和循环指令（ROR、ROL、SFTA 和 SFTL），以及 MIN、MAX 和 NEG 指令也影响进位位

（续）

位	名称	复位值	功能
10	OVA	0	累加器 A 的溢出标志位。当 ALU 或者乘法器后面的加法器发生溢出且运算结果在累加器 A 中时，OVA 位置 1。一旦发生溢出，OVA 一直保持置位状态，直到复位或者利用 AOV 和 ANOV 条件执行 BC [D]、CC [D]、RC [D]、XC 指令为止。RSBX 指令也能清 OVA 位
9	OVB	0	累加器 B 的溢出标志位。当 ALU 或者乘法器后面的加法器发生溢出且运算结果在累加器 B 中时，OVB 位置 1。一旦发生溢出，OVB 一直保持置位状态，直到复位或者利用 AOV 和 ANOV 条件执行 BC [D]、CC [D]、RC [D]、XC 指令为止。RSBX 指令也能清 OVB 位
8 ~ 0	DP	0	数据存储器页指针。这 9 位的字段与指令字中的低 7 位结合在一起，形成一个 16 位直接寻址存储器的地址，对数据存储器的一个操作数寻址。如果 ST1 中的编辑方式位 CPL = 0，则上述操作就可执行。DP 的字段可用 LD 指令加载一个短立即数或者从数据存储器中对它加载

2）状态寄存器 ST1。ST1 中各位的说明如图 2.4 所示。

15	14	13	12	11	10	9	8	7	6	5	4 ~ 0
BRAF	CPL	XF	HM	INTM	0	OVM	SXM	C16	FRCT	CMPT	ASM

图 2.4　ST1 各位的说明

状态寄存器 ST1 各位的解释见表 2.4。

表 2.4　ST1 各位的解释

位	名称	复位值	功能
15	BRAF	0	块重复操作标志位。BRAF 指示当前是否在执行块重复操作。 1）BRAF = 0：表示当前不在进行块重复操作。当块重复计数器（BRC）减到低于 0 时，BRAF 被清 0 2）BRAP = 1：表示当前正在进行块重复操作。当执行 RPTB 指令时，BRAP 被自动地置 1
14	CPL	0	直接寻址编辑方式位。CPL 指示直接寻址时采用何种指针。 1）CPL = 0：选用数据页指针（DP）的直接寻址方式 2）CPL = 1：选用堆栈指针（SP）的直接寻址方式
13	XF	1	XF 引脚状态位。以 XF 表示外部标志（XF）引脚的状态。XF 引脚是一个通用输出引脚。用 RSBX 或 SSBX 指令对 XF 复位或置位
12	HM	0	保持方式位。当处理响应 $\overline{\text{HOLD}}$ 信号时，HM 指示处理器是否继续执行内部操作。 1）HM = 0：处理器从内部程序存储器取指，继续执行内部操作，而将外部接口置成高阻状态 2）HM = 1：处理器暂停内部操作

（续）

位	名称	复位值	功能
11	INTM	1	中断方式位。INTM 从整体上屏蔽或开放中断。 1）INTM = 0：开放全部可屏蔽中断 2）INTM = 1：关闭所有可屏蔽中断 SSBX 指令可以置 INTM 为 1，RSBX 指令可以将 INTM 清 0。当复位或者执行可屏蔽中断（INR 指令或外部中断）时，INTM 置 1。当执行一条 RETE 或 $\overline{\text{RETF}}$ 指令（从中断返回）时，INTM 清 0。INTM 不影响不可屏蔽的中断（$\overline{\text{RS}}$ 和 $\overline{\text{NMI}}$）。INTM 位不能用存储器写操作来设置
10	0	0	此位总是读为 0
9	OVM	0	溢出方式位。OVM 确定发生溢出时以什么样的数加载目的累加器。 1）OVM = 0：乘法器后面的加法器中的溢出结果值，像正常情况一样加到目的累加器 2）OVM = 1：当发生溢出时，目的累加器置成正的最大值（007FFFFFFFH）或负的最大值（FF80000000H） OVM 分别由 SSBX 和 RSBX 指令置位、复位
8	SXM	1	符号位扩展方式位。SXM 确定符号位是否扩展。 1）SXM = 0：禁止符号位扩展 2）SXM = 1：数据进入 ALU 之前进行符号位扩展 SXM 不影响某些指令的定义：ADD、LDU 和 SUBS 指令不管 SXM 的值是什么，都会禁止符号位扩展 SXM 可分别由 SSBX 和 RSBX 指令置位、复位
7	C16	0	双 16 位/双精度算术运算方式位。C16 决定 ALU 的算术运算方式。 1）C16 = 0：ALU 工作在双精度算术运算方式 2）C16 = 1：ALU 工作在双 16 位算术运算方式
6	FRCT	0	小数方式位。当 FRCT = 1 时，乘法器的输出左移一位，以消去多余的符号位
5	CMPT	0	修正方式位。CMPT 决定 ARP 是否可以修正。 1）CMPT = 0：在间接寻址单个数据存储器操作数时，不能修正 ARP。DSP 工作在这种方式时，ARP 必须置 0 2）CMPT = 1：在间接寻址单个数据存储器操作数时，可修正 ARP，当指令正在选择辅助存储器 0（AR0）时除外
4~0	ASM	0	累加器移位方式位。5 位字段的 ASM 规定一个从 –16~15 的移位值（2 的补码值）。凡是能进行并行存储的指令，以及 STH、STL、ADD、SUB、LD 指令，都能利用这种移位功能。可以从数据存储器中或者用 LD 指令（短立即数）对 ASM 加载

2. 处理器工作模式状态寄存器（PMST）

PMST 由存储器映像寄存器指令进行加载，如 STM 指令。PMST 的结构如图 2.5 所示。

15 ~ 7	6	5	4	3	2	1	0
IPTR	MP/$\overline{\text{MC}}$	OVLY	AVIS	DROM	CLKOFF*	SMUL*	SST*

注：* 表示的位在 C54x DSP 的 A 版本或更新版本中才有，或者在 C548 或更高的系列器件中有。

图 2.5 PMST 结构图

PMST 各位的解释见表 2.5。

表 2.5 处理器工作方式状态寄存器（PMST）各位的解释

位	名称	复位值	功能
15 ~ 7	IPTR	1FFH	中断向量指针。9 位字段的 IPTR 指示中断向量所驻留的 128 字程序存储器的位置。在自举加载操作情况下，用户可以将中断向量重新映射到 RAM。复位时，这 9 位全都置 1；复位向量总是驻留在程序存储器空间的地址 FF80H 中。RESET 指令不影响这个字段
6	MP/$\overline{\text{MC}}$	MP/$\overline{\text{MC}}$ 引脚状态	微处理器/微型计算机工作方式位。 1）MP/$\overline{\text{MC}}$ = 0：允许使能并寻址片内 ROM 2）MP/$\overline{\text{MC}}$ = 1：不能利用片内 ROM 复位时，采样 MP/$\overline{\text{MC}}$ 引脚上的逻辑电平，并且将 MP/$\overline{\text{MC}}$ 位置成此值。直到下一次复位前，不再对 MP/$\overline{\text{MC}}$ 引脚采样。RESET 指令不影响此位。也可以用软件的办法对此位置位或复位
5	OVLY	0	RAM 重复占位位。OVLY 可以允许片内双寻址数据 RAM 块映像到程序空间。OVLY 位的值为： 1）OVLY = 0：只能在数据空间而不能在程序空间寻址在片 RAM 2）OVLY = 1：片内 RAM 可以映像到程序空间和数据空间，但是数据页 0（00H ~ 7FH）不能映像到程序空间
4	AVIS	0	地址可见。AVIS 可允许/禁止在地址引脚上看到内部程序空间的地址线。 1）AVIS = 0：外部地址线不能随内部程序地址一起变化。控制线和数据不受影响，地址总线受总线上的最后一个地址驱动 2）AVIS = 1：让内部程序存储空间地址线出现在 C54x 的引脚上，从而可以跟踪内部程序地址。而且，当中断向量驻留在片内存储器时，可以连同 $\overline{\text{IACK}}$ 一起对中断向量译码
3	DROM	0	数据 ROM 位。DROM 可以让片内 ROM 映像到数据空间。DROM 位的值为： 1）DROM = 0：片内 ROM 不能映像到数据空间 2）DROM = 1：片内 ROM 的一部分映像到数据空间
2	CLKOFF	0	CLKOUT 时钟输出关断位。当 CLKOFF = 1 时，CLKOUT 的输出被禁止，且保持为高电平
1	SMUL*	N/A	乘法饱和方式位。当 SMUL = 1 时，在用 MAC 或 MAS 指令进行累加以前，对乘法结果进行饱和处理
0	SST*	N/A	存储饱和位。当 SST = 1 时，对存储前的累加器值进行饱和处理，饱和操作是在移位操作执行完之后进行的

注：* 仅 LP 器件有此状态位，所有其他器件上的此位均为保留位。

2.3.2　CPU 运算部件

1. 算术逻辑单元（ALU）

ALU 具有执行算术和逻辑操作的功能，和两个累加器一起能够完成二进制的补码运算，同时还能完成布尔运算。其逻辑结构如图 2.6 所示 。大多数算术逻辑运算指令都是单周期指令。一个运算操作在 ALU 中执行之后，运算所得结果一般被送到目的累加器（累加器 A 或累加器 B）中，执行存储操作指令（ADDM、ANDM、ORM 和 XORM）除外。

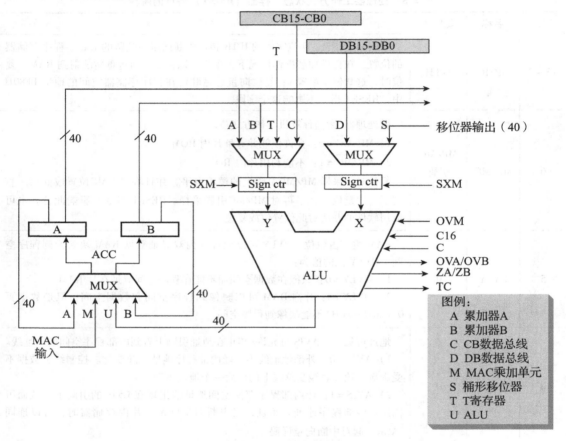

图 2.6　ALU 的逻辑结构图

1）ALU 的两个输入。ALU 的 X 输入端的数据为以下两种数据中的一种：

- 移位器的输出（32 位或 16 位数据存储器操作数，或者经过移位后的累加器的值）。
- 来自数据总线（DB）的数据存储器操作数。

ALU 的 Y 输入端的数据是以下 3 种数据中的一种：

- 累加器 A 或 B 的数据。
- 来自数据总线（CB）的数据存储器操作数。
- T 寄存器的数据。

当一个 16 位数据存储器操作数加到 40 位 ALU 的输入端时，若状态寄存器 ST1 的 SXM = 0，则高位添 0；若 SXM = 1，则符号位扩展。

2）ALU 的输出。ALU 的输出为 40 位，被送到累加器 A 或 B。如果把状态寄存器 ST1 中的 C16 置为 1，就选择了 C54x 中的双 16 模式，即可以在一个周期内完成两次 16 位操作。

3）溢出处理。ALU 的饱和逻辑可以处理溢出。当发生溢出且状态寄存器 ST1 的 OVM = 1 时，则用 32 位最大正数 007FFFFFFFH（正向溢出）或最大负数 FF80000000H（负向溢出）加载累加器。当发生溢出后，相应的溢出标志位（OVA 或 OVB）置 1，直到复位或执行溢出条件指令。注意，用户可以用 SAT 指令对累加器进行饱和处理，而不必考虑 OVM 的值。

4）进位位。ALU 的进位位受大多数算术 ALU 指令（包括循环操作和移位操作）的影响，可以用来支持扩展精度的算术运算。利用两个条件操作数 C 和 NC，可以根据进位位的状态，进行分支转移、调用与返回操作。RSBX 和 SSBX 指令可用来加载进位位。硬件复位时，进位位置 1。

5）双 16 位算术运算。用户只要置位状态寄存器 ST1 的 C16 位，就可以让 ALU 在单个周期内进行特殊的双 16 位算术运算，即进行两次 16 位加法或两次 16 位减法运算。

2. 累加器 A 和 B

累加器 A 和 B 都可以配置成乘法器/加法器或 ALU 的目的寄存器，也能输出数据到 ALU 或乘法器/加法器中。此外，在执行 MIN 和 MAX 指令或者并行指令 LD ‖ MAC 时都要用到它们，这时一个累加器加载数据，另一个累加器完成运算。

累加器 A 和累加器 B 都可分为 3 部分：保护位、高阶位和低阶位。示意图如图 2.7 所示。

累加器 A：

39 ~ 32	31 ~ 16	15 ~ 0
AG（保护位）	AH（高阶位）	AL（低阶位）

累加器 B：

39 ~ 32	31 ~ 16	15 ~ 0
BG（保护位）	BH（高阶位）	BL（低阶位）

图 2.7　累加器的组成

其中，保护位用于保存计算时产生的多余高位，以防止在迭代运算时溢出，如自相关运算。

AG、BG、AH、BH、AL 和 BL 都是存储器映像寄存器（在存储空间中占有地址）。在保存和恢复文本时，可用 PSHM 或 POPM 指令将它们压入堆栈或从堆栈中弹出。用户可以通过其他的指令寻址 0 页数据存储器（存储器映像寄存器），访问累加器的这些寄存器。累加器 A 和 B 的差别仅在于累加器 A 的 31 ~ 16 位可以作为乘法器的一个输入。

3. 桶形移位寄存器

桶形移位寄存器通过对输入的数据进行 0 ~ 31 位的左移和 0 ~ 15 位的右移来实现对输入的数据格式化，可以进行如下的操作：

1）在执行 ALU 操作前，将输入数据存储器操作数或累加器的值进行格式化处理；

2）执行累加器的值的一个逻辑或算术移位；

3) 对累加器的值进行归一化处理；

4) 在累加器的值存入数据存储器之前对累加器完成比例运算。

图 2.8 所示是桶形移位寄存器的功能框图。

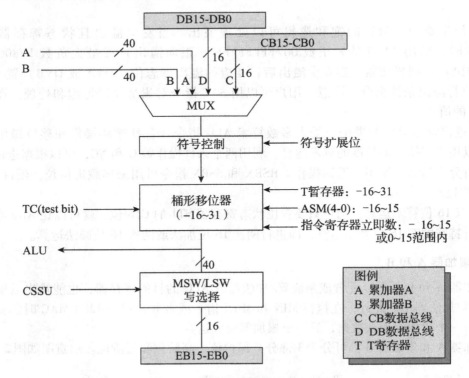

图 2.8　桶形移位寄存器的功能框图

1) 40 位桶形移位寄存器的输入端接至：

- DB, 取得 16 位输入数据。
- DB 和 CB, 取得 32 位输入数据。
- 40 位累加器 A 或 B。

2) 其输出端接至：

- ALU 的一个输入端。
- 经过 MSW/LSW（最高有效字/最低有效字）写选择单元至 EB 总线。

SXM 位控制操作数进行带符号位/不带符号位扩展。当 SXM = 1 时，执行符号位扩展。有些指令（如 LDU、ADDS 和 SUBS）认为存储器中的操作数是无符号数，不执行符号位扩展，也就可以不必考虑 SXM 位的数值。

指令中的移位数就是移位的位数。移位数用 2 的补码表示，正值表示左移，负值表示右移。移位数可以用以下方式定义：

- 用一个立即数（ -16 ~ 15）表示；
- 用状态寄存器 ST1 的累加器移位方式（ASM）位表示，共 5 位，移位数为 -16 ~ 15；
- 用 T 寄存器中最低 6 位的数值（移位数为 -16 ~ 31）表示。

例如：

```
ADD     A, - 4, B      ;累加器 A 右移 4 位后加到累加器 B
ADD     A, ASM, B      ;累加器 A 按 ASM 规定的移位数移位后加到累加器 B
NORM    A              ;按 T 寄存器中的数值对累加器归一化
```

在最后一条指令中，对累加器中的数归一化是很有用的。假设 40 位累加器 A 中的定点数为 FF FFFF F001。先用 EXP A 指令，求得它的指数为 13H，存放在 T 寄存器中，再执行 NORM A 指令，就可以在单个周期内将原来的定点数分成尾数 FF80080000 和指数两部分。

4. 乘法器/加法器单元

TMS320C54x CPU 的乘法器/加法器单元功能结构图如图 2.9 所示，由一个 17 位 × 17 位硬件乘法器、40 位专用加法器、符号位控制器、小数控制逻辑、0 检测器、溢出/饱和逻辑和 16 位的暂存器（T）等部分组成。乘法累加单元（MAC）和 ALU 并行工作可实现在一个周期内完成一次 17 位 × 17 位的乘法运算和一次 40 位的加法运算，并可对结果进行舍入处理。

乘法累加单元的一个输入操作数来自 T 寄存器、数据存储器或累加器 A（16 ~ 31 位），另一个则来自于程序存储器、数据存储器、累计器 A（16 ~ 31 位）或立即数。乘法器的输出加到加法器的输入端，累加器 A 或 B 则是加法器的另一个输入端，最后结果送往目的累加器 A 或 B。

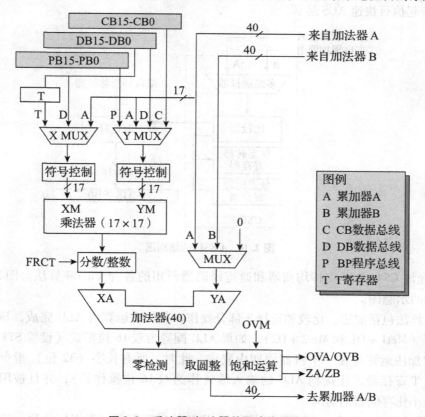

图 2.9　乘法器/加法器单元功能结构图

乘法器能够执行无符号数乘法运算和带符号数乘法运算，可按如下约束来实现乘法运算：

1）带符号数乘法，使每个 16 位操作数扩展成 17 位带符号数；

2）无符号数乘法，在每个 16 位操作数前面加一个 0；

3）带符号/无符号乘法，在一个 16 位操作数前面加一个 0，另一个 16 位操作数扩展成 17 位带符号数，以完成相乘运算。

当两个 16 位的数在小数模式下（FRCT 位为 1）相乘时，会产生多余的符号位，乘法器的输出可以左移一位，以消去多余的符号位。

乘法器/加法器单元中的加法器包含一个零检查器（Zero Detector）、一个舍入器（2 的补码）和溢出/饱和逻辑电路。舍入处理即加 2^{15} 到结果中，然后清除目的累加器的低 16 位。当指令中包含后缀 R 时，会执行舍入处理，如乘法、乘法/累加（MAC）和乘法/减（MAS）等指令。LMS 指令也会进行舍入操作，并最小化更新系数的量化误差。

加法器的输入来自乘法器的输出和另一个加法器。任何乘法操作在乘法器/加法器单元中执行时，结果会传送到一个目的累加器（A 或 B）。

5. 比较、选择和存储单元

比较、选择和存储单元（CSSU）是一个具有特殊用途的硬件单元。在数据通信、模式识别等领域，经常要用到 Viterbi（维特比）算法。C54x DSP 的 CPU 的 CSSU 就是专门为 Viterbi 算法设计的进行加法、比较和选择（ACS）运算的硬件单元。图 2.10 所示为 CSSU 的结构图，它和 ALU 一起执行快速 ACS 运算。

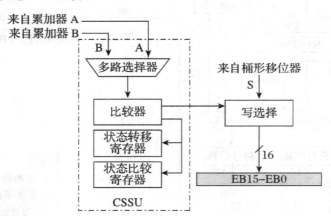

图 2.10 CSSU 的结构图

CSSU 允许 C54x DSP 支持均衡器和通道译码器所用的各种 Viterbi 算法。图 2.11 给出了 Viterbi 算法的示意图。

Viterbi 算法包括加法、比较和选择 3 部分操作。其加法运算由 ALU 完成，该功能包括两次加法运算（Met1 + D1 和 Met2 + D2）。如果 ALU 配置为双 16 位模式（设置 ST1 的 C16 位为 1），则两次加法运算可在一个机器周期内完成，此时，所有长字（32 位）指令均变成了双 16 位指令。T 寄存器被连接到 ALU 的输入端（作为双 16 位操作数），并且被用作局部存储器，以便最小化存储器的访问。

CSSU 通过 CMPS 指令、一个比较器和 16 位的传送寄存器（TRN）来执行比较和选择操作。该操作比较指定累加器的两个 16 位部分，并且将结果移入 TRN 的第 0 位。该结果也保存在 ST0 的 TC 位。基于该结果，累加器的相应 16 位被保存在数据存储器中。

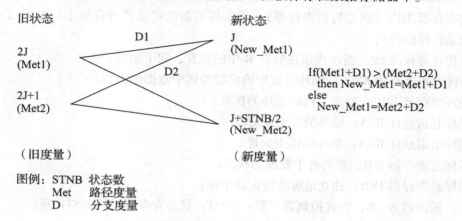

图例：STNB　状态数
　　　Met　　路径度量
　　　D　　　分支度量

图 2.11　Viterbi 算法示意图

6. 指数编码器

在数字信号处理中，为了提高计算精度，往往需要采用数的浮点表示方法。在数的浮点表示方法中，把一个数分为指数和位数两部分，指数部分表示数的阶次，位数表示数的有效值。为了满足这种运算，在 TMS320C54x 的 CPU 中提供了指数编码器和指数指令。

指数编码器也是一个专用硬件，其结构图如图 2.12 所示。它可以在单个周期内执行 EXP 指令，求得累加器中数的指数值，并以 2 的补码形式（−8 ~ 31）存放到 T 寄存器中。累加器的指数值 = 冗余符号位 −8，也就是为消去多余符号位而将累加器中的数值左移的位数。当累加器数值超过 32 位时，指数是个负值。

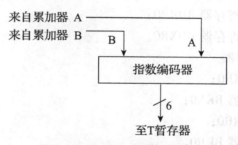

图 2.12　指数编码器的结构图

有了指数编码器，就可以用 EXP 和 NORM 指令对累加器的内容归一化了。例如：

```
EXP    A           ;（冗余符号位 −8）→T 寄存器
ST     T,EXPONET   ;将指数值存放到数据存储器中
NORM   A           ;对累加器归一化（累加器按 T 中值移位）
```

2.3.3　特殊功能寄存器

1. 第一类寄存器（26 个）

这些寄存器主要用于程序的运算处理和寻址方式的选择及设定，包含以下几种。

辅助寄存器 AR0 ~ AR7：产生 16 位数据空间。

暂存器 TREG：在使用乘（加）法指令时存放一乘数、EXP 指令结果；

过渡寄存器 TRN（状态转移寄存器）：用来得到新的度量值并存放中间结果（在 Viterbi 算法中记录转移路径）；

堆栈指针寄存器 SP：指示栈顶在数据 M 中的位置，向下生长；

缓冲区大小寄存器 BK：在循环寻址中确定缓冲区中数据的大小；

块循环寄存器 BRC：确定一代码循环的次数；

块循环起始地址 RSA：循环的开始地址；

块循环结束地址 REA：循环的结束地址；

中断标志寄存器 IFR：指明各中断源的状态；

中断屏蔽寄存器 IMR：独立地屏蔽特定的中断；

其他：累加器 A、B；方式控制寄存器：PMST；状态寄存器：ST0/ST1 等。

2. 第二类寄存器（17 个）

这类寄存器主要用于控制片内外设（串口、定时器、机器周期设定等），包含以下几种。

1）串口控制寄存器。

- 串口控制寄存器 SPC1：包含串口模式和状态位；
- 串口数据接收寄存器 DRR1：保持要写入数据总线的来自 RSR 的串行数据；
- 串口数据发送寄存器 DXR1：保持要装入 XSR 的来自数据总线的输出串行数据。

2）缓冲串口寄存器。

- 缓冲串口控制寄存器 BSPC0；
- 缓冲串口控制扩展寄存器 BSPCE0；
- 缓冲串口数据接收寄存器 BDRR0；
- 缓冲串口数据发送寄存器 BDXR0。

3）ABU 收发地址寄存器。

- 发送地址寄存器 AXR0；
- 发送缓冲范围寄存器 BKX0；
- 接收地址寄存器 ARR0；
- 接收缓冲范围寄存器 BKR0。

4）定时器寄存器。

- 定时器控制寄存器 TCR：控制定时器工作过程；
- 定时器设定寄存器 TIM：减 1 计数器；
- 定时器周期寄存器 PRD：用于 TIM 的数据重装。

5）其他寄存器。

- 软件支持状态寄存器 SWWSR；
- 多路开关控制寄存器 BSCR；
- 时钟模式寄存器 CLKMD。

2.4　存储器结构

为了提高数据的处理能力，TMS320C54x DSP 芯片提供了片内存储器，所有的 TMS320C54xDSP 片内都有随机存储器（RAM）和只读存储器（ROM）。RAM 有两种类型：单寻址 RAM（SARAM）和双寻址 RAM（DARAM）。TMS320C54x DSP 结构的并行特性和片内 DARAM 的特性，使其在任何给定的机器周期内都可完成 4 次并行的存储器操作，即一次取指令操作、两次读操作数操作和一次写操作数操作。使用片内存储器主要有以下优点：

1）因为无须等待周期时间，故性能更高；

2）比外部存储器成本低、功耗小。

表 2.6 列出了各种 TMS320C54x DSP 片内存储器的容量。TMS320C54x DSP 片内还有 26 个映像到数据存储空间的 CPU 寄存器和外围电路寄存器。

表 2.6　TMS320C54x DSP 片内存储器的容量

存储器类型	C541	C542	C543	C545	C546	C548	C549	C5402	C5410	C5420
TROM	28K	2K	2K	48K	48K	2K	16K	4K	16K	0
程序 ROM	20K	2K	2K	32K	32K	2K	16K	4K	16K	0
程序/数据	8K	0	0	16K	16K	0	16K	4K	0	0
DARAM	5K	10K	10K	6K	6K	8K	8K	16K	8K	32K
SARAM	0	0	0	0	0	24K	24K	0	56K	168K

2.4.1　存储空间的映像

TMS320C54x DSP 的存储器空间可以分成 3 个相互独立可选择的存储空间：64K 字的程序存储空间、64K 字的数据存储空间和 64K 字的 I/O 空间。在任何一个存储空间内，RAM、ROM、EPROM、EEPROM 或存储器映像外设都可以驻留在片内或者片外。这 3 个空间的总地址范围为 192K 字（C548 除外）。

程序存储器空间存放要执行的指令和执行中所用的系数表；数据存储器存放执行指令所要用的数据（需要处理的数据或数据处理的中间结果）；I/O 存储空间提供与外部存储器映像的接口，并能够作为外部数据存储空间。

在 C54x 中，片内或片外的程序存储器和数据存储器及外设都要映像到这 3 个空间。通常，片内 RAM 映像在数据存储空间，但也可以构成程序存储空间；片内的 ROM 一般映像在程序存储空间，也可以部分地安排到数据存储空间。CS4x 通过 3 个状态位，可以很方便地"使能"和"禁止"程序空间及数据空间中的片内存储器。

1）MP/$\overline{\text{MC}}$位：微处理器/微计算机工作方式位。

若 MP/$\overline{\text{MC}}$ =0，则片内 ROM 安排到程序空间。

若 MP/$\overline{\text{MC}}$ =1，则片内 ROM 不安排到程序空间。

2）OVLY 位：RAM 重叠位。

若 OVLY ＝1，则片内 RAM 安排到程序空间和数据空间。

若 OVLY ＝0，则片内 RAM 只安排到数据存储空间。

3）DROM 位：数据 ROM 位。DROM 的状态与 MP/$\overline{\text{MC}}$的状态无关。

当 DROM ＝1，则部分片内 RAM 安排到数据空间。

当 DROM ＝0，则片内 RAM 不安排到数据空间。

上述 3 个位包含在处理器工作方式状态寄存器（PMST）中。

图 2.13 以 C5402 为例给出了数据和程序存储区图，并说明了与 MP/$\overline{\text{MC}}$、OVLY 及 DROM 这 3 个位的关系。C54x 其他型号的存储区图可参阅相关芯片手册。

C5402 可以扩展程序存储器空间。采用分页扩展方法，使 C504 的程序空间可扩展到 1024K 字。为此，设有 20 根地址线，增加了一个额外的存储器映像寄存器——程序计数器扩展寄存器（XPC），以及 6 条寻址扩展程序空间的指令。C5402 中的程序空间分为 16 页，每页 64K 字，如图 2.14 所示。

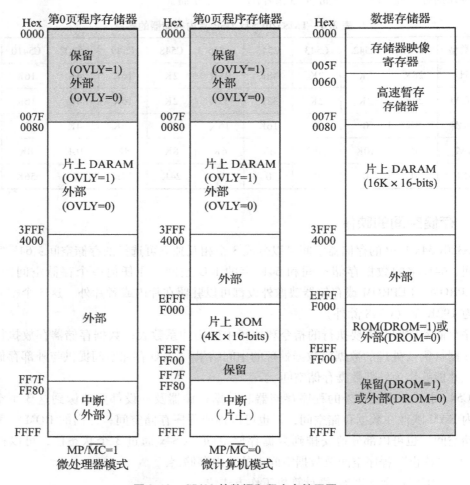

图 2.13 C5402 的数据和程序存储区图

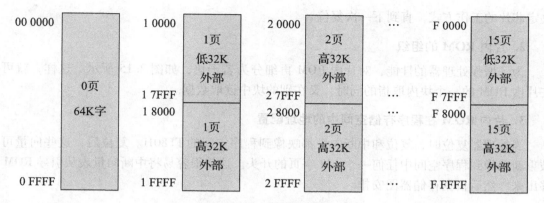

图 2.14 C5402 扩展程序存储空间

2.4.2 程序存储器空间

TMS320C54x DSP 可寻址 64K 字的存储空间。它们的片内 ROM、双寻址 RAM（DARAM）及单寻址 RAM（SARAM）都可以通过软件映像到程序空间。当存储单元映像到程序空间时，处理器就能自动地对它们所处的地址范围寻址。如果程序地址生成器（PAGEN）发出的地址处在片内存储器地址范围以外，处理器就能自动地对外部寻址。表 2.7 列出了 C54x DSP 可用的片内程序存储器的容量。由表可见，这些片内存储器是否作为程序存储器，取决于软件对处理器工作方式状态寄存器 PMST 的状态位 MP/MC 和 OVLY 的编程。

表 2.7 C54x DSP 可用的片内程序存储器容量

器件	ROM ($MP/\overline{MC}=0$)	DARAM (OVLY=1)	SARAM (OVLY=0)
C541	28K	5K	—
C542	2K	10K	—
C543	2K	10K	—
C545	48K	6K	—
C546	48K	6K	—
C548	2K	8K	24K
C549	16K	8K	24K
C5402	4K	16K	—
C5410	16K	8K	56K
C5420	—	32K	168K

1. 程序存储器的配置

MP/MC 和 OVLY 位决定片内存储器是否配置到程序存储空间。复位时，MP/MC 引脚上的逻辑电平将设置 PMST 的 MP/MC 位。MP/MC 引脚在复位时有效。复位后，PMST 的 MP/MC 位决定芯片的工作方式，直到下一次复位。

2. 片内 ROM 的组织

为了增强处理器的性能，对片内 ROM 再细分为若干块，如图 2.15 所示。这样，就可以在片内 ROM 的一个块内取指的同时，又在别的块中读取数据。

3. 片内 ROM 在程序存储空间中的地址配置

当处理器复位时，复位和中断向量都映像到程序空间的 FF80H。复位后，这些向量可以被重新映像到程序空间中任何一个 128 字页的开头。这就很容易将中断向量表从引导 ROM 中移出来，然后根据存储器图安排。

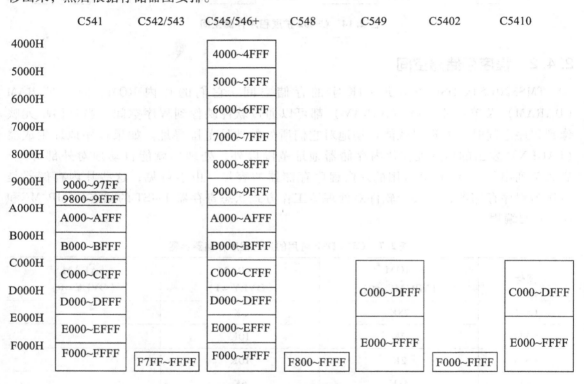

图 2.15　片内 ROM 分块图

4. 片内 ROM 的内容和配置

C54x DSP 的片内 ROM 容量有大（28K 或 48K 字）有小（2K 字），容量大的片内 ROM 可以把用户的程序代码编写进去，然而片内高 2K 字 ROM 中的内容是由 TI 公司定义的，这 2K 字程序空间（F800H ~ FFFFH）中包含如下内容。

1）自举加载程序。从串口、外部存储器、I/O 口或者主机接口（如果存在的话）自举加载。

2）256 字 A 律压扩表。

3）256 字 μ 律压扩表。

4）256 字正弦函数值查找表。

5）中断向量表。

图 2.16 所示为 C54x DSP 片内高 2K 字 ROM 中的内容及其地址范围。如果 MP/$\overline{\text{MC}}$ = 0，则用于代码的地址范围 F800H ~ FFFFH 被映像到片内 ROM。

5. 扩展程序存储器

C548、C549、C5402、C5410 和 C5420 可以在程序存储器空间使用分页的扩展存储器，允许访问最高达 8192K 字的程序存储器。为了扩展程序存储器，上述芯片应该包括以下的附加特征。

1）23 位地址总线代替 16 位的地址总线（C5402 为 20 位的地址总线，C5420 为 18 位的地址总线）。

2）一个特别的存储器映像寄存器，即程序计数器扩展寄存器（XPC）。

3）6 个特别的指令，用于寻址扩展程序空间。

扩展程序存储器的页号由 XPC 设定。XPC 映像到数据存储单元 001EH，在硬件复位时，XPC 初始化为 0。

图 2.16　片内 ROM 中的内容及其地址范围（高 2K 字的地址）

C548、C549、C5402、C5410 和 C5420 的程序存储空间被组织为 128 页（C5402 的程序存储空间为 16 页，而 C5420 的程序存储空间为 4 页），每页长度为 64K 字长。图 2.17 显示了扩展为 128 页的程序存储器，此时片内 RAM 不映像到程序空间（OVLY = 0）。

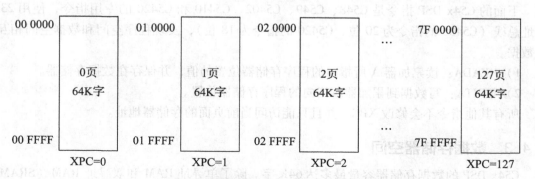

图 2.17　片内 RAM 不映像到程序空间（OVLY = 0）的扩展程序存储器

当片内 RAM 安排到程序空间（OVLY = 1）时，每页程序存储器分为两部分：一部分是公共的 32K 字，另一部分是各自独立的 32K 字。公共存储区为所有页共享，而每页独立的 32K 字存储区只能按指定的页号寻址，如图 2.18 所示。

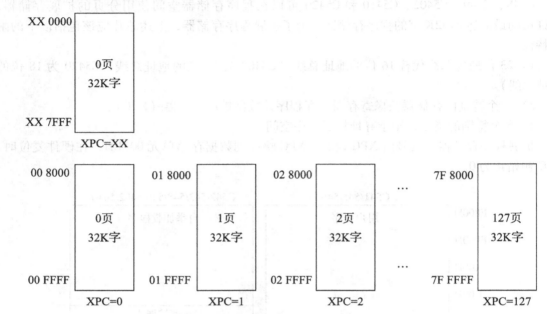

图 2.18　片内 RAM 映像到程序空间（OVLY = 1）的扩展程序存储器

如果片内 ROM 被寻址（MP/$\overline{\text{MC}}$ = 0），它只能在 0 页，不能映像到程序存储器的其他页。为了通过软件切换程序存储器的页面，有 6 条专用的影响 XPC 值的指令。

1）FB：远转移。

2）FBACC：远转移到累加器 A 或 B 指定的位置。

3）FCALA：远调用累加器 A 或 B 指定的位置的程序。

4）FCALL：远调用。

5）TRET：远返回。

6）FRETE：带有被使能的中断的远返回。

以上指令都可以带有或不带有延时。

下面的 C54x DSP 指令是 C548、C549、C5402、C5410 和 C5420 的专用指令，使用 23 位地址总线（C5402 的指令为 20 位，C5420 的指令为 18 位），实现程序空间和数据空间相互传送数据。

1）READA：读累加器 A 所指向的程序存储器位置的值，并保存在数据存储器。

2）WRITA：写数据到累加器所指向的程序存储器位置。

所有其他指令不会修改 XPC，并且只能访问当前页面的存储器地址。

2.4.3　数据存储器空间

C54x DSP 的数据存储器容量最多达 64K 字。除了单寻址 RAM 和双寻址 RAM（SRAM 和 DRAM）外，C54x 还可以通过软件将片内 ROM 映像到数据存储空间。表 2.8 列出了各种

C54x 可用的片内数据存储器的容量。

表 2.8　各种 C54x 可用的片内数据存储器的容量

器件	程序/数据 ROM（DROM = 1）	DARAM	SARAM
C541	8K	5K	–
C542	–	10K	–
C543	–	10K	–
C545	16K	6K	–
C546	16K	6K	–
C548		8K	24K
C549	8K	8K	24K
C5402	4K	16K	–
C5410	16K	8K	56K
C5420	–	32K	168K

当处理器发出的地址处在片内存储器的范围内时，就对片内的 RAM 或数据 ROM（当 ROM 设为数据存储器时）寻址。当数据存储器地址产生器发出的地址不在片内存储器的范围内时，处理器就会自动地对外部数据存储器寻址。

1. 数据存储器的配置

数据存储器可以驻留在片内或者片外。片内 DARAM 空间都是数据存储空间。对于某些 C54x DSP，用户可以通过设置 PMST 的 DROM 位，将部分片内 ROM 映像到数据存储空间。这一部分片内 ROM 既可以在数据空间使能（DROM 位 = 1），也可以在程序空间使能（MP/$\overline{\text{MC}}$ 位 = 0）。复位时，处理器将 DROM 位清 0。

对数据 ROM 的单操作数寻址，包括对 32 位长字操作数寻址，单个周期就可完成。而在双操作数寻址时，如果操作数驻留在同一块内，则要两个周期；若操作数驻留在不同块内，则只需一个周期就可以了。

2. 片内 RAM 配置

为了提高处理器的性能，片内 RAM 也细分为若干块。分块以后，用户可以在同一周期内从同一 DARAM 中取出两个操作数，将数据写入另一块 DARAM 中。图 2.19 给出了 C5402、C5410、C5420 的片内 RAM 分块组织图。

C54x DSP 中，DARAM 前 1K 数据存储器包括存储器映像 CPU 寄存器（0000H ~ 0001FH）和外围电路寄存器（0020H ~ 005FH）、32 字暂存器（0060H ~ 007FH）及 896 字 DARAM（0080H ~ 03FFH）。

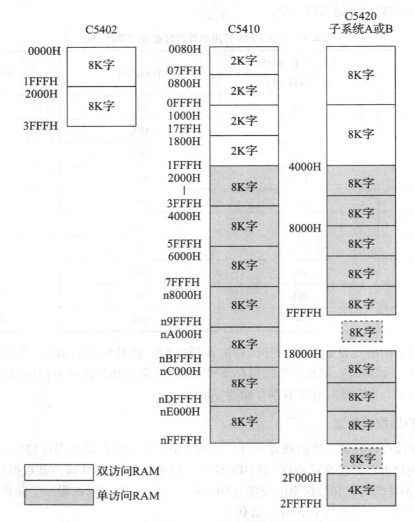

图 2.19　C5402、C5410、C5420 的片内 RAM 分块组织图

3. 存储器映像寄存器

存储器映像 CPU 寄存器，不需要插入等待周期。外围电路寄存器用于对外围电路的控制数据和存放数据寻址，需要两个机器周期。表 2.9 列出了存储器映像 CPU 寄存器的地址及名称。

表 2.9　存储器映像 CPU 寄存器的地址和名称

地址	CPU 寄存器名称	地址	CPU 寄存器名称
0	IMR（中断屏蔽寄存器）	8	AL（累加器 A 低字，15～0 位）
1	IFR（中断标志寄存器）	9	AH（累加器 A 高字，31～16 位）
2～5	保留（用于测试）	A	AG（累加器 A 保护位，39～32 位）
6	ST0（状态寄存器 0）	B	BL（累加器 B 低字，15～0 位）
7	ST1（状态寄存器 1）	C	BH（累加器 B 高字，31～16 位）

（续）

地址	CPU 寄存器名称	地址	CPU 寄存器名称
D	BG（累加器 B 保护位，39～32 位）	17	AR7（辅助寄存器 7）
E	T（暂时寄存器）	18	SP（堆栈指针）
F	TRN（状态转移寄存器）	19	BK（循环缓冲区长度寄存器）
10	AR0（辅助寄存器 0）	1A	BRC（块重复寄存器）
11	AR1（辅助寄存器 1）	1B	RSA（块重复起始地址寄存器）
12	AR2（辅助寄存器 2）	1C	REA（块重复结束地址寄存器）
13	AR3（辅助寄存器 3）	1D	PMST（处理器工作方式状态寄存器）
14	AR4（辅助寄存器 4）	1E	XPC（程序计数器扩展寄存器，仅存在于 C548 以上的型号中）
15	AR5（辅助寄存器 5）		
16	AR6（辅助寄存器 6）	1E～1F	保留

2.4.4　I/O 空间

C54x DSP 除了程序存储器空间和数据存储器空间外，还有一个 I/O 存储器空间。它是一个 64K 字的地址空间（0000H～FFFFH），并且都在片外。可以用两条指令（输入指令 PORTR 和输出指令 PORTW）对 I/O 空间寻址。程序存储器空间和数据存储器空间的读取时序与 I/O 空间的读取时序不同，访问 I/O 空间是对 I/O 映像的外部器件进行访问，而不是访问存储器。

所有的 C54xDSP 只有两个通用 I/O，即 BIO 和 XF。为了访问更多的通用 I/O，可以对主机通信并行接口和同步串行接口进行配置，以用作通用 I/O。另外，还可以扩展外部 I/O，C54x DSP 可以访问 64K 字的 I/O，外部 I/O 必须使用缓冲或锁存电路，配合外部 I/O 读写控制时序以构成外部 I/O 的控制电路。

━━━━━━━━━ 思考题 ━━━━━━━━━

1. TMS320C54x 芯片的 CPU 主要由哪些部分构成？
2. 简述 TMS320C54x 芯片的存储器分配方法。
3. 简述 TMS320C54x 芯片的程序空间。
4. 简述 TMS320C54x 芯片的数据空间。

第3章

寻址方式及指令系统

本章介绍的 C54x 指令系统适用于所有具有相同 CPU 内核的 C54x DSP，尽管这些 DSP 的型号可能不同。C54x DSP 汇编语言和单片机、微机等一般汇编语言的组成和结构类似，但又有其特殊性，学习时要注意它们的不同点。C54x DSP 的指令系统包括汇编语言指令、汇编伪指令、宏指令。通过学习本章，读者应了解汇编源程序的书写格式；掌握指令的 7 种寻址方式，尤其是间接寻址方式；掌握算术运算、逻辑运算、程序控制、存储和装入 4 种基本类型的汇编语言指令。

3.1 指令集术语及符号

3.1.1 汇编语言语句格式

汇编语言指令的书写形式有两种：助记符形式和代数式形式。本章主要介绍助记符形式的指令系统。汇编语言是 DSP 应用软件的基础，编写汇编语言时必须要符合相应的格式，这样汇编器才能将源文件转换为机器语言的目标文件。TMS320C54x 汇编语言源程序由源语句组成，包含汇编语言指令、汇编伪指令（也称汇编命令）、宏指令（宏命令）和注释等。一般一句程序占据编辑器的一行。由于汇编器每行最多只能读 200 个字符，所以源语句的字符数不能超过 200 个。一旦长度超过 200 个字符，汇编器将自行截去行尾的多余字符并给出警告信息。

汇编语言语句格式包含 4 个部分：标号域、指令域、操作数域和注释域。格式如下：

    [标号] [：]   指令 [操作数列表]   [；注释]

其中，[ ] 内的部分是可选项。每个域必须由一个或多个空格分开，制表符等效于空格。例如：

```
begin: LD  #40,AR1    ;将立即数 40 传送给辅助寄存器 AR1
```

1. 标号域

标号供本程序的其他部分或其他程序调用。对于所有的 C54x 汇编指令和大多数汇编伪指令，标号都是可选项，但伪指令 .set 和 .equ 除外，二者需要标号。标号值和它所指向的语句所在单元的值（地址或汇编时段程序计数器的值）是相同的。

使用标号时，必须从源语句的第一列开始。一个标号允许最多有 32 个字符：A ~ Z、a ~ z、0 ~ 9、–和 $。第一个字符不能是数字。标号对大小写敏感，如果在启动汇编器时用到了 –c 选项，则标号对大小写不敏感。标号后可跟一个冒号"："，也可不跟。如果不用标号，则第一列上必须是空格、分号或星号。

2. 指令域

指令域不能从第一列开始，一旦从第一列开始，它将被认作标号。指令域包括以下指令码之一：

- 助记符指令（例如：STM、MAC、MPVD、STL）；
- 汇编伪指令（例如：.data、.list、.set）；
- 宏指令（例如：.macro、.var、.mexit）。

其中，助记符指令，一般用大写；汇编伪指令和宏指令，以句点"."开始，并且为小写。

3. 操作数域

操作数域即操作数列表。操作数可以是常量、符号，或是常量和符号的混合表达式。操作数之间用逗号分开。

汇编器允许在操作数前使用前缀来指定操作数（常数、符号或表达式）是地址、立即数还是间接地址。前缀的使用规则如下：

前缀 # 表示其后的操作数为立即数。若使用#号作为前缀，则汇编器将操作数处理为立即数。即使操作数是寄存器或地址，也当作立即数处理，汇编器将地址处理为一个值，而不是使用地址的内容。以下是指令中使用前缀#的例子：

```
Label: ADD  #123,A
```

该例子表示操作数#123 为立即数，汇编器将 123（十进制）加到指定的累加器的内容上。

立即数符号#，一般用在汇编语言指令中，也可用在伪指令中，表示伪指令后的立即数，但一般很少用。如：

```
.byte   10
```

表示立即数的#号一般省略，汇编器也认为操作数是一个立即数 10，用来初始化一个字节。

前缀 * 表示其后的操作数为间接地址。若使用 * 号作为前缀，则汇编器将操作数处理为间接地址。也就是说，使用操作数的内容作为地址。以下是指令中使用前缀 * 的例子：

```
Label: LD  *AR4,A
```

在该例子中，操作数 * AR4 指定为间接地址。汇编器找到寄存器 AR4 的内容指定的地址，然后将该地址的内容装进指定的累加器。

前缀 @ 表示其后的操作数是采用直接寻址还是绝对寻址的地址。直接寻址产生的地址是 @后的操作数（地址）与数据页指针或堆栈指针的组合。如：

```
ADD  #10,@ XYZ
```

4. 注释域

注释可以从一行的任一列开始直到行尾。任一 ASCII 码（包括空格）都可以组成注释。

注释在汇编文件列表中显示，但不影响汇编。如果注释从第一列开始，就用；号或 * 号开头，否则用；号开头。* 号在第一列出现时，仅仅表示此后的内容为注释。

3.1.2　指令集符号与意义

为便于后续的学习和应用，首先列出 TMS320C54x 指令系统的符号与意义，见表 3.1。

表 3.1　TMS320C54x 指令系统的符号与意义

符号	意义
A	累加器 A
ACC	累加器
ACCA	累加器 A
ACCB	累加器 B
ALU	算术逻辑运算单元
ARx	特指某个辅助寄存器（$0 \leqslant x \leqslant 7$）
ARP	ST0 中的 3 位辅助寄存器指针位，指向当前辅助寄存器（AR）
ASM	ST1 中的 5 位累加器移位方式位（$-16 \leqslant ASM \leqslant 15$）
B	累加器 B
BRAF	ST1 中的块循环有效标志位
BRC	块循环计数器
BITC	是 4 位数（$0 \leqslant BITC \leqslant 15$），决定位测试指令对指定数据存储单元中的哪一位进行测试
C16	ST1 中的双 16 位/双精度算术运算方式位
C	ST0 中的进位位
CC	2 位条件代码（$0 \leqslant CC \leqslant 3$）
CMPT	ST1 中的 ARP 修正方式位
CPL	ST1 中的直接寻址编译方式位
Cond	表示一种条件的操作数，用于条件执行指令
[d]，[D]	延时选项
DAB	D 地址总线
DAR	DAB 地址寄存器
dmad	16 位立即数表示的数据存储器地址（$0 \leqslant dmad \leqslant 65535$）
Dmem	数据存储器操作数
DP	ST0 中的 9 位数据存储器页指针（$0 \leqslant DP \leqslant 511$）
dst	目的累加器（A 或 B）
dst_	另一个目的累加器　if　dst = A, then dst_ = B 　　　　　　　　　　if　dst = B, then dst_ = A
EAB	E 地址总线
EAR	EAB 地址寄存器
extpmad	23 位立即数表示的程序存储器地址

（续）

符号	意义
FRCT	ST1 中的小数方式位
hi（A）	累加器 A 的高 16 位（31 ~ 16 位）
HM	ST1 中的保持方式位
IFR	中断标志寄存器
INTM	ST1 中的中断屏蔽位
K	少于 9 位的短立即数
K3	3 位立即数（0≤K3≤7）
K5	5 位立即数（ - 16≤K5≤15）
K9	9 位立即数（0≤K9≤511）
1k	16 位长立即数
Lmem	使用长字寻址的 32 位单数据存储器操作数
mmr 或 MMR	存储器映像寄存器
MMRx MMRy	存储器映像寄存器，AR0 ~ AR7 或 SP
n	紧跟 XC 指令的字数，n = 1 或 2
N	指定在 RSBX 和 SSBX 指令中修改的状态寄存器 N = 0，状态寄存器 ST0；N = 1，状态寄存器 ST1
OVA	ST0 中的累加器 A 的溢出标志
OVB	ST0 中的累加器 B 的溢出标志
OVdst	目的累加器（A 或 B）的溢出标志
OVdst_	另一个目的累加器（A 或 B）的溢出标志
OVsrc	源累加器（A 或 B）的溢出标志
OVM	ST1 中的溢出方式位
PA	16 位立即数表示的端口地址（0≤PA≤65535）
PAR	程序存储器地址寄存器
PC	程序计数器
pmad	16 位立即数表示的程序存储器地址（0≤pmad≤65535）
Pmem	程序存储器操作数
PMST	处理器工作方式状态寄存器
prog	程序存储器操作数
[R]	凑整选项
rnd	凑整
RC	循环计数器

（续）

符号	意义
RTN	在指令 RETF [D] 中使用的快速返回寄存器
REA	块循环结束地址寄存器
RSA	块循环开始地址寄存器
SBIT	4 位数（0≤SBIT≤15），指明在指令 RSBX、SSBX 和 XC 中修改的状态寄存器位数
SHFT	4 位移位数（0≤SHFT≤15）
SHIFT	5 位移位数（−16≤SHIFT≤15）
Sind	使用间接寻址的单数据存储器操作数
Smem	16 位单数据存储器操作数
SP	堆栈指针
src	源累加器（A 或 B）
ST0	状态寄存器 0
ST1	状态寄存器 1
SXM	ST1 中的符号扩展方式位
T	暂存器
TC	ST0 中的测试/控制标志位
TOS	堆栈栈项
TRN	状态转移寄存器
TS	T 寄存器的 5~0 位确定的移位数（−16≤TS≤31）
uns	无符号的数
XF	ST1 中的外部标志状态位
XPC	程序计数器扩展寄存器
Xmem	在双操作数指令和一些单操作数指令中使用的 16 位双数据存储器操作数
Ymem	在双操作指令中使用的 16 位双数据存储器操作数

3.2 指令的寻址方式

指令的寻址方式是指当 CPU 执行指令时，寻找指令所指定的参与运算的操作数的方法。不同的寻址方式为编程提供了极大的柔性编程操作空间，可以根据程序要求采用不同的寻址方式，以提高程序的运行速度和代码效率。

C54x 共有 7 种有效的数据寻址方式，见表 3.2。除了立即寻址、直接寻址、间接寻址等常见寻址方式，DSP 还支持一些特殊的寻址方式，例如，为了降低卷积、自相关算法和 FFT 算法的地址计算开销，多数 DSP 支持循环寻址和位倒序寻址，这些寻址方式包含在间接寻址中。

表 3.2　TMS320C54x 的数据寻址方式

寻址方式	举例	指令含义	用途
立即寻址	LD #10，A	将立即数 10 传送至累加器 A	主要用于初始化
绝对寻址	STL A，*（y）	将累加器的低 16 位存放到变量 y 所在的存储单元中	利用 16 位地址寻址存储单元
累加器寻址	READA x	将累加器 A 作为地址读程序存储器，并存入变量 x 所在的数据存储器单元	把累加器的内容作为地址
直接寻址	LD @x，A	（DP + x 的低 7 位地址）→A	利用数据页指针和堆栈指针寻址
间接寻址	LD *AR1，A	（AR1）→A	利用辅助寄存器作为地址指针
存储器映像寄存器寻址	LDM ST1，B	ST1→B	快速寻址存储器映像寄存器
堆栈寻址	PSHM AG	SP - 1→SP，AG→TOS	压入/弹出数据存储器和 MMR

C54x 寻址存储器具有两种基本的数据形式：16 位数和 32 位数。大多数指令能够寻址 16 位数，但只有双精度和长字指令才能寻址 32 位数。

在讨论寻址方式时，往往要用到一些缩写语。常用的有：Smem 表示 16 位单寻址操作数、Xmem 和 Ymem 表示 16 位双寻址操作数、dmad 表示数据存储器地址、pmad 表示程序存储器地址、PA 表示 I/O 端口地址、src 表示源累加器、dst 表示目的累加器、lk 表示 16 位长立即数等。上述缩写语的详细含义可参见表 3.1。

3.2.1　立即寻址

立即寻址，就是在指令中已经包含执行指令所需要的操作数，主要用于寄存器或存储器的初始化。在立即寻址方式的指令中，数字前面加一个#号，表示一个立即数。

例如：LD #10H,A　　　；立即数 10→A 累加器
　　　RPT #99　　　　；将紧跟在此条语句后面的语句重复执行 99 +1 次

立即寻址方式中的立即数，有两种数值形式：3、5、8 或 9 位短立即数，16 位长立即数。它们在指令中分别编码为单字和双字指令。

3.2.2　绝对寻址

绝对寻址，就是在指令中包含所要寻址的存储单元的 16 位地址，可利用 16 位地址寻址存储器或 I/O 端口。在绝对寻址指令语法中，存储单元的 16 位地址可以用其所在单元的地址标号或者 16 位符号常数来表示。绝对地址寻址有以下 4 种类型。

1. 数据存储器寻址

数据存储器（dmad）寻址用一个符号或一个数来确定数据空间中的一个地址。

例如：MVKD,DATA,*AR5

将数据存储器 DATA 地址单元中的数据传送到由 AR5 寄存器所指向的数据存储器单元

中。这里的 DATA 是一个符号常数，代表一个数据存储单元的地址。

2. 程序存储器寻址

程序存储器（pmad）寻址用一个符号或一个数来确定程序存储器中的一个地址。

例如：MVPD,TABLE, * AR7 -

将程序存储器标号为 TABLE 地址单元中的数据传送到由 AR7 寄存器所指向的数据存储器单元中，且 AR7 减 1。这里的 TABLE 是一个地址标号，代表一个程序存储单元的地址。

程序存储器寻址基本上和数据存储器寻址一样，区别仅在于空间不同。

3. I/O 端口寻址

I/O 端口（PA）寻址用一个符号或一个 16 位数来确定 I/O 空间存储器中的一个地址，实现对 I/O 设备的读和写。例如下面两条指令：

```
PORTR,FIFO, * AR5        ;从端口 FIFO 读数据→(AR5)
PORTW, * AR2,BOFO        ;将(AR2)→写入 BOFO 端口
```

第一条指令表示从 FIFO 端口读入一个数据，将其存放到由 AR5 寄存器所指向的数据存储单元中。这里的 FIFO 和 BOFO 是 I/O 端口地址的标号。

4. * (lk) 寻址

* (lk) 寻址用一个符号或一个常数来确定数据存储器中的一个地址，适用于支持单数据存储器操作数的指令。lk 是一个 16 位数或一个符号，它代表数据存储器中的一个单元地址。

例如：LD * (BUFFER),A

将 BUFFER 符号所指的数据存储单元中的数传送到累加器 A 中，这里的 BUFFER 是一个 16 位符号常数。* (lk) 寻址的语法允许所有使用单数据存储器（Smem）寻址的指令访问数据空间的单元而不改变数据页（DP）的值，也不用对 AR 进行初始化。当采用绝对寻址方式时，指令长度将在原来的基础上增加一个字。值得注意的是：使用 * (lk) 寻址方式的指令不能与 RPT、RPTZ 指令一起使用。

3.2.3　累加器寻址

累加器寻址是用累加器中的数作为地址来读/写程序存储器。这种方式可用来对存放数据的程序存储器寻址。仅有如下两条指令可以采用累加器寻址：

```
READA    Smem
WRITA    Smem
```

READA 指令以累加器 A（15～0 位）中的数为地址，从程序存储器中读一个数，传送到单数据存储器（Smem）操作数所确定的数据存储单元中。WRITA 指令可把 Smem 操作数所确定的数据存储单元中的一个数，传送到累加器 A（5～0 位）确定的程序存储单元中去。

应该注意的是，在大部分 C54x 芯片中，程序存储器单元由累加器 A 的低 16 位确定，但 C548 以上的 C54x 芯片有 23 条地址总线，它的程序存储器单元就由累加器的低 23 位确定。

3.2.4　直接寻址

直接寻址，就是在指令中包含数据存储器地址（dmad）的低 7 位，由这 7 位作为偏移地

址值，与基地址值（数据页指针 DP 或堆栈指针 SP）一道构成 16 位数据存储器地址。利用这种寻址方式，可以在不改变 DP 或 SP 的情况下，随机地寻址 128 个存储单元中的任何一个单元。直接寻址的优点是每条指令只需要一个字。图 3.1 给出了使用直接寻址的指令代码的格式。

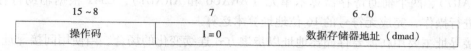

图 3.1 直接寻址的代码格式

其中，15~8 位为指令的操作码；第 7 位确定了寻址方式，若 I = 0，表示指令使用直接寻址方式；6~0 位包含了指令的数据存储器的偏移地址。

直接寻址的语法用一个符号或一个常数来确定偏移值。

例如： ADD SAMPLE,B

表示要将地址为 SAMPLE 的存储器单元内容加到累加器 B 中，此时地址 SAMPLE 的低 7 位存放在指令代码（6~0 位）中，高 9 位由 DP 或 SP 提供。至于是选择 DP 还是 SP 作为基地址，则由状态寄存器 ST1 中的编译方式位（CPL）来决定。

1）当 ST1 中的 CPL 位为 0 时，由 ST0 中的 DP 值（9 位地址）与指令中的 7 位地址一道形成 16 位数据存储器地址，如图 3.2 所示。

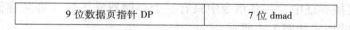

图 3.2 CPL = 0 时 16 位数据存储器地址的形成

2）当 ST1 中的 CPL 位为 1 时，将指令中的 7 位地址与 16 位堆栈指针 SP 相加，形成 16 位的数据存储器地址，如图 3.3 所示。

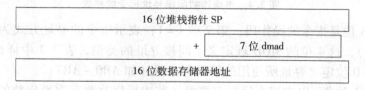

图 3.3 CPL = 1 时 16 位数据存储器地址的形成

因为 DP 值的范围是 0~511，所以以 DP 为基准的直接寻址方式把存储器分成 512 页。7 位的 dmad 值的变化范围为 0~127，每页有 128 个可访问的单元。换句话说，DP 指向 512 页中的一页，dmad 指向该页中的特定单元。访问第 1 页的单元 0 和访问第 2 页的单元 0 的唯一区别是 DP 值的变化。

DP 值可由 LD 指令装入。RESET 指令将 DP 赋为 0。注意，DP 不能通过上电进行初始化，在上电后它处于不定状态。所以，没有初始化 DP 的程序可能工作不正常，所有的程序都必须对 DP 初始化。

例如：RSBX CPL ;CPL = 0
　　　LD #2,DP ;DP 指向第 2 页
　　　LD 60H,16,A; ;将第 2 页的 60H 单元内容装入 A 的高 16 位

3.2.5　间接寻址

按照辅助寄存器的内容寻址数据存储器。在间接寻址中，64K 字数据空间中的任何一个单元都可以通过一个辅助寄存器中的 16 位地址进行访问。C54x 有 8 个 16 位辅助寄存器（AR0 ~ AR7）、两个辅助寄存器算术单元（ARAU0 和 ARAU1），C54x 根据辅助寄存器 ARx 的内容进行操作，完成无符号的 16 位地址算术运算。

间接寻址主要用在需要存储器地址以步进方式连续变化的场合。当使用间接寻址方式时，辅助寄存器内容（地址）可以被修改（增加或减少）。间接寻址方式很灵活，不仅能从存储器中读或写一个 16 位数据操作数，而且能在一条指令中访问两个数据存储单元，即从两个独立的存储器单元读数据，或读一个存储器单元的同时写另一个存储器单元，或者读写两个连续的存储器单元。间接寻址还包括循环寻址和位倒序寻址。

间接寻址有两种方式：

- 单操作数间接寻址：从存储器中读或写一个 16 位数据操作数。
- 双操作数间接寻址：在一条指令中访问两个 16 位数据存储单元。

下面首先介绍单操作数间接寻址，以及 DSP 独有的循环寻址方式和位倒序寻址方式，然后介绍双操作数间接寻址。

1. 单操作数间接寻址

在单操作数间接寻址中，一条指令中只有一个存储器操作数（即从存储器中只存取一个操作数），其指令的格式如图 3.4 所示。

15 ~ 8	7	6 ~ 3	2 ~ 0
操作码	I = 1	MOD	ARF

图 3.4　单操作数间接寻址指令的格式

其中，15 ~ 8 位是指令的操作码；第 7 位 I = 1，表示指令的寻址方式为间接寻址；6 ~ 3 位为方式（MOD），这 4 位的 MOD 域定义了间接寻址的类型，表 3.3 中详细说明了 MOD 域的各种类型；2 ~ 0 位定义寻址所使用的辅助寄存器（如 AR0 ~ AR7）。

使用间接寻址方式可以在指令执行存取操作前或后修改要存取操作数的地址，可以通过加 1、减 1、加一个 16 位偏移量或用 AR0 中的值索引（indexing）寻址。这样结合在一起共有 16 种间接寻址的类型。表 3.3 列出了间接寻址方式中对单操作数的寻址类型。

表 3.3　单操作数间接寻址类型

MOD 域	操作码语法	功能	说明
0000	* ARx	Addr = ARx	ARx 包含了数据存储器地址
0001	* ARx −	Addr = ARx ARx = ARx − 1	访问后，ARx 中的地址减 1
0010	* ARx +	Addr = ARx ARx = ARx + 1	访问后，ARx 中的地址加 1
0011	* + ARx	Addr = ARx + 1 ARx = ARx + 1	在寻址前，ARx 中的地址加 1

（续）

MOD 域	操作码语法	功能	说明
0100	* ARx − 0B	Addr = ARx ARx = B（ARx − AR0）	访问后，从 ARx 中以位倒序进位的方式减去 AR0
0101	* ARx − 0	Addr = ARx ARx = ARx − AR0	访问后，从 ARx 中减去 AR0
0110	* ARx + 0	Addr = ARx ARx = ARx + AR0	访问后，把 AR0 加到 ARx 中去
0111	* ARx + 0B	Addr = ARx ARx = B（ARx + AR0）	访问后，把 AR0 以位倒序进位的方式加到 ARx 中去
1000	* ARx − %	Addr = ARx ARx = circ（ARx − 1）	访问后，ARx 中的地址以循环寻址的方式减 1
1001	* + ARx − 0%	Addr = ARx ARx = circ（ARx − AR0）	访问后，ARx 中的地址以循环寻址的方式减去 AR0
1010	* ARx + %	Addr = ARx ARx = circ（ARx + 1）	访问后，ARx 中的地址以循环寻址的方式加 1
1011	* ARx + 0%	Addr = ARx ARx = circ（ARx + AR0）	访问后，把 AR0 以循环寻址的方式加到 ARx 中
1100	* ARx（1k）	Addr = ARx + 1k ARx = ARx	将 ARx 与 16 位的长偏移（1k）的和作为数据存储器地址；ARx 本身不被修改
1101	* + ARx（1k）	Addr = ARx + 1k ARx = ARx + 1k	在寻址之前，把一个带符号的 16 位的长偏移（1k）加到 ARx 中，然后用新的 ARx 的值作为数据存储器的地址
1110	* + ARx（1k）%	Addr = circ（ARx + 1k） ARx = circ（ARx + 1k）	在寻址之前，把一个带符号的 16 位的长偏移以循环寻址的方式加到 ARx 中，然后用新的 ARx 的值作为数据存储器的地址
1111	* （1k）	Addr = 1k	一个无符号的 16 位的长偏移用来作为数据存储器的绝对地址（也属于绝对寻址）

　　表 3.3 中的 16 种间接寻址可以分为 5 种方式，分别为加 1 和减 1 寻址方式、加一个 16 位偏移量寻址方式、用 AR0 中的值索引（indexing）寻址方式、循环寻址方式、位倒序寻址方式。

　　（1）**加 1、减 1 寻址方式（如 * ARx − 、* ARx + 、* + ARx）**

　　例如：LD 　* AR2 +, A　　;(AR2)→A, AR2 = AR2 + 1

　　表示将 AR2 寄存器内容所指向的数据存储器单元中的数据传送到累加器 A 中，然后 AR2 中的地址加 1。

　　在表 3.3 中，* + ARx 表示在寻址前，ARx 中的地址加 1，只用在写操作中。

（2）加一个 16 位偏移量寻址方式

＊ARx（lk）和 ＊＋ARx（lk）是间接寻址中加固定偏移量的一种类型，这种类型中的一个 16 位偏移量被加到 ARx 寄存器中。在该寻址方式下，辅助寄存器 ARx 中的内容不修改（用 ＊ARx（lk）寻址），对于存取数据阵列或结构中的一个特殊单元特别有用。当辅助寄存器被修改时（用 ＊＋ARx（lk）寻址），特别适合于按固定步长寻址操作数的操作。这种类型的指令不能用在单重复指令（RPT、RPTZ）中，另外指令的执行周期也多一个。

（3）用 AR0 中的值索引寻址方式

＊ARx－0 和 ＊ARx＋0 就是索引寻址类型。在这种类型中，ARx 的内容在存取的前后被减去或加上 AR0 的内容，以达到修改 ARx 内容（修改地址）的目的。此种类型比加一个 16 位偏移量寻址方式方便，指令字短。

（4）循环寻址方式（如 ＊ARx＋0%）

以%符号表示的为循环寻址，如 ＊ARx＋0%，其辅助寄存器的使用规则与其他寻址方式相同。在卷积、自相关和 FIR 滤波器等许多算法中，都需要在存储器中设置循环缓冲区。循环缓冲区是一个滑动窗口，包含最近的数据。如果有新的数据到来，它将覆盖最早的数据。对一个需要 8 个循环缓冲的运算，循环指针第一次的移动为 1，2，3，4，5，6，7→8；第二次的移动为 2，3，4，5，6，7→8→1；第三次的移动为 3，4，5，6，7→8→1→2；依次下去，直到完成规定的循环次数。图 3.5 所示为循环缓冲区示意图。实现循环缓冲区的关键是循环寻址。

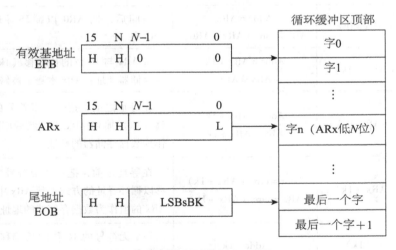

图 3.5　循环缓冲区示意图

循环缓冲区的主要参数如下。

- 长度计数器（BK）：定义了循环缓冲区的大小 R（$R < 2^N$）；
- 有效基地址（EFB）：定义了缓冲区的起始地址，即 ARx 的低 N 位设为 0 后的值；
- 尾地址（EOB）：定义了缓冲区的尾部地址，通过用 BK 的低 N 位代替 ARx 的低 N 位而得到。
- 缓冲区索引（index）：当前 ARx 的低 N 位；
- 步长（Step）：一次加到辅助寄存器或从辅助寄存器中减去的值。

要求缓冲区地址始于最低 N 位为零的地址，且 R 值满足 $R < 2^N$，R 值必须要放入 BK。例

如，一个长度为 31 个字的循环缓冲区必须开始于最低 5 位为零的地址（即 XXXX　XXXX　XXX0　0000B），且赋值 BK = 31。又如，一个长度为 32 个字的循环缓冲区必须开始于最低 6 位为零的地址（即 XXXX　XXXX　XX00　0000B），且 BK = 32。

　　循环寻址的算法为：

```
If   0≤index+step<BK;
 index =index+step;
Else  if  index+step≥BK;
      index =index+step-BK;
Else  if  index+step<0;
       index =index+step+BK;
```

　　例如，对于指令：

```
LD  * +AR1(8)% ,A
STL A, * +AR1(8)% ;
```

假定 BK = 10，AR1 = 100H，由 R 值应满足 $R < 2^N$ 得到 $N = 4$，因为 AR1 的低 4 位为 0，得到 index = 0，循环寻址 * + AR1 (8)% 的步长 Step = 8。循环寻址过程如图 3.6 所示。

　　执行第一条指令时：index = index + step = 8，寻址 108H 单元；

　　执行第二条指令时：index = index + step = 8 + 8 = 16 大于 BK，则 index = index + step − BK = 8 + 8 − 10 = 6，寻址 106H 单元，以此类推。

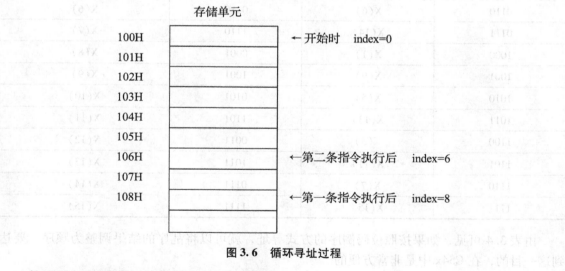

图 3.6　循环寻址过程

使用循环寻址时，必须遵循以下 3 个原则：

1）循环缓冲区的长度 $R < 2^N$，并且地址从一个低 N 位为 0 的地址开始；

2）步长小于或等于循环缓冲区的长度；

3）所使用的辅助寄存器必须指向缓冲区单元。

（5）**位倒序寻址方式**（如 * ARx + 0B）

以 B 符号表示位倒序寻址，例如，* ARx − 0B 和 * ARx + 0B 是间接寻址的位倒序寻址类型。ARx 中的内容与 AR0 中的内容以位倒序的方式相加，产生 ARx 中的新内容，即进位是从左到右的，而不是从右到左。

位倒序寻址主要应用于 FFT 运算，可以提高 FFT 算法的执行速度和使用存储器的效率。FFT 运算主要实现采样数据从时域到频域的转换，服务于信号分析。FFT 要求采样点输入是倒序时，输出才是顺序；若输入是顺序，则输出就是倒序。采用位倒序寻址的方式正好符合 FFT 算法的要求。

使用时，AR0 存放的整数值为 FFT 点数的一半，另一个辅助寄存器 ARx 指向存放数据的单元。位倒序寻址将 AR0 加到辅助寄存器中，地址以位倒序方式产生。也就是说，两者相加时，进位是从左到右反向传播的，而不是通常加法中的从右到左。

以 16 点 FFT 为例，当输入序列是顺序时，其 FFT 变换结果的次序为 X(0)，X(8)，X(4)，…，X(15) 的倒序方式，见表 3.4。

表 3.4   位码倒序寻址

存储单元地址	变换结果	位码倒序	位码倒序寻址结果
0000	X(0)	0000	X(0)
0001	X(8)	1000	X(1)
0010	X(4)	0100	X(2)
0011	X(12)	1100	X(3)
0100	X(2)	0010	X(4)
0101	X(10)	1010	X(5)
0110	X(6)	0110	X(6)
0111	X(14)	1110	X(7)
1000	X(1)	0001	X(8)
1001	X(9)	1001	X(9)
1010	X(5)	0101	X(10)
1011	X(13)	1101	X(11)
1100	X(3)	0011	X(12)
1101	X(11)	1011	X(13)
1110	X(7)	0111	X(14)
1111	X(15)	1111	X(15)

由表 3.4 可见，如果按照位码倒序的方式寻址，就可以将乱序的结果调整为顺序。要达到这一目的，在 C54x 中是非常方便的。

例如：假设辅助寄存器都是 8 位字长，AR2 中存放数据存储器的基地址（设为 0110 0000B），指向 X(0) 的存储单元，设定 AR0 的值是 FFT 长度的一半。对 16 点 FFT：

```
AR2 = 0110  0000B
AR0 = 0000  1000B
```

执行指令：RPT   #15   ;循环执行下一条语句15 +1 次
        PORTW *AR2 +0B,PA ;PA 为外设输出端口,AR0 以倒序方式加入

注：第 0 次循环（0110 0000）   →   PA →   X(0)
    第 1 次循环（0110 1000）   →   PA →   X(1)

第 2 次循环（0110 0100）　→　PA →　X(2)

第 3 次循环（0110 1100）　→　PA →　X(3)

……

利用上述两条指令就可以向外设口（口地址为 PA）输出整序后的 FFT 变换结果了。

2. 双操作数间接寻址

双操作数间接寻址用在完成两个读或一个读并行一个写的指令中。这些指令只有一个字长，并且只能以间接寻址的方式工作。其指令格式如图 3.7 所示。

15 ~ 8	7、6	5、4	3、2	1、0
操作码	Xmod	Xar	Ymod	Yar

图 3.7　双操作数间接寻址指令格式

其中，15 ~ 8 位包含了指令的操作码；7、6 位为 Xmod，定义了用于访问 Xmem 操作数间接寻址方式的类型；5、4 位为 Xar，确定了包含 Xmem 地址的辅助寄存器；3、2 位为 Ymod，定义了用于访问 Ymem 操作数的间接寻址方式的类型；1、0 位为 Yar，确定了包含 Ymem 的辅助寄存器。

用 Xmem 和 Ymem 来代表这两个数据存储器操作数。Xmem 表示读操作数；Ymem 在读两个操作数时表示读操作数，在一个读并行一个写的指令中表示写操作数。如果源操作数和目的操作数指向了同一个单元，在并行存储指令中（如ST‖LD），读在写之前执行。如果是一个双操作数指令（如 ADD）指向了同一辅助寄存器，而这两个操作数的寻址方式不同，那么就用 Xmod 域所确定的方式来寻址。表 3.5 列出了双操作数间接寻址的类型。

表 3.5　双操作数间接寻址的类型

Xmod 或 Ymod	操作码语法	功能	说明
00	* ARx	Addr = ARx	ARx 是数据存储器地址
01	* ARx −	Addr = ARx Addr = ARx − 1	访问后，ARx 中的地址减 1
10	* ARx +	Addr = ARx Addr = ARx + 1	访问后，ARx 中的地址加 1
11	* ARx +0%	Addr = ARx ARx = circ（ARx + AR0）	访问后，AR0 以循环寻址的方式加到 ARx 中

表 3.5 中的寻址方式比单操作数间接寻址方式简单，只有加 1 和减 1 寻址方式、循环寻址方式。但对 ARx 有要求，即用间接寻址方式获得双操作数，辅助寄存器只能用 AR2 ~ AR5。

例：　　MAC　*AR3 +，*AR4 +，A　　　；(x * y + A)→A

3.2.6　存储器映像寄存器寻址

存储器映像寄存器（MMR）寻址用来修改存储器映像寄存器而不影响当前数据页指针（DP）或堆栈指针（SP）的值。因为 DP 和 SP 的值在这种模式下不需要改变，因此写一个寄存器的开销是最小的。存储器映像寄存器寻址既可以在直接寻址中使用，也可以在间接寻址中使用。

当采用直接寻址方式时，高 9 位的数据存储器地址被置 0（不管当前的 DP 或 SP 为何值），利用指令中的低 7 位地址访问 MMR。

当采用间接寻址方式时，高 9 位的数据存储器地址被置 0，按照当前辅助寄存器中的低 7 位地址访问 MMR。注意，用此种方式访问 MMR，寻址操作完成后，辅助寄存器的高 9 位被强迫置 0。

只有以下 8 条指令能使用存储器映像寄存器寻址：

LDM	MMR，dst	；将 MMR 的内容装入累加器
MVDM	dmad，MMR	；将数据存储器单元内容装入 MMR
MVMD	MMR，dmad	；将 MMR 的内容装入数据存储器单元
MVMM	MMRx，MMRy	；MMRx、MMRy 只能是 AR0 ~ AR7
POPM	MMR	；将 SP 指定单元内容给 MMR，然后 SP = SP + 1
PSHM	MMR	；将 MMR 内容给 SP 指定单元，然后 SP = SP − 1
STLM	src，MMR	；将累加器的低 16 位给 MMR
STM	#1k，MMR	；将一个立即数给 MMR

3.2.7 堆栈寻址

当发生中断或子程序调用时，堆栈用来自动保存程序计数器（PC）中的数值，它也可以用来保护现场或传送参数。C54x 的堆栈是从高地址向低地址方向生长的，并用一个 16 位存储器映像寄存器——堆栈指针（SP）来管理堆栈。

所谓堆栈寻址，就是利用堆栈指针来寻址。堆栈遵循先进后出的原则，SP 始终指向堆栈中所存放的最后一个数据。在压入操作时，先减小 SP，然后将数据压入堆栈；在弹出操作时，先从堆栈弹出数据，然后增加 SP 值。

有以下 4 条指令可以采用堆栈寻址方式：

PSHD：将数据存储器中的一个数压入堆栈。

PSHM：将一个 MMR 中的值压入堆栈。

POPD：从堆栈弹出一个数至数据存储单元。

POPM：从堆栈弹出一个数至 MMR。

3.3 汇编指令系统

TMS320C54x 可以使用助记符方式和表达式方式两套指令系统，本节介绍助记符指令。TMS320C54x 指令按功能分为四大类：

1）算术运算指令；

2）逻辑运算指令；

3）程序控制指令；

4）存储和装入指令。

每一大类指令又可细分为若干小类。本节列出的表中给出了指令的语法、表达式、注释、指令的字数和执行周期数。表中的指令字数和执行周期数均假定采用片内 DARAM 作为数据存储器。

3.3.1 算术运算指令

算术运算指令分为 6 小类，它们是：

- 加法指令；
- 减法指令；
- 乘法指令；
- 乘加指令和乘减指令；
- 双操作数指令；
- 特殊应用指令。

其中大部分指令都只需要一个指令周期，只有个别指令需要 2~3 个指令周期。

1. 加法指令

TMS320C54x 中提供了 13 条用于加法的指令，不同的加法指令用途不同，见表 3.6。

表 3.6　加法指令

语法	表达式	注释	字/周期
ADD Smem, src	src = src + Smem	操作数与 ACC 相加	1/1
ADD Smem, TS, src	src = src + Smem < <TS	操作数移位后加到 ACC 中	1/1
ADD Smem, 16, src[,dst]	dst = src + Smem < <16	把左移 16 位的操作数加到 ACC 中	1/1
ADD Smem, [,SHIFT], src[,dst]	dst = src + Smem < <SHIFT	把移位后的操作数加到 ACC 中	2/2
ADD Xmem, SHFT, src	src = src + Xmem < <SHFT	把移位后的操作数加到 ACC 中	1/1
ADD Xmem, Ymem, dst	dst = Xmem < <16 + Ymem < <16	两个操作数分别左移 16 位，然后相加	1/1
ADD #1k [,SHFT], src[,dst]	dst = src + #1k < <SHFT	长立即数移位后加到 ACC 中	2/2
ADD #1k, 16, src[,dst]	dst = src + #1k < <16	把左移 16 位的长立即数加到 ACC 中	2/2
ADD src, [,SHIFT][,dst]	dst = dst + src < <SHIFT	移位再相加	1/1
ADD src, ASM[,dst]	dst = dst + src < <ASM	移位再相加，移动位数为 ASM 的值	1/1
ADDC Smem, src	src = src + Smem + C	带有进位位的加法	1/1
ADDM #1k, Smem	Smem = Smem + #1k	把长立即数加到存储器中	2/2
ADDS Smem, src	src = src + uns(Smem)	无符号位扩展的加法	1/1

其中，ADD 为不带进位加法，ADDC 用于带进位的加法运算（如 32 位扩展精度加法），ADDS 用于无符号数的加法运算，而 ADDM 专用于立即数的加法。前 10 条指令可将一个 16 位的数加到选定的累加器中，这 16 位数可以为下列情况之一。

- 单访问的数据存储器操作数 Smem；
- 双访问的数据存储器操作数 Xmem 、Ymem；
- 立即数#1k；
- 累加器 src 移位后的值。

若定义了 dst，则加法结果存入 dst，否则存入 src 中。操作数左移时低位加 0。操作数右移时，若 SXM = 1，则高位进行符号扩展；若 SXM = 0，则高位加 0。指令受 OVM 和 SXM 状态标志位的影响，执行结果影响 C 和 OVdst（若未指定 dst，则为 OVsrc）。

【例3.1】 ADD   * AR3 +,14,A ;将 AR3 所指的数据存储单元内容左移 14 位后与 A 相加,结果放 A 中,AR3 加 1。

操作前后如图 3.8 所示。

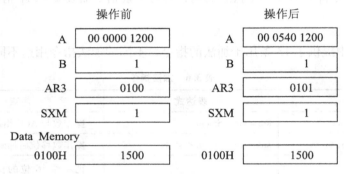

图 3.8   【例 3.1】 操作前后的示意图

2. 减法指令

减法指令共有 13 条，见表 3.7。

表 3.7   减法指令

语法	表达式	注释	字/周期
SUB Smem, src	src = src − Smem	从累加器中减去一个操作数	1/1
SUB Smem, TS, src	src = src − Smem < < TS	移动由 T 寄存器的 0 ~ 5 位所确定的位数,再与 ACC 相减	1/1
SUB Smem, 16, src[,dst]	dst = src − Smem < < 16	移位 16 位再与 ACC 相减	1/1
SUB Smem[,SHIFT], src[,dst]	dst = src − Smem < < SHIFT	操作数移位后再与 src 相减	2/2
SUB Xmem, SHFT, src	dst = src − Xmem < < SHFT	操作数移位后再与 src 相减	1/1
SUB Xmem, Ymem, dst	dst = Xmem < < 16 − Ymem < < 16	两个操作数分别左移 16 位,再相减	1/1
SUB #1k [,SHFT], src[,dst]	dst = src − # 1k < < SHIFT	长立即数移位后与 ACC 做减法	2/2
SUB #1k, 16, src[,dst]	dst = src − # 1k < < 16	长立即数左移 16 位后再与 ACC 相减	2/2
SUB src[,SHIFT][,dst]	dst = dst − src < < SHIFT	移位后的 src 与 dst 相减	1/1

（续）

语法	表达式	注释	字/周期
SUB src, ASM[,dst]	dst = dst − src < < ASM	src 移动由 ASM 决定的位数，再与 dst 相减	1/1
SUBB Smem, src	src = src − Smem − C	做带借位的减法	1/1
SUBC Smem, src	If(src − Smem < < 15) > 0 src = (src − Smem < < 15) < < 1 + 1 Else src = src < < 1	条件减法	1/1
SUBS Smem, src	src = src − uns(Smem)	与 ACC 做无符号的扩展减法	1/1

TMS320C54x 提供了多条用于减法的指令。其中，SUBS 用于无符号数的减法运算；SUBB 用于带借位的减法运算（如 32 位扩展精度的减法）；SUBC 为条件减法，src 减去 Smem 左移 15 位后的值，若结果大于 0，则结果左移一位再加 1，最终结果存放到 src 中，否则 src 左移一位并存入 src 中。

通用 DSP 一般不提供单周期的除法指令。二进制除法是乘法的逆运算，乘法包括一系列的移位和加法，而除法可分解为一系列的减法和移位。使用 SUBC 重复 16 次减法，就可以完成除法功能。

下面这几条指令就是利用 SUBC 来完成整数除法（TEMP1/TEMP2）的：

```
LD    TEMP1,B      ；将被除数 TEMP1 装入 B 累加器的低 16 位
RPT   #15          ；重复 SUBC 指令 16 次
SUBC  TEMP2,B      ；使用 SUBC 指令完成除法
STL   B,TEMP3      ；将商（B 累加器的低 16 位）存入变量 TEMP3
STH   B,TEMP4      ；将余数（B 累加器的高 16 位）存入变量 TEMP4
```

在 TMS320C54x 中实现 16 位的小数除法与前面的整数除法基本一样，也是使用 SUBC 指令来完成的。但有两点需要注意：

第一，小数除法的结果一定是小数（小于 1），所以被除数一定小于除数。在执行 SUBC 指令前，应将被除数装入 A 或 B 累加器的高 16 位，而不是低 16 位。其结果的格式与整数除法一样。

第二，应当考虑符号位对结果小数点的影响，所以应将商右移一位，得到正确的有符号数。

3. 乘法指令

乘法指令共有 10 条，见表 3.8。

表 3.8　乘法指令

语法	表达式	注释	字/周期
MPY Smem, dst	dst = T ∗ Smem	T 寄存器与单数据存储器操作数相乘	1/1
MPYR Smem, dst	dst = rnd(T ∗ Smem)	T 寄存器与单数据存储器操作数相乘，并凑整	1/1
MPY Xmem, Ymem, dst	dst = Xmem ∗ Ymem, T = Xmem	两个数据存储器操作数相乘	1/1

（续）

语法	表达式	注释	字/周期
MPY Smem, #1k, dst	dst = Smem * #1k, T = Smem	长立即数与单数据存储器操作数相乘	2/2
MPY #1k, dst	dst = T * #1k	长立即数与 T 寄存器的值相乘	2/2
MPYA dst	dst = T * A(32~16)	ACCA 的高端与 T 寄存器的值相乘	1/1
MPYA Smem	B = Smem * A(32~16), T = Smem	单数据存储器操作数与 ACCA 的高端相乘	1/1
MPYU Smem, dst	dst = T * uns(Smem)	T 寄存器的值与无符号数相乘	1/1
SQUR Smem, dst	dst = Smem * Smem, T = Smem	单数据存储器操作数的二次方值	1/1
SQUR A, dst	dst = A(32~16) * A(32~16)	ACCA 的高端的二次方值	1/1

在 TMS32054x 中有大量的乘法运算指令，其结果都是 32 位的，放在 A 或 B 累加器中。乘数在 TMS320C54x 的乘法指令中很灵活，可以是 T 寄存器、立即数、存储单元、A 或 B 累加器的高 16 位。若是无符号数乘，使用 MPYU 指令，这是一条专用于无符号数乘法运算的指令，而其他指令都用于有符号数的乘法。

在 TMS32054x 中，小数的乘法与整数乘法基本相同，只是由于两个有符号的小数相乘，其结果的小数点的位置在次高的后面，所以必须左移一次，才能得到正确的结果。TMS32054x 提供一个状态位 FRCT，将其设置为 1 时，系统自动将乘积结果左移一位。

MPY 指令受 OVM 和 FRCT 状态标志位的影响，执行结果影响 OVdst。

【例3.2】 MPY 13,A; T * Smem → A, Smem 所在的单数据存储器地址为 13(0DH)

操作前后如图 3.9 所示。

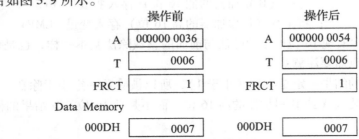

图3.9　【例3.2】操作前后示意图

4. 乘加指令和乘减指令

乘加指令和乘减指令共有 15 条，见表 3.9。

表 3.9　乘加指令和乘减指令

语法	表达式	注释	字/周期
MAC[R] Smem, src	src = rnd(src + T * Smem)	与 T 寄存器相乘再加到 ACC 中，[R]为[凑整]选项	1/1
MAC[R] Xmem, Ymem, src[,dst]	dst = rnd(src + Xmem * Ymem) T = Xmem	双操作数相乘再加到 ACC 中，[凑整]	1/1

（续）

语法	表达式	注释	字/周期
MAC #1k, src[,dst]	dst = src + T * #1k	T 寄存器与长立即数相乘,再加到 ACC 中	2/2
MAC Smem, #1k, src[,dst]	dst = src + Smem * #1k T = Smem	与长立即数相乘,再加到 ACC 中	2/2
MACA[R] Smem, [,B]	B = rnd(B + Smem * A(32~16)) T = Smem	与 ACCA 的高端相乘,加到 ACCB 中,[凑整]	1/1
MACA[R] T, src[,dst]	dst = rnd(src + T * A(32~16))	T 寄存器与 ACCA 高端相乘,加到 ACC 中,[凑整]	1/1
MACD Smem, pmad, src	src = src + Smem * pmad T = Smem,(Smem + 1) = Smem	与程序寄存器值相乘再累加,并延时	2/3
MACP Smem, pmad, src	src = src + Smem * pmad T = Smem	与程序寄存器值相乘再累加	2/3
MACSU Xmem, Ymem, src	src = src + uns(Xmem) * Ymem T = Xmem	带符号数与无符号数相乘再累加	1/1
MAS[R] Smem, src	src = rnd(src − T * Smem)	与 T 寄存器相乘再与 ACC 相减,[凑整]	1/1
MAS[R] Xmem, Ymem, src[,dst]	dst = rnd(src − Xmem * Ymem) T = Xmem	双操作数相乘再与 ACC 相减,[凑整]	1/1
MASA Smem [,B]	B = B − Smem * A(32~16)) T = Smem	从 ACCB 中减去单数据存储器操作数与 ACCA 的乘积	1/1
MASA[R] T, src[,dst]	dst = rnd(src − T * A(32~16))	从 src 中减去 ACCA 高端与 T 寄存器的乘积,[凑整]	1/1
SQURA Smem, src	src = src + Smem * Smem T = Smem	二次方后累加	1/1
SQURS Smem, src	src = src − Smem * Smem T = Smem	二次方后做减法	1/1

说明：[R] 为可选项，表中指令如果使用了 R 后缀，则对乘累加值凑整。指令受 FRCT 和 SXM 状态标志位的影响，执行结果影响 OVdst。

【例 3.3】 MAC *AR5 +,A　　　　　　;A + (AR5) * T→A, AR5 = AR5 +1

操作前后如图 3.10 所示。

	操作前		操作后
A	00 0000 1000	A	00 0048 E000
T	0400	T	0400
FRCT	0	FRCT	0
AR5	0100	AR5	0101

Data Memory

0100H	1234	0100H	1234

图 3.10 【例 3.3】操作前后示意图

5. 双操作数指令

双操作数指令共有 6 条，见表 3.10。

表 3.10 双操作数指令

语法	表达式	注释	字/周期
DADD Lmem, src[,dst]	If C16 = 0　　dst = Lmem + src If C16 = 1 dst(39 − 16) = Lmem(31 ~ 16) + src(31 ~ 16) dst(15 ~ 0) = Lmem(15 ~ 0) + src(15 ~ 0)	双精度/双 16 位加法	1/1
DADST Lmem, dst	If C16 = 0　　dst = Lmem + (T < < 16 + T) If C16 = 1　　dst(39 − 16) = Lmem(31 − 16) + T 　　dst(15 ~ 0) = Lmem(15 ~ 0) − T	T 寄存器和长立即数的双精度/双 16 位加法及减法	1/1
DRSUB Lmem, src	If C16 = 0　　　src = Lmem − src If C16 = 1 src(39 − 16) = Lmem(31 ~ 16) − src(31 ~ 16) src(15 ~ 0) = Lmem(15 ~ 0) − src(15 ~ 0)	长字的双 16 位减法	1/1
DSADT Lmem, dst	If C16 = 0　　dst = Lmem − (T < < 16 + T) If C16 = 1　　dst(39 − 16) = Lmem(31 ~ 16) − T dst(15 ~ 0) = Lmem(15 ~ 0) + T	T 寄存器和长操作数的双重减法	1/1
DSUB Lmem, src	If C16 = 0　　src = src − Lmem If C16 = 1 src(39 − 16) = src(31 ~ 16) − Lmem(31 ~ 16) src(15 ~ 0) = src(15 ~ 0) − Lmem(15 ~ 0)	ACC 的双精度/双 16 位减法	1/1
DSUBT Lmem, dst	If C16 = 0　　dst = Lmem − (T < < 16 + T) If C16 = 1　　dst(39 − 16) = Lmem(31 ~ 16) − T dst(15 ~ 0) = Lmem(15 ~ 0) − T	T 寄存器和长操作数的双重减法	1/1

其中，Lmem 为 32 位长操作数，32 位操作数由两个连续地址的 16 位字构成，低地址必须为偶数，内容为 32 位操作数的高 16 位，高地址的内容则是 32 位操作数的低 16 位。

双操作数指令有双数指令、双精度指令两种方式，具体采用哪种方式由 ST1 中的 C16 位决定。以 DADD 指令为例，若 C16 = 0，指令以双精度方式执行。40 位的 src 与 Lmem 相加，饱和与溢出位根据计算结果设置。指令受 OVM 和 SXM 状态标志位的影响，执行结果影响 C

和 OVdst（若未指定 dst，则为 OVsrc）。若 C16 = 1，指令以双 16 位数方式执行。src 高端与 Lmem 的高 16 位相加；src 低端与 Lmem 的低 16 位相加。此时，饱和与溢出位不受影响。不管 OVM 位的状态如何，结果都不进行饱和运算。

【例 3.4】 DADD *AR3 +, A, B

操作前后如图 3.11 所示。

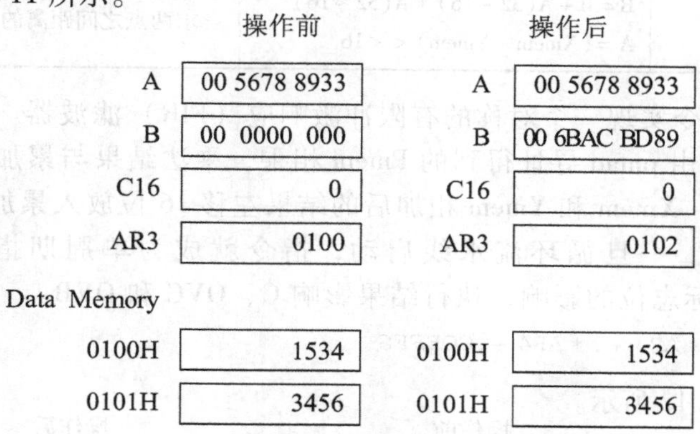

	操作前		操作后
A	00 5678 8933	A	00 5678 8933
B	00 0000 000	B	00 6BAC BD89
C16	0	C16	0
AR3	0100	AR3	0102

Data Memory

0100H	1534	0100H	1534
0101H	3456	0101H	3456

图 3.11 【例 3.4】操作前后示意图

注：在本例中，由于指令为长操作数指令，因此 AR3 执行后加 2。

6. 特殊应用指令

特殊应用指令共 15 条，见表 3.11。

表 3.11 特殊应用指令

语法	表达式	注释	字/周期
ABDST Xmem, Ymem	$B = B + \mid A(32 \sim 16) \mid$ $A = (Xmem - Ymem) < < 16$	求两点之间的绝对距离	1/1
ABS src[, dst]	$dst = \mid src \mid$	ACC 的值取绝对值	1/1
CMPL src[, dst]	$dst = \overline{src}$	求累加器值的反码	1/1
DELAY Smem	$(Smem + 1) = Smem$	存储器延迟	1/1
EXP src	$T = 符号所在的位数(src)$	求累加器指数	1/1
FIRS Xmem, Ymem, pmad	$B = B + A * pmad$ $A = (Ymem + Xmem) < < 16$	对称有限冲激响应滤波器	2/3
LMS Xmem, Ymem	$B = B + Xmem * Ymem$ $A = A + Xmem < < 16 + 2^{15}$	求最小均方值	1/1
MAX dst	$dst = max(A, B)$	求累加器的最大值	1/1
MIN dst	$dst = min(A, B)$	求累加器的最小值	1/1
NEG src[, dst]	$dst = - src$	求累加器的反值	1/1
NORM src[, dst]	$dst = src < < TS$ $dst = norm(src, TS)$	归一化	1/1
POLY Smem	$B = Smem < < 16$ $A = rnd(A(32 \sim 16) * T + B)$	求多项式的值	1/1

（续）

语法	表达式	注释	字/周期
RND src[,dst]	dst = src + 2^{15}	求累加器的四舍五入值	1/1
SAT src	饱和计算（src）	对累加器的值做饱和计算	1/1
SQDST Xmem,Ymem	B = B + A(32 ~ 16) * A(32 ~ 16) A = (Xmem - Ymem) < <16	求两点之间距离的二次方	1/1

表中的 FIRS 指令实现一个对称的有限冲激响应（FIR）滤波器。首先累加器 A 的高端（32 ~ 16 位）与由 pmad 寻址得到的 Pmem 相乘，乘法结果与累加器 B 相加并存放在累加器 B 中。同时，Xmem 和 Ymem 相加后的结果左移 16 位放入累加器 A 中。在下一个循环中，pmad 加 1。一旦循环流水线启动，指令就成为单周期指令。指令受 OVM、FRCT 和 SXM 状态标志位的影响，执行结果影响 C、OVC 和 OVB。

【例 3.5】`FIRS *AR3 +, *AR4 +,COEFFS`

操作前后如图 3.12 所示。

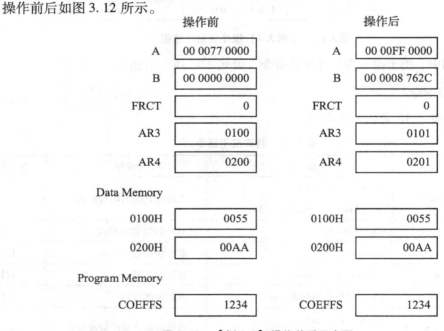

图 3.12　【例 3.5】操作前后示意图

3.3.2　逻辑运算指令

逻辑运算指令分为 5 小类，根据操作数的不同，这些指令需要 1 ~ 2 个指令周期。它们是：

- 与指令；
- 或指令；
- 异或指令；
- 移位指令；
- 测试指令。

1.　与、或、异或指令

与、或、异或指令共 15 条，见表 3.12。

表 3.12　与、或、异或指令

语法	表达式	注释	字/周期
AND Smem, src	src = src&Smem	单数据存储器读数和 ACC 相与	1/1
AND #1k[,SHFT], src[,dst]	dst = src&#1k < < SHFT	长立即数移位后和 ACC 相与	2/2
AND #1k, 16, src[,dst]	dst = src&#1k < < 16	长立即数左移 16 位后和 ACC 相与	2/2
AND src[,SHIFT][,dst]	dst = dst & src < < SHIFT	src 移位后与 dst 值相与	1/1
ANDM #1k, Smem	Smem = Smem & #1k	单数据存储器操作数和长立即数相与	2/2
OR Smem, src	src = src ∣ Seme	单数据存储器读数和 ACC 相或	1/1
OR #1k[,SHFT], src[,dst]	dst = src ∣ #1k < < SHFT	长立即数移位后与 ACC 相或	2/2
OR #1k, 16, src[,dst]	dst = src ∣ #1k < < 16	长立即数左移 16 位后和 ACC 相或	2/2
OR sre[,SHFT][,dst]	dst = dst ∣ src < < SHIFT	src 移位后与 dst 值相或	1/1
ORM #1k, Smem	Smem = Smem ∣ #1k	单数据存储器操作数和长立即数相或	2/2
XOR Smem, sre	src = src ∧ Smem	单数据存储器读数和 ACC 相异或	1/1
XOR #1k[,SHFT], src[,dst]	dst = src ∧ #1k < < SHFT	长立即数移位后与 ACC 相异或	2/2
XOR #1k, 16, src[,dst]	dst = src ∧ # 1k < < 16	长立即数左移 16 位后和 ACC 相异或	2/2
XOR sre[,SHIFT][,dst]	dst = dst ∧ src < < SHIFT	src 移位后与 dst 值相异或	1/1
XORM # 1k, Smem	Smem = Smem ∧ #1k	单数据存储操作数和长立即数相异或	2/2

如果指令中有移位，则操作数移位后再进行与、或、异或操作。左移时低位清零，高位无符号扩展；右移时高位也不进行符号扩展。

【例3.6】 AND ＊AR3 + ,A

操作前后如图3.13所示。

图 3.13 【例 3.6】操作前后示意图

2. 移位指令和测试指令

移位指令有 6 条, 分循环移位和算术移位, 位测试指令有 5 条, 见表 3.13。

表 3.13 移位指令和测试指令

语法	表达式	注释	字/周期
ROL src	带进位位循环左移	累加器值循环左移	1/1
ROL TC src	带 TC 位循环左移	累加器值带 TC 位循环左移	1/1
ROR src	带进位位循环右移	累加器值循环右移	1/1
SFTA src, SHIFT[,dst]	dst = src << SHIFT(算术移位)	累加器值算术移位	1/1
SFTC src	if src(31) = src(30)then src = src <<1	累加器值条件移位	1/1
SFTL src, SHIFT[,dst]	dst = dst < <SHIFT(逻辑移位)	累加器值逻辑移位	1/1
BIT Xmem, BITC	TC = Xmem(15 - BITC)	测试指定位	1/1
BITF Smem, #1k	TC = (Smem&#1k)	测试由立即数指定的位	2/2
BITF Smem	TC = Smem(15 - T(3 - 0))	测试由 T 寄存器指定的位	1/1
CMPM Smem, #1k	TC = (Smem = = #1k)	比较单数据存储器操作数和立即数的值	2/2
CMPR CC, ARx	Compare ARx with AR0	辅助寄存器 ARx 和 AR0 相比较	1/1

表中的第一条指令表示 src 循环左移一位, 进位位 C 的值移入 src 的最低位, src 的最高位移入 C 中, 保护位清零。CMPM 指令比较 Smem 与常数 1k 是否相等, 若相等 TC = 1, 否则 TC = 0。

【例3.7】 ROL A

操作前后如图3.14所示。

图 3.14 【例 3.7】操作前后示意图

【例 3.8】 CMPM　 * AR4 + ,#0404H

操作前后如图 3.15 所示。

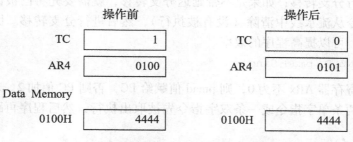

图 3.15　【例 3.8】操作前后示意图

3.3.3　程序控制指令

程序控制指令用于控制程序的流程，使程序指针 PC 不再按原有的顺序执行，将发生跳转。程序控制指令具体分为如下 6 小类，这些指令根据不同情况分别需要 1 ~ 6 个指令周期。

- 分支指令；
- 调用指令与返回指令；
- 重复指令；
- 中断指令；
- 堆栈操作指令；
- 其他程序控制指令。

1. 分支指令

分支指令共 6 条，见表 3.14。

表 3.14　分支指令

语法	表达式	注释	字/周期
B[D] pmad	PC = pmad(15 ~ 0)	无条件转移	2/4 2/2
BACC[D] src	PC = src(15 ~ 0)	指针指向 ACC 所指向的地址	1/6 1/4
BANZ[D] pmad, Sind	if(Sind≠0) then PC = pmad(15 ~ 0)	当 AR 不为 0 时转移	2/4 2/2
BC[D]Pmad, cond[,cond[,cond]]	if(cond(s)) then PC = pmad(15 ~ 0)	条件转移	2/5 3/3
FB[D] extpmad	PC = pmad(15 ~ 0) XPC = pmad(22 ~ 16)	无条件远程转移	2/4 2/2
FBACC[D] src	PC = src(15 ~ 0) XPC = src(22 ~ 16)	远程转移到 ACC 所指向的地址	1/6 1/4

说明：语法中的后缀 [D] 表示延时执行，为可选项。表 3.14 中的 6 条指令均为可选择延时指令。

从时序上看，当分支转移指令到达流水线的执行阶段时，其后面的两个指令字已经被

"取指"了。这两个指令字如何处置,则部分地取决于此分支转移指令是带延迟的还是不带延迟的。如果是带延迟分支转移,则紧跟在分支转移指令后面的一条双字指令或两条单字指令被执行后再进行分支转移;如果是不带延迟分支转移,就需要先将已被读入的一条双字指令或两条单字指令从流水线中清除(没有被执行),然后进行分支转移。因此,合理地设计好延迟转移指令,可以提高程序的效率。

【例 3.9】 BANZ[D] pmad,Sind

若当前辅助寄存器 ARx 不为 0,则 pmad 值赋给 PC,否则 PC 值加 2。若为延时方式,此时紧跟该指令的两条单字指令或一条双字指令先被取出执行,然后程序再跳转。该指令不能被循环执行。

例如:BANZ 2000h, * AR3 −

操作前后如图 3.16 所示。

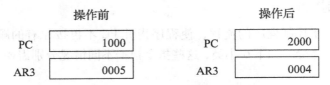

图 3.16　【例 3.9】操作前后示意图

2. 调用指令与返回指令

调用指令共 5 条,返回指令共 6 条,见表 3.15。

表 3.15　调用指令和返回指令

语法	表达式	注释	字/周期
CALA[D] src	−−SP, PC +1[3] = TOS PC = src(15 −0)	调用 ACC 所指向的子程序	1/6 1/4
CALL[D] pmad	−−SP, PC +2[4] = TOS PC = pmad(15 −0)	无条件调用	2/4 2/2
CC[D] pmad, cond[,cond [,cond]]	if(cond(s))then −−SP PC +2[4] = TOS PC = pmad(15 −0)	条件调用	2/5 3/3
FCALA[D] src	−−SP, PC +1[3] = TOS PC = src(15 −0) XPC = src(22 −16)	远程调用 ACC 所指向的子程序	1/6 1/4
FCALL[D] extpmad	−−SP, PC +2[4] = TOS PC = pmad(15 −0) XPC = pmad(22 −16)	远程无条件调用	2/4 2/2
FRET[D]	XPC = TOS, ++SP PC = TOS, ++SP	远程返回	1/6 1/4
FRETE[D]	XPC = TOS, ++SP PC = TOS, ++SP, INTM = 0	远程返回,且允许中断	1/6 1/4

（续）

语法	表达式	注释	字/周期
RC[D] cond[,cond[,cond]]	if(cond(s)) thenPC = TOS，++SP	条件返回	1/5 3/3
RET[D]	PC = TOS，++SP	返回	1/5 1/3
RETE[D]	PC = TOS，++SP, INTM = 0	返回,且允许中断	1/5 1/3
RETF[D]	PC = RTN，++SP, INTM = 0	快速返回,且允许中断	1/3 1/1

说明：语法中的后缀［D］表示延时执行，为可选项。表 3.15 中的 11 条指令均为可选择延时指令。

【例 3.10】 CALL[D] pmad

首先将返回地址压入栈顶（TOS）保存，无延时时返回地址为 PC +2，有延时时返回地址为 PC +4（延时 2 字），然后将 pmad 值赋给 PC 实现调用。如果是延时方式，紧接着 CALL 指令的两条单字指令或一条双字指令先被取出执行。该指令不能循环执行。

例如：CALL 3333H

操作前后如图 3.17 所示。

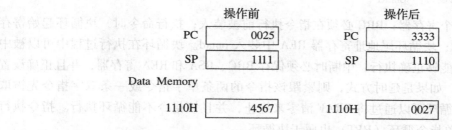

图 3.17　【例 3.10】操作前后示意图

【例 3.11】 RET[D]

将栈顶的 16 位数据弹出到 PC 中，从这个地址继续执行，堆栈指针 SP 加 1。如果是延迟返回，则紧跟该指令的两条单字指令或一条双字指令先被取出执行。该指令不能循环执行。

例如：RET

操作前后如图 3.18 所示。

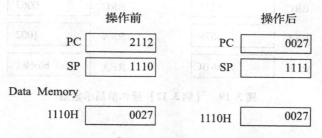

图 3.18　【例 3.11】操作前后示意图

3. 重复指令

重复指令共 5 条,见表 3.16。

表 3.16 重复指令

语法	表达式	注释	字/周期
RPT Smem	循环执行一条指令,RC = Smem	循环执行下一条指令,计数为单数据存储器操作数	1/1
RPT # K	循环执行一条指令,RC = # K	循环执行下一条指令,计数为短立即数	1/1
RPT # 1k	循环执行一条指令,RC = # 1k	循环执行下一条指令,计数为长立即数	1/1
RPTB[D] pmad	循环执行一段指令,RSA = PC +2[4] REA = pmad, BRAF = 1	可以选择延迟的块循环	1/1
RPTZ dst, # 1k	循环执行一条指令,RC = # 1k, dst = 0	循环执行下一条指令且对 ACC 清 0	1/1

重复指令 RPT 只循环执行下一条指令,循环次数由循环计数器 RC 确定。块循环指令 RPTB 将循环执行一段程序,循环次数由块循环计数器 BRC 确定。

【例 3.12】 RPTB[D] pmad

该指令用到 3 个寄存器:BRC 必须在指令执行前被装入;执行命令时,块循环起始寄存器 RSA 装入 PC +2;块循环尾地址寄存器 REA 中装入 pmad。块循环在执行过程中可以被中断,为了保证循环能够正确执行,中断时必须保存 BRC、RSA 和 REA 寄存器,并且正确设置块循环标志 BRAF。如果是延时方式,则紧跟该指令的两条单字指令或一条双字指令先被取出执行。注意,块循环可以通过将 BRAF 清零来终止,并且该指令不能循环执行。指令执行结果影响 BRAF。单指令循环(RPT)也属于块循环。

例如:ST #99,BRC   ;块循环计数器赋值
    RPTB end_block -1 ;end_block 为循环块的底部

操作前后如图 3.19 所示。

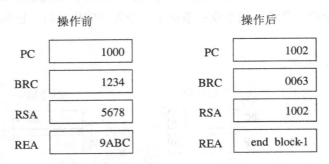

图 3.19 【例 3.12】操作前后示意图

4. 中断指令

中断指令共两条,见表 3.17。

表 3.17　中断指令

语法	表达式	注释	字/周期
INTR K	$--$SP,$++$PC $=$ TOS PC $=$ IPTR(15～7)$+$K$<<$2 INTM $=$ 1	非屏蔽的软件中断,K 所确定的中断向量赋 给 PC,执行该中断服务子程序,且 INTM $=$ 1	1/3
TRAP K	$--$SP,$++$PC $=$ TOS PC $=$ IPTR(15～7)$+$K$<<$2	非屏蔽的软件中断,不影响 INTM 位	1/3

【例 3.13】 `INTR K`

首先将 PC 值压入栈顶，然后将由 K 所确定的中断向量赋给 PC，执行该中断服务子程序。中断标志寄存器（IFR）对应位清零且 INTM = 1。该指令允许用户使用应用软件来执行任何中断服务子程序。注意，中断屏蔽寄存器（IMR）不会影响 INTR 指令，并且不管 INTM 取值如何，INTR 指令都能执行。该指令不能循环执行。

例如：`INTR 3`

操作前后如图 3.20 所示。

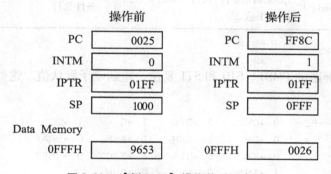

图 3.20　【例 3.13】操作前后示意图

5. 堆栈操作指令

堆栈操作指令共 5 条，见表 3.18。

表 3.18　堆栈操作指令

语法	表达式	注释	字/周期
FRAME K	SP $=$ SP $+$ K	堆栈指针立即数的值	1/1
POPD Smem	Smem $=$ TOS，$++$SP	把数据从栈顶弹入数据存储器	1/1
POPM MMR	MMR $=$ TOS，$++$SP	把数据从栈顶弹入存储器映像寄存器	1/1
PSHD Smem	$--$SP,Smem $=$ TOS	把数据存储器值压入堆栈	1/1
PSHM MMR	$--$SP,MMR $=$ TOS	把存储器映像寄存器值压入堆栈	1/1

6. 其他程序控制指令

其他程序控制指令共 7 条，见表 3.19。

表 3.19   其他程序控制指令

语法	表达式	注释	字/周期
IDLE K	idle(K)	保持空闲状态直到有中断产生	1/4
MAR Smem	If CMPT = 0, then modify ARx If CMPT = 1 and ARx ≠ AR0, then modify ARx, ARP = x If CMPT = 1 and ARx = AR0, then modify AR(ARP)	修改辅助寄存器	1/1
NOP	无	无任何操作	1/1
RESET	软件复位	软件复位	1/3
RSBX N, SBIT	SBIT = 0 ST(N, SBIT) = 0	状态寄存器复位	1/1
SSBX N, SBIT	SBIT = 1 ST(N, SBIT) = 1	状态寄存器置位	1/1
XC n,cond[,cond][,cond]	如果满足条件,执行下面的 n 条指令,n = 1 或 2	条件执行	1/1

【例 3.14】 RESET

该指令实现非屏蔽的 PMST、ST0 和 ST1 复位,重新赋予默认值。这些寄存器中各个状态位的赋值情况如下:

$$(IPTR) < < 7 \rightarrow PC \quad\quad 0 \rightarrow OVM \quad\quad 0 \rightarrow OVB \quad\quad 1 \rightarrow C \quad\quad 1 \rightarrow TC$$
$$0 \rightarrow ARP \quad\quad 0 \rightarrow DP \quad\quad 1 \rightarrow SXM \quad\quad 0 \rightarrow ASM \quad\quad 0 \rightarrow BRAF$$
$$0 \rightarrow HM \quad\quad 0 \rightarrow XF \quad\quad 0 \rightarrow C16 \quad\quad 0 \rightarrow FRCT \quad\quad 0 \rightarrow CMPT$$
$$0 \rightarrow CPL \quad\quad 1 \rightarrow INTM \quad\quad 0 \rightarrow 1FR \quad\quad 0 \rightarrow OVM$$

该指令不受 INTM 指令的影响,但它对 INTM 置位以禁止中断。该指令不能循环执行。操作前后如图 3.21 所示。

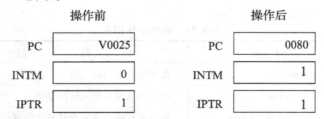

图 3.21   【例 3.14】操作前后示意图

3.3.4 存储和装入指令

存储和装入指令有 8 小类,这些指令根据情况分别需要 1~5 个指令周期。

- 存储指令;
- 装入指令;

- 条件存储指令；
- 并行装入和存储指令；
- 并行装入和乘法指令；
- 并行存储和乘法指令；
- 并行存储和加减指令；
- 其他装入和存储指令。

1. 存储指令

存储指令共 14 条，见表 3.20。

表 3.20 存储指令

语法	表达式	注释	字/周期
DST src, Lmem	Lmem = src	把累加器的值存放到 32 位长字中	1/2
ST T, Smem	Smem = T	存储 T 寄存器的值	1/1
ST TRN, Smem	Smem = TRN	存储 TRN 的值	1/1
ST # 1k, Smem	Smem = # 1k	存储长立即数	2/2
STH src, Smem	Smem = src(31 ~ 16)	累加器的高端存放到数据存储器	1/1
STH src, ASM, Smem	Smem = src(31 ~ 16) < < (ASM)	ACC 的高端移动由 ASM 决定的位数后,存放到数据存储器	1/1
STH src, SHFT, Xmem	Xmem = src(31 ~ 16) < < (SHFT)	ACC 的高端移位后存放到数据存储器中	1/1
STH src[,SHIFT], Smem	Smem = src(31 ~ 16) < < (SHIFT)	ACC 的高端移位后存放到数据存储器中	2/2
STL src, Smem	Smem = src(15 ~ 0)	累加器的低端存放到数据存储器中	1/1
STL src, ASM, Smem	Smem = src(15 ~ 0) < < ASM	累加器的低端移动 ASM 决定的位数后,存放在数据存储器中	1/3
STL src, SHFT, Xmem	Xmem = src(15 ~ 0) < < SHFT	ACC 的低端移位后存放到数据存储器中	1/1
STL src [,SHIFT], Smem	Smem = src(15 ~ 0) < < SHIFT	ACC 的低端移位后存放到数据存储器中	2/2
STLM src, MMR	MMR = src(15 ~ 0)	累加器的低端存放到 MMR 中	1/1
STM #1k, MMR	MMR = # 1k	长立即数存放到 MMR 中	2/2

2. 装入指令

装入指令共 21 条，见表 3.21。

表 3.21 装入指令

语法	表达式	注释	字/周期
DLD Lmem, dst	dst = Lmem	把 32 位长字装入累加器	1/1
LD Smem, dst	dst = Smem	把操作数装入累加器	1/1
LD Smem, TS, dst	dst = Smem << TS	操作数移动由 TREG(5~0)决定的位数后装入 ACC	1/1
LD Smem, 16, dst	dst = Smem << 16	操作数左移 16 位后装入 ACC	1/1
LD Smem[,SHIFT], dst	dst = Smem << SHIFT	操作数移位后装入 ACC	2/2
LD Xmem,SHFT, dst	dst = Xmem << SHIFT	操作数移位后装入 ACC	1/1
LD # K, dst	dst = # K	短立即数装入 ACC	1/1
LD # 1k[,SHFT], dst	dst = # 1k << SHFT	长立即数移位后装入 ACC	2/2
LD # 1k, 16, dst	dst = # 1k << 16	长立即数左移 16 位后装入 ACC	2/2
LD src, ASM[,dst]	dst = src << ASM	源累加器移动由 ASM 决定的位数后装入目的累加器	1/1
LD sre[,SHIFT], dst	dst = src << SHIFT	源累加器移位后装入目的累加器	1/1
LD Smem, T	T = Smem	操作数装入 T 寄存器	1/1
LD Smem, DP	DP = Smem(8~0)	9 位操作数装入 DP	1/3
LD # k9, DP	DP = # k9	9 位立即数装入 DP	1/1
LD # k5, ASM	ASM = # k5	5 位立即数装入累加器移位方式寄存器	1/1
LD # k3, ARP	ARP = # k3	3 位立即数装入 ARP	1/1
LD Smem, ASM	ASM = Smem(4~0)	5 位操作数装入 ASM	1/1
LDM MMR, dst	dst = MMR	把存储器映像寄存器值装入累加器	1/1
LDR Smem, dst	dst = rnd(Smem)	操作数凑整后装入累加器	1/1
LDU Smem, dst	dst = uns(Smem)	无符号操作数装入累加器	1/1
LTD Smem	T = Smem, (Smem + 1) = Smem	单数据存储器值装入 T 寄存器,并延迟	1/1

3. 条件存储指令

条件存储指令共 4 条,见表 3.22。

表 3.22　条件存储指令

语法	表达式	注释	字/周期
CMPS src, Smem	If src(31~16) > src(15~0) then Smem = src(31~16) If src(31~16) ≤ src(15~0) then Smem = src(15~0)	比较、选择并存储最大值	1/1
SACCD src, Xmem, cond	If(cond) Xmem = src << (ASM~16)	条件存储累加器的值	1/1
SRCCD Xmem, cond	If(cond) Xmem = BRC	条件存储块循环计数器值	1/1
STRCD Xmem, cond	If(cond) Xmem = T	条件存储 T 寄存器值	1/1

4. 并行指令

并行指令指在一个周期内可以并行地执行两条指令。并行指令包括并行装入和存储指令（两条）、并行装入和乘法指令（两条）、并行存储和加减指令（两条）、并行存储和乘法指令（3 条），见表 3.23。

表 3.23　并行指令

语法	表达式	注释	字/周期
ST src, Ymem ‖ LD Xmem, dst	Ymem = src << (ASM – 16) ‖ dst = Xmem << 16	存储 ACC 和装入累加器并行执行	1/1
ST src, Ymem ‖ LD Xmem, T	Ymem = src << (ASM – 16) ‖ T = Xmem	存储 ACC 和装入 T 寄存器并行执行	1/1
LD Xmem, dst ‖ MAC[R] Ymem, dst_	dst = Xmem << 16 ‖ dst_ = [rand](dst_ + T * Ymem)	装入和乘/累加操作并行执行，可凑整	1/1
LD Xmem, dst ‖ MAS[R] Ymem, dst_	dst = Xmem << 16 ‖ dst_ = [rand](dst_ – T * Ymem)	装入和乘/减法并行执行，可凑整	1/1
ST src, Ymem ‖ ADD Xmem, dst	Ymem = src << (ASM – 16) ‖ dst = dst + Xmem << 16	存储 ACC 和加法并行执行	1/1
ST src, Ymem ‖ SUB Xmem, dst	Ymem = src << (ASM – 16) ‖ dst = (Xmem << 16) – dst	存储 ACC 和减法并行执行	1/1
ST src, Ymem ‖ MAC[R] Xmem, dst	Ymem = src << (ASM – 16) ‖ dst = [rand](dst + T * Xmem)	存储和乘/累加并行执行，可凑整	1/1
ST src, Ymem ‖ MAS[R] Xmem, dst	Ymem = src << (ASM – 16) ‖ dst = [rand](dst – T * Xmem)	存储和乘/减法并行执行，可凑整	1/1
ST src, Ymem ‖ MPY Xmem, dst	Ymem = src << (ASM – 16) ‖ dst = T * Xmem	存储和乘法并行执行	1/1

5. 其他装入和存储指令

其他装入和存储指令共 12 条，见表 3.24。

表 3.24 其他装入和存储指令

语法	表达式	注释	字/周期
MVDD Xmem, Ymem	Ymem = Xmem	在数据存储器内部传送数据	1/1
MVDK Smem, dmad	dmad = Smem	数据存储器目的地址寻址的数据传送	2/2
MVDM dmad, MMR	MMR = dmad	从数据存储器向 MMR 传送数据	2/2
MVDP Smem, pmad	pmad = Smem	从数据存储器向程序存储器传送数据	2/4
MVKD dmad, Smem	Smem = dmad	数据存储器源地址寻址的数据传送	2/2
MVMD MMR, dmad	dmad = MMR	从 MMR 向数据存储器传送数据	2/2
MVMM MMRx, MMRy	MMRy = MMRx	存储器映像寄存器内部传送数据	1/1
MVPD pmad, Smem	Smem = pmad	从程序存储器向数据存储器传送数据	2/3
PORTR PA, Smem	Smem = PA	从端口读入数据	2/2
PORTW Smem, PA	PA = Smem	向端口输出数据	2/2
READA Smem	Smem = (A)	把由 ACCA 寻址的程序存储器单元的值读到数据单元中	1/5
WRITA Smem	(A) = Smem	把数据单元中的值写到由 ACCA 寻址的程序存储器单元中	1/5

特别说明：

TMS320C54x 有单个循环指令 RPT，该指令将引起下一条指令被重复执行，重复执行的次数等于指令的操作数加 1，该操作数被存储在一个 16 位的重复计数寄存器（RC）中，最大重复次数为 65536。一旦重复指令被译码，所有中断（包括 NMI，不包括 RS）都被禁止，直到重复循环完成。

C54x 对乘/加、块传送等指令可以执行重复操作。当这些指令与 RPT 结合使用时，重复操作的结果使这些多周期指令在第一次执行后变成单周期指令，这就加快了指令的执行速度，这样的单循环指令共有 11 条，它们是：FIRS、MACD、MACP、MVDK、MVDM、MVDP、MVKD、MVMD、MVPD、READA、WRITA。

当然，有些指令是不能重复的，在编程时需要注意。

更为详细的信息可参阅 TMS320C54x 有关资料。

3.4 汇编伪指令

汇编源文件中包括汇编语言指令（instruction）、汇编伪指令（assembler directives）及宏指令（macro directives）。其中，汇编伪指令是汇编语言程序的一个重要组成内容，其作用是给程序提供数据和控制汇编过程。

指令区以"."号开始且为小写的均为汇编伪指令（又称为汇编命令）。汇编伪指令用于形成常数和变量，当用它控制汇编和链接过程时，可以不占存储空间。

C54x 汇编器共有 64 条汇编伪指令，根据它们的功能可以将汇编伪指令分成 8 类：

- 对各种段进行定义的伪指令。
- 对常数（数据和存储器）进行初始化的伪指令。
- 调整 SPC（段寄存器）的指令。
- 输出列表文件格式伪指令。
- 引用其他文件的伪指令。
- 控制条件汇编的伪指令。
- 在汇编时定义符号的伪指令。
- 执行其他功能的伪指令。

由于篇幅所限，在此仅介绍常用的汇编伪指令。其他可参考 TI 公司的《TMS320C54x 汇编语言工具用户指南》。

3.4.1 段定义伪指令

C54x 的程序按段组织，每个目标文件都被分成若干个段，每行汇编语句都从属于一个段，且由段汇编伪指令标明该段的属性。所谓段，就是在编写汇编语言源程序时采用的代码块或数据块，它占据存储器的某个连续空间。

段定义伪指令的作用是把汇编语言程序的各个部分划分在适当的段中，有以下 5 条：

. bss 为未初始化的变量保留空间；

. data 包含了已初始化的数据；

. text 包含了可执行的代码；

. sect 自定义已初始化的带命名段，并将紧接着的代码或数据存入该段；

. usect 自定义未初始化的带命名段，为变量保留空间。

其中，. bss 和 . usect 伪指令创建未初始化的段；. text、. data 和 . sect 伪指令创建已初始化的段。

段是通过一种叠加的过程来建立的。例如，在汇编器第一次遇到 . data 伪指令时，. data 段是空的，第一条 . data 指令后面的语句都被汇编在 . data 段中（直到汇编器遇到 . text 和 . sect 伪指令为止）。如果后来又在其他段中遇到 . data 指令，汇编器会将其后的语句继续加到 . data 段中。这样虽然多个 . data 段在程序中是分散在各处的，但汇编器只创建一个 . data 段，它可以连续地被分配到内存中。

3.4.2 常数初始化伪指令

常数初始化伪指令共有 24 条，这里仅介绍其中常用的和主要的伪指令。

1）. int 和 . word：把一个或多个 16 位数存放到当前段的连续字中。. int 为无符号整型量，. word 为带符号整型量。

2）. byte：把一个或多个 8 位的值放入当前段的连续字中。该指令类似于 . word，不同之处在于，. word 中的每个值的宽度限制为 16 位。

3）. float 和 . xfloat：计算以 IEEE 格式表示的单精度（32 位）浮点数，并存放在当前段的连续字中，高位先存。. float 能自动按域的边界排列，. xfloat 不能。

4）. bes 和 . space：这两条指令的功能是在当前段保留确定数目的位，汇编器给保留的位填

0。如果想保留一定数目的字，可以通过保留字数乘以 16 个位得以实现。当在 . space 段使用标号时，它指向保留位的第一个字；当在 . bes 段使用标号时，它指向保留位的最后一个字。

5）. field：把一个数放入当前字的特定数目的位域中。使用 . field 可以把多个域打包成一个字，汇编器不会增加 SPC 的值，直至填满一个字。

6）. long 和 . xlong：把 32 位数存放到当前段连续的两个字中，高位字先存。. long 能自动按长字的边界排列，. xlong 却不能。

7）. string 和 . pstring：把 8 位的字符从一个或多个字符串中传送到当前段中。. string 类似于 . byte，可把 8 位字符放入当前段的连续字中；. pstring 也有一个 8 位宽度，但是是把两个字符打包成一个字。对于 . pstring，如果字符串没有占满最后一个字，剩下的位填 0。

【例 3.15】 比较 . byte、. word、. int、. long、. xlong、. string、. float 和 . xfloat 的用法。

```
1 0000 00aa      .byte   0AAh, 0BBh
  0001 00bb
2 0002 0ccc      .word   0CCCh
3 0003 0eee      .xlong  0EEEEFFFh
  0004 efff
4 0006 eeee      .long   0EEEEFFFFh
  0007 ffff
5 0008 dddd      .int    0DDDDh
6 0009 3fff      .xfloat 1.99999
  000a ffac
7 000c 3fff      .float  1.99999
  000d ffac
8 000e 0068      .string help
  000f 0065
  0010 006c
  0011 0070
```

3.4.3 段程序计数器 （SPC） 定位指令

. align 使 SPC 对准 1 字（16 位） ~128 字的边界，这保证了紧接着该指令的代码从一个整字或页的边界开始。如果 SPC 已经定位于选定的边界，那么它就不会增加了。. align 伪指令的操作数必须等于 $2^0 \sim 2^{16}$ 之间的一个 2 的幂值（尽管超过 2^7 的值没有意义）。不同的操作数代表了不同的边界定位要求。

操作数为 1 是让 SPC 对准字边界；

操作数为 2 是让 SPC 对准长字（偶地址）边界；

操作数为 128 是让 SPC 对准页边界；

当 . align 不带操作数时，其默认值为 128，即对准页边界。

3.4.4 输出列表格式伪指令

1）. title：为汇编器提供一个打印在每一页顶部的标题。

2）. list/. nolist：打开/关闭列表文件。使用 . nolist 可禁止汇编器列出列表文件中选定的源语句，使用 . list 则允许列出。

3）. drlist/. drnolist：将汇编指令加入/不加入列表文件。

4）. fclist/. fcnolist：源代码包含没有产生代码的假条件块的列表。这两条指令的功能是允许/禁止假条件块出现在列表中。使用. fclist 可以把假条件块放在列表中，就像在源代码中一样；使用. fcnolist 指令只列出实际被汇编的条件块。

5）. mlist/. mnolist：源代码包含宏扩展和循环块的列表。这两条指令用来打开/关闭列表。使用. mlist 可以把所有的宏扩展和循环块打印到列表中，使用. mnolist 则禁止列入列表。

6）. sslist/. ssnolist：分别允许/禁止替换符号扩展列表，在调试替换符号的扩展时很有用。

7）. page：在输出列表中产生新的一页。该指令在源列表中没有列出，但在汇编过程中碰到该指令时，汇编器会增加行计数器，把源列表按逻辑划分，以增加程序的可读性。

8）. length：控制列表文件的页长度，调整列表以适合各种不同的输出设备。

9）. width：控制列表文件的页宽度，调整列表以适合各种不同的输出设备。

10）. option：控制列表文件中的某些特性。下面是各指令操作数代表的意义。

- B：把. byte 指令的列表限制在一行里。
- L：把. long 指令的列表限制在一行里。
- M：关掉列表中的宏扩展。
- R：复位 B、M、T 和 W 选项。
- T：把. string 指令的列表限制在一行里。
- W：把. word 指令的列表限制在一行里。
- X：产生一个符号交叉参照列表（也可以通过在汇编时引用 – x 选项来获得）。

11）. tab：定义制表键（Tab）的大小。

3.4.5　引用其他文件的伪指令

1）. copy/. include：告诉汇编器从其他文件中开始读源语句。当汇编读完以后，继续从当前文件中读源语句。从. copy 文件中读的语句会打印在列表中，而从. include 文件中读的语句不会打印在列表中。

2）. def：确认一个在当前模块中定义的且能被其他模块使用的符号，汇编器把这个符号存入符号表中。

3）. ref：确认一个在当前模块中使用但在其他段中定义的符号。汇编器把这个符号标注成一个未定义的外部符号，并且把它装入目标符号表中，以便链接器能还原它的定义。

4）. global：表明一个外部符号，使其他模块在连接时可以使用。如果在当前段定义了该符号，那么该符号就可以被其他模块使用，与. def 功能相同；如果在当前段没有定义该符号，而使用了其他模块定义的符号，则与. ref 功能相同。一个未定义的全局符号只有当它在程序中使用的时候，链接器才对其进行处理。

5）. mlib：向汇编器提供一个包含了宏定义的文档库的名称。当汇编器遇到一个在当前库中没有定义的宏，就在. mlib 确认的宏库中查找。

3.4.6　控制条件汇编的伪指令

1）. if/. elseif/. else/. endif：这些指令告诉汇编器，根据表达式的值条件汇编一块代码。. if 表示一个条件块的开始，如果条件为真就汇编紧接着的代码；. elseif 表示如果. if 的条件为假，并且. elseif 的条件为真，就汇编紧接着的代码；. endif 表示结束该条件块。

2）. loop/. break/. endloop：告诉汇编器按照表达式的值循环汇编一块代码。. loop 标注一块循环代码的开始；. break 告诉汇编器当表达式为假时，继续循环汇编，当表达式为真时立刻转到 . endloop 后的代码；. endloop 标注一个可循环块的末尾。

3.4.7　在汇编时定义符号的伪指令

汇编时的定义符号指令可使有意义的符号名与常数值或字符串相等同。

1）. asg：规定一个字符串与一个替代符号相等，并将其存放在替代符号表中。当汇编器遇到一个替代符号时，就用对应的字符串来代替这个符号。替代符号可以重新定义。

2）. eval：计算一个表达式的值并把结果传送到与一个替代符号等同的字符串中。该指令在处理计数器时非常有用。

3）. label：定义一个专门的符号以表示当前段内装入时的地址，而不是运行时的地址。大部分编译器创建的段都有可以重新定位的地址。编译器对每一段进行编译时，就好像段地址是从 0 开始的，然后链接器再把该段重定位在装入和运行的地址上。

4）. set/. equ：把一个常数值等效成一个符号，存放在符号表中，且不能被清除。

5）. struct/. endstruct/. tag：前两条指令用来建立一个类似于 C 的结构定义，. tag 可给类似于 C 的结构特性分配一个标号。. struct/. endstruct 允许把信息组织成一个结构，将相似元素组织在一起。. struct/. endstruct 指令不与存储器产生联系，它们只是创建一个能重复使用的符号模板。. tag 给一个结构分配一个标号，这就简化了符号表示，也提供了结构嵌套的能力。. tag 指令也不与存储器产生联系，在使用它之前必须定义结构名称。

3.4.8　其他方面的汇编伪指令

1）. end：结束汇编。它是一个程序的最后一个源语句。

2）. mmregs：定义存储器映像寄存器的替代符号。对于所有的存储器映像寄存器，使用该指令和执行一个 . set 是一样的。

3）. algebraic：告诉编译器程序包含了算术汇编源代码。如果没有使用 - mg 编译器选项，该指令必须出现在文件的第一行。

4）. netblock：使局部标号复位。局部标号是 $ n 或 name? 形式的符号。当它们出现在标号域中时，就对它们进行定义。局部标号是可以用来作为 jump 指令操作数的临时标号。. netblock 在局部标号使用后对其复位，从而限制它的范围。

5）. sblock：指定几段为一个模块。模块化是一种类似于分页的地址分配机制，但比分页弱。已模块化的段如果比一页小，就必须保证没有跨越页边界；如果大于一页，就必须从一页的边界开始。该指令只允许为已经初始化的段进行模块说明。

6）. version：决定指令所运行的处理器。每一种 C54x 芯片都有自己的值。

7）. emsg：把错误信息发送到标准输出设备中。产生错误信息的方式与汇编器相同，并增加错误计数，以及禁止编译器产生目标文件。

8）. wmsg：把警告信息发送到标准输出设备中。. wmsg 与 . emsg 的功能是相同的，只是增加了警告计数，而不是错误计数，它不会影响目标文件的创建。

9）. mmsg：把编译时的信息发送到标准输出设备中。. mmsg 与 . emsg、. wmsg 的功能是相同的，但它不设置错误计数或警告计数，且不会影响目标文件的创建。

3.5　宏指令

程序中的子程序往往要多次使用，此时，可将该子程序定义为一个宏。在程序反复执行该子程序时就调用这个宏，从而避免多次重复该子程序的源语句。

编译器支持宏语言，允许用户利用宏来创建自己的指令。这在某程序多次执行一个特殊任务时相当有用。宏语言的功能包括：

- 定义自己的宏和重新定义已存在的宏；
- 简化较长的或复杂的汇编代码；
- 访问归档器创建的宏库；
- 处理一个宏中的字符串；
- 控制宏扩展列表。

如果想多次调用一个宏，而每次使用的是不同的参数，则可以在宏里指定参数，这样就可以每次都把不同的参数传递到调用的宏中。

宏的使用可分为 3 个过程：定义宏、调用宏和展开宏。

1. 定义宏

使用宏之前，必须首先对它进行定义。定义宏的方法有两种：

1）宏可以在源文件起始处或者在 .include/. copy 文件中定义。其格式为：

    宏名   .macro[参数 1],[…],[参数 n]
            汇编语句或宏指令
            [.mexit]
            .endm

格式说明：

宏名——定义的宏名如果与某条指令或已有的宏重名，就将代替它们；

汇编语句——每次调用宏时执行的汇编语言指令或汇编伪指令；

宏指令——用来控制展开宏；

[.mexit] ——功能类似于 goto .endm 语句，.mexit 在测试出错误时，以及确认宏展开失败时相当有用，该项为可选项。

.endm——结束宏定义。

对于宏的注释，如果注释前加感叹号"!"，表示该注释包含在宏定义中，而又不出现在宏展开中；若注释前加星号或分号，表示让注释出现在宏展开中。

2）宏也可以在宏库中定义。宏库由归档器创建，是采用归档格式的文件集合。归档文件（宏库）里的每一个文件都包含一个与文件名相对应的宏定义，宏名与文件名必须相同，宏库中的文件必须是未被汇编过的源文件，其扩展名是 .asm。

可以使用 .mlib 指令访问宏库。其语法为：

.mlib   宏库文件名

2. 调用宏

定义了宏之后，就可以在源程序中通过把宏名作为操作数来调用宏。其格式为：

宏名 [参数 1], [⋯], [参数 n]

3. 展开宏

当源程序调用宏时，编译器会将宏展开。在展开期间，编译器把自变量传递给宏参数，用宏定义来代替宏调用语句并对源代码进行编译。在默认状态下，宏展开时会在列表文件中列出，可以使用 .mnolist 指令关掉宏指令列表。

【例 3.16】宏定义、宏调用和宏展开举例（部分程序）。

```
DAT0    .set 60H
DAT1    .set 61H
DAT2    .set 62H
DAT3    .set 63H
        .text
ADD3    .macro P1,P2,P3,ADDRP    ;宏定义:三数相加 ADDRP = P1 + P2 + P3
        LD P1,A
        ADD P2,A
        ADD P3,A
        STL A,ADDRP
        .endm
        ...
        ...
        ST #0034h,DAT0           ;参数赋值
        ST #0243h,DAT1
        ST #1230h,DAT2
        ADD3 DAT0,DAT1,DAT2,DAT3 ;宏调用:DAT3 = DAT0 + DAT1 + DAT2
        NOP
        ...
        .end
```

思考题

1. 汇编语句格式包含哪几部分？编写汇编语句需要注意哪些问题？

2. TMS320C54x 有哪几种基本的数据寻址方式？

3. 以 DP 和 SP 为基地址的直接寻址方式，其实际地址是如何生成的？当 SP = 2000H，DP = 2，偏移地址为 25H 时，分别寻址的是哪个存储空间的哪个地址单元？

4. 使用循环寻址时，必须遵循的 3 个原则是什么？试举例说明循环寻址的用法。

5. 简述位倒序寻址的主要用途及实现方法，试举例说明位倒序寻址的实现过程。

6. TMS320C54x 的指令集包含了哪几种基本类型的操作？

7. 当采用 *AR2 +0B 寻址时，若 AR0 为 00001000B，试写出位模式和位反转模式与 AR2 低 4 位的关系。

8. 循环寻址和位倒序寻址是 DSP 数据寻址的特殊之处，试叙述这两种寻址的特点和它们在数字信号处理算法中的作用。

9. 简述汇编伪指令的作用及功能，说明 .text 段、.data 段、.bss 段、.sect 段、.usect 段分别包含什么内容。

10. 程序员如何定义自己的程序段？

第4章

汇编语言及 C 语言程序设计

当系统的硬件和处理算法基本确定，并且选定 TMS320C54x 作为核心处理器时，下一步的工作重点就是软件系统的开发设计。它包含两个方面：一是选择适当的编程语言编写程序；二是选择合适的开发环境和工具。本章将介绍 TMS320C54x 的软件开发流程，讲述公共目标文件格式、汇编源程序的汇编和链接过程，重点介绍汇编语言程序设计的一些基本方法和 C 语言程序设计的基本方法。

4.1 TMS320C54x 软件开发流程

图 4.1 所示为 TMS320C54x DSP 软件开发流程图。图中阴影部分是最常用的软件开发路径，其余部分是任选的。框图简要说明如下：

C 编译器（C compiler）——将 C 语言源程序自动地编译为 C54x 的汇编语言源程序。

汇编器（Assembler）——将汇编语言源文件汇编成机器语言的公共目标文件格式（Common Object File Format，COFF）目标文件。源文件包括汇编语言指令、汇编伪指令及宏指令。

链接器（Linker）——把汇编器生成的、可重新定位的 COFF 目标模块组合成一个可执行的 COFF 目标模块。当链接器生成可执行模块时，要调整对符号的引用，并解决外部引用的问题。它也可以接收来自文档管理器中的目标文件，以及链接以前运行时所生成的输出模块。

归档器（Archiver）——将一组文件（源文件或目标文件）集中为一个文档文件库。例如，把若干个宏文件集中为一个宏文件库。汇编时，可以搜索宏文件库，并通过源文件中的宏指令来调用，也可以利用文档管理器方便地替换、添加、删除和提取文件库文件。

助记符指令到代数式指令翻译器（Mnemonic to Algebraic Translator Utility）——将包含助记符的汇编语言源文件转换成包含代数指令的汇编语言源文件。

建库工具（Library - Build Utility）——用来建立用户用 C 语言编写的支持运行库函数。链接时，rts. src 中的源文件代码和 rts. lib 中的目标代码提供标准的支持运行的库函数。

十六进制转换工具（Hex Conversion Utility）——可以很方便地将 COFF 目标文件转换成 TI、Intel、Motorola 或 Tektronix 公司的目标文件格式，转换后生成的文件可以下载到 EPROM 编码器进行编程。TMS320C54x DSP 接收 COFF 文件作为输入，但大多数 EPROM 编程器不接收 COFF 文件，需要借助转换工具。

绝对地址列表器（Absolute Lister）——将链接后的目标文件作为输入，生成 .abs 输出文件，对 .abs 文件汇编产生包含绝对地址（而不是相对地址）的清单。如果没有绝对地址列表器，所生成的清单可能是冗长的，会要求进行许多人工操作。

　　交叉引用列表器（Cross – Reference Lister）——利用目标文件生成一个交叉引用清单，列出所链接的源文件中的符号，以及它们的定义和引用情况。

　　图 4.1 所示的开发流程的作用是产生一个可以由 C54x 目标系统执行的模块。一个或多个汇编语言源程序经过汇编和链接，生成 COFF 格式（公共目标文件格式）的可执行文件，再通过软件仿真程序或硬件在线仿真器的调试，最后将程序加载到用户的应用系统。

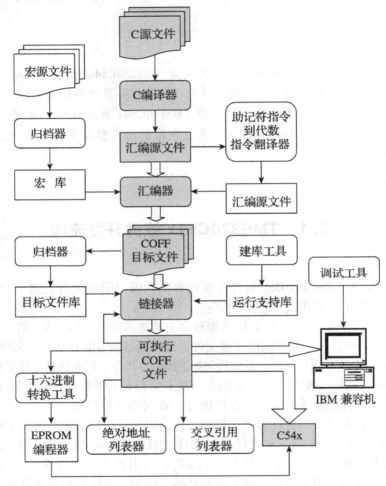

图 4.1　TMS320C54x DSP 软件开发流程图

4.2　汇编语言程序的编写方法

4.2.1　汇编语言源程序举例

　　汇编程序格式已在 3.1 节介绍过，一般包含标号域、指令域、操作数域和注释域 4 部分，其中，指令域可以写助记符指令、汇编伪指令或宏指令。助记符指令一般用大写；汇编伪指令和宏指令以"."号开始，并且为小写。汇编语言程序编写方法如【例4.1】所示。

【例4.1】汇编语言程序编写方法举例。

```
* * * * * * * * * * * * * * * * * * * * * * * * * * * *
*    example. asm    y = a1 * x1 + a2 * x2 + a3 * x3 + a4 * x4   * *
* * * * * * * * * * * * * * * * * * * * * * * * * * * *
          .title   "example.asm"
          .mmregs
STACK     .usect   "STACK",10H          ;分配堆栈空间,16 个单元
          .bss     a, 4                 ;为变量分配 9 个空间
          .bss     x, 4
          .bss     y, 1
          .def     start
          .data
table:    .word    1, 2, 3, 4           ;数据如下
          .word    8, 6, 4, 2
          .text                         ;代码如下
start:    STM      #0, SWWSR            ;软件等待状态寄存器设置为不等待状态
          STM      #STACK +10H, SP      ;设置堆栈指针
          STM      #a, AR1              ;指针 AR1 指向 a
          RPT      #7                   ;重复 8 次
          MVPD     table, * AR1 +       ;从程序存储器向数据存储器转移 8 个数据
          CALL     SUM                  ;调用 SUM 子程序
end:      B        end
SUM:      STM      #a, AR3              ;子程序实行乘法累加
          STM      #x, AR4
          RPTZ     A, #3
          MAC      *AR3 +, *AR4 +, A
          STL      A, @ y
          RET
          .end
```

在【例4.1】中使用的是非常常用的汇编伪指令，其应用情况见表4.1。

表4.1 【例4.1】中使用的汇编伪指令

汇编伪指令	作 用	举 例
.title	紧跟其后的是用双引号括起的源程序名	.title"example. asm"
.end	结束汇编,汇编器将忽略此后的任何源语句	放在汇编语言源程序的最后
.text	紧跟其后的是汇编语言程序正文	经汇编后,紧随.text 后的是可执行程序代码
.data	紧跟其后的是已初始化数据,通常含有数据表或预先初始化的数值	有两种数据形式:.int 和.word
.word	.word 用来设置一个或多个16 位带符号整型量常数	table:.word 1, 2, 3, 4 .word 8, 6, 4, 2 表示在程序存储器标号为 table 开始的 8 个单元存放初始化数据 1、2、3、4、8、6、4 和 2

（续）

汇编伪指令	作　　用	举　　例
. bss	. bss 为未初始化变量保留存储空间	. bss x，4 表示在数据存储器中空出 4 个存储单元来存放变量 x1、x2、x3 和 x4
. usect	为未初始化变量保留存储空间的自定义段	. usect "STACK"，10H 在数据存储器中留出 16 个单元作为堆栈区，名为 STACK
. def	在此模块中定义的变量可为别的模块引用	. def start

4.2.2　汇编语言编写规则

1. 汇编语言常量

C54x 汇编器支持 7 种类型的常量：二进制整数常量、八进制整数常量、十进制整数常量、十六进制整数常量、浮点数常量、字符常量、汇编时常量。

汇编器在内部把常量作为 32 位量。常量不能进行符号扩展。例如，常量 FFH 等同于 00FFH（十六进制）或 255（十进制），但不是 -1。

（1）整数常量

二进制整数常量最多由 16 个二进制数字组成，其后缀为 B（或 b）。如果少于 16 位，汇编器将向右对齐并在左侧补零。下列二进制整数常量都是有效的：

$$00000000B、0100000b、0lb、1111000B$$

八进制整数常量最多由 6 个八进制数字组成，其后缀为 Q（或 q）。下列八进制整数常量都是有效的：

$$10Q、100000q、226Q$$

十进制整数常量由十进制数字串组成，范围为 -32768 ~ 32767 或 0 ~ 65535。下列十进制整数常量都是有效的：

$$1000、-32768、25$$

十六进制整数常量最多由 4 个十六进制数字组成，其后缀为 H（或 h）。数字包括十进制数 0 ~ 9，字符包括 A ~ F 及 a ~ f。它必须以十进制值 0 ~ 9 开始，也可以由前缀（0x）标明十六进制。如果少于 4 位，汇编器将把数位右对齐。下列十六进制整数常量都是有效的：

$$78h、0FH、37Ach、0x37AC$$

（2）浮点数常量

浮点数常量由一串十进制数字及小数点、小数部分和指数部分组成，如下所示：

$$+ （-） nnn. nnnE （e） + （-） nnn$$

整数　　　小数　　　　　　指数

nnn 表示十进制字符串，小数点一定要有，否则数据是无效的。例如 3. e5，是有效的浮点数常量，而 3e5 是无效数字。指数部分是 10 的幂。下列浮点数常量都是有效的：

$$3.0、3.14、-0.314e13、　+314.59e-2$$

（3）字符常量

字符常量由单引号括住的一个或两个字符组成。它在内部由 8 位 ASCII 码来表示一个字符。两个连着的单引号用来表示带单引号的字符。只有两个单引号的字符也是有效的，被认作值为 0。如果只有一个字符，汇编器将把位向右对齐。下列字符常量都是有效的：

'a'（内部表示为 61H）

'C'（内部表示为 43H）

'为 D'（内部表示为 2744H）

请注意字符常数与字符串的差别，字符常数代表单个整数值，而字符串只是一串字符。

（4）汇编时常量

用 .set 伪指令给一个符号赋值，则这个符号等于一个常量。在表达式中，被赋的值固定不变。例如：

```
shift    .set   3            ; 将常数值 3 赋给符号 shift
LD  #shift,  A               ; 再将 3 赋给 A 累加器
```

2. 汇编源程序中的字符串

字符串（Character Strings）是包括在双引号内的一串字符，若双引号为字符串的一部分，则需要用两个连续的双引号。字符串的最大长度是变化的，由要求字符串的伪指令规定。每个字符在内部用 8 位 ASCII 码表示。以下是字符串的例子。

"sample progran"：定义了一个长度为 14 的字符串——sample progran；

"PLAN C"：定义了一个长度为 7 的字符串——PLAN "C"。

以下是字符串用于伪指令中的例子。

.copy "filemame"：复制伪指令中的文件名（filename）；

.sect "section name"：命名段伪指令中的段名（section name）；

.byte "charstring"：数据初始化伪指令中的变量名（charstring）。

3. 汇编源程序中的符号

符号可用于标号、常量，并可替代其他字符。符号名最多可为 32 位，由字符数字串（A～Z、a～z、0～9、-和 $）组成，第一位不能是数字，字符间不能有空格。符号对大小写敏感，汇编器会将 ABC、Abc、abc 认作不同的符号，用 -c 选项可以使汇编器不区分大小写。符号只有在汇编程序中定义后才有效，除非使用 .global 伪指令声明是一个外部符号。

用于标号（Lable）的符号在程序地址中作为符号地址，和程序的位置有关。在一个文件中，局部使用的标号必须是唯一的。助记符操作码和伪指令名前面不带 "." 的都可以作为标号。标号还可作为 .global、.ref、.def 或 .bss 等伪指令的操作数。

符号也可被置成常数值，这样可用有意义的名称来代表一些重要的常数值。伪指令 .set、.struct、.tag、.endstruct 可用来将常数值赋给符号名。注意，符号常数（Symbolic Constants）不能重新定义。

DSP 内部的寄存器名和 $ 等都是汇编器已预先定义了的全局符号。

4. 汇编源程序中的表达式

表达式是由运算符隔开的常量、符号或常量和符号序列。表达式值的有效范围为

－32768～32767。有 3 个主要因素影响表达式的运算顺序：圆括号、优先级、同级运算顺序。

圆括号（）：圆括号内的表达式先运算，不能用 {} 或 [] 来代替圆括号，如 8/(4/2)=4。

优先级：C54x 汇编程序的优先级与 C 语言相似，优先级高的运算先执行，圆括号内运算的优先级最高。

同级运算顺序：从左到右。例如：8/4*2=4，但 8/（4*2）=1。

（1）运算符及优先级

表 4.2 列出了表达式中可用的运算符及优先级。表中运算符的优先级是从上到下的，同级运算顺序是从左到右的。

表 4.2 表达式中可用的运算符及优先级

符 号	运算符含义
+ - ~	取正、取负、按位求补
* / %	乘、除、求模
<< >>	左移、右移
+ -	加、减
< <=	小于、小于或等于
> >=	大于、大于或等于
!= =	不等于、等于
&	按位与
^	按位异或
|	按位或

（2）表达式溢出

当算术运算在汇编中被执行时，汇编器将检查溢出状态。无论上溢还是下溢，它都会给出一个被截短的值的警告信息。但在进行乘法运算时，不检查溢出状态。

（3）表达式的合法性

表达式中使用符号时，汇编器对符号在表达式中的使用有一些限制，符号的属性不同（定义不同）会使表达式存在合法性问题。

符号的属性分为 3 种：外部的、可重定位的和绝对的。用伪指令 .golbal 定义的符号是外部符号；在汇编阶段和执行阶段，符号值与符号地址不同的符号是可重定位符号，相同的是绝对符号。

含有乘法、除法的表达式中只能使用绝对符号。表达式中不能使用未定义符号。

4.3 程序的汇编和链接

TI 公司的汇编器和链接器所创建的目标文件采用公共目标文件格式（COFF）。本节首先简要介绍这种文件格式，以帮助读者理解汇编语言程序的汇编和链接过程的实质。

4.3.1　公共目标文件格式（COFF）

COFF 的核心概念是使用代码块和数据块编程，而不是指令或数据的简单顺序编写。采用这种目标文件格式更利于模块化编程，并且为管理代码段和目标系统存储器提供更加灵活的方法。基于 COFF 编写汇编程序或高级语言程序时，不必为程序代码或变量指定目标地址，这为程序编写和程序移植提供了极大的方便。

段（Sections）是 COFF 文件中最重要的概念。所谓段，就是在编写汇编语言源程序时采用的代码块或数据块，它占据存储器的某个连续空间。程序按段组织，每个目标文件都被分成若干个段，每行汇编语句都从属于一个段，并且由段汇编伪指令标明该段的属性。一个目标文件中的每个段都是分开的，并且各不相同。

所有的 COFF 目标文件都包含以下 3 种形式的段：

.text 段（此段通常包含可执行代码）；

.data 段（此段通常包含初始化数据）；

.bss 段（此段通常为未初始化变量保留存储空间）。

此外，汇编器和链接器可以建立、命名和链接自定义段。这种自定义段是程序员自己定义的，使用起来与 .data、.text 及 .bss 段类似。它的好处是可在目标文件中与 .data、.text 及 .bss 分开汇编，链接时作为一个单独的部分分配到存储器，有以下两种形式。

.sect：建立的自定义段是已初始化段。

.usect：建立的自定义段是未初始化段。

段也可按是否初始化分为两种基本的类型：初始化的段（.data/.text/.sect）和未初始化的段（.bss/.usect）。

汇编器在汇编的过程中，根据汇编伪指令用适当的段将各部分程序代码和数据连在一起，构成目标文件；链接器的一个任务就是分配存储单元，即把各个段重新定位到目标存储器中，通常会按照图 4.2 所示的关系进行存储器配置。由于大多数系统都有好几种形式的存储器，因此通过对各个段重新定位，可以使目标存储器得到更为有效的利用。

汇编语言程序的汇编和链接过程的实质主要是对"段"的处理。

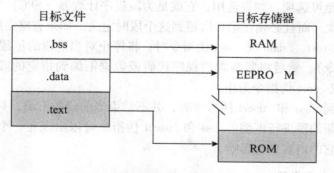

图 4.2　目标文件中的段与目标存储器之间的关系

4.3.2　汇编器对段的处理

汇编器对段的处理是指通过段定义伪指令区分出各个段，并且将段名相同的语句汇编在一起。汇编器中有 5 个段伪指令支持该功能，这 5 个伪指令是 . bss／. usect／. text／. data／. sect。如果汇编语言程序中一个段伪指令都没有用，那么汇编器把程序中的内容都汇编到 . text 段。

1. 未初始化段

未初始化段（Uninitialized Sections）由 . bss 和 . usect 伪指令创建。未初始化段就是 TMS320C54x 在目标存储器中的保留空间，以供程序运行过程中的变量作为临时存储空间使用。在目标文件中，这些段中没有确切的内容，通常它们定位到 RAM 区。未初始化段分为默认的和命名的两种，分别由汇编伪指令 . bss 和 . usect 产生，其句法如下：

```
        . bss      符号，字数
     符号 . usect    " 段名"，字数
```

其中：

符号——对应于保留的存储空间第一个字的变量名称，这个符号可让其他段引用，也可以用 . global 伪指令定义为全局符号；

字数——表示在 . bss 段或标有名称的段中保留多少个存储单元；

段名——程序员为自定义的未初始化段起的名字。

每调用 . bss 伪指令一次，汇编器在相应的段保留预留字数的空间；每调用 . usect 伪指令一次，汇编器在指定的命名段保留预留字数的空间。

2. 初始化段

初始化段（Initialized Sections）由 . text、. data 和 . sect 伪指令创建，包含可执行代码或初始化数据。这些段中的内容都在目标文件夹中，当加载程序时再放到 TMS320C54x 的存储器中。每个初始化段都是可以重新定位的，并且可以引用其他段中所定义的符号。链接器在连接时自动处理段间的相互引用。3 种初始化伪指令的句法如下：

```
. text    [段起点]
. data    [段起点]
. sect    "段名" [，段起点]
```

其中，段起点是可选项。如果选用，它就是为段程序计数器（SPC）定义的一个起始值。SPC 值只能定义一次，而且必须在第一次遇到这个段时定义。如果省略，则 SPC 从 0 开始。

当汇编器遇到 . text、. data 或 . sect 伪指令时，将停止对当前段的汇编（相当于一条结束当前段汇编的伪指令），然后将紧跟着的程序代码或数据汇编到指定的段中，直到再遇到另一条 . text、. data 或 . sect 伪指令为止。

而当汇编器遇到 . bss 和 . usect 伪指令时，并不结束当前段的汇编，只是暂时从当前段脱离出来，并开始对新的段进行汇编。. bss 和 . usect 伪指令可以出现在一个已初始化段的任何位置上，而不会对它的内容发生影响。

3. 已命名段（自定义段）

段定义伪指令 . usect 和 . sect 可以创建已命名的段。已命名段是用户自己创建的，使用方法同默认的 . text、. data、. bss 段一样，但它们之间是单独汇编的。比如重复使用 . text 指令在目标文件中建立一个 . text 段，链接的时候，该段就作为一个单一的整块被分配到内存中。假如有一部分可执行代码，例如一个初始化子程序，若不想用 . text 来分配，则可将这部分代

码汇编到一个已命名的段中，那么它将不在 .text 段中汇编，并可以单独将它分配到内存中。命名段也可以汇编已初始化的、不在 .data 段中的数据，还可以为那些未初始化的、不在 .bss 段的变量保留空间。

.usect 可以创建使用方法同 .bss 段一样的命名段，它在 RAM 中为变量保留空间。

.sect 可以创建像默认的 .text 和 .data 一样的段，可包含代码和数据，而且有可重定位的地址。

4. 段程序计数器（SPC）

汇编器为每个段都安排一个单独的段程序计数器（SPC）。SPC 表示一个程序代码段或数据段内的当前地址。一开始，汇编器将每个 SPC 置 0。当汇编器将程序代码段或数据加到一个段内时，相应的 SPC 就增加。如果继续对某个段汇编，则相应的 SPC 就在先前的数值上继续增加。链接器在链接时要对每个段进行重新定位。

5. 使用段伪指令的例子

下面举例说明利用段伪指令在不同的段之间来回交换并逐步建立 COFF 段的过程。对第一次，可用段伪指令将目标代码汇编进一个段，以后再遇到相同的段伪指令，汇编器简单地将新代码附到段中已经存在的代码后面。

【例 4.2】段伪指令应用举例。本例列出的是一个汇编语言程序经汇编后的 .lst 文件（部分），.lst 文件由 4 个部分组成。

第 1 部分（field1）：源程序的行号；

第 2 部分（field2）：段程序计数器（SPC），每一个段使用分开的段程序计数器。有些伪指令不影响 SPC。

第 3 部分（field3）：目标代码。包含汇编生成的十六进制的目标代码。

第 4 部分（field4）：源程序。

汇编后的 .lst 文件（部分）：

```
1   0000              .data            ;汇编至 .data 段
2   0000  0011  coeff .word 011h,022h,033h
    0001  0022
    0002  0033
3   0000              .bss  buffer,10  ;在 .bss 段为 buffer 变量保留 10 个字
                                         的空间
4   0003  0123  ptr   .word 0123h      ;继续汇编至 .data 段
5   0000              .text            ;汇编至 .text 段
6   0000  100f  add:  LD 0Fh,A
7   0001  f010  aloop:SUB #1,A
    0002  0001
8   0003  f842        BC aloop,AGEQ
    0004  0001
9   0004              .data
10  0004  00aa  ivals .word 0AAh,0BBh,0CCh  ;继续汇编至 .data 段
    0005  00bb
    0006  00cc
11  0000        var2  .usect "newvars",1   ;自定义数据段,保留 8 个字的空间
```

```
12  0001            inbuf .usect  "newvars",7
13  0005                  .text                         ；继续汇编至 .text 段
14  0005  110a  mpy:  LD  0Ah, B
15  0006  f166  mloop:MPY  #0Ah, B
    0007  000a
16  0008  f868        BC  mloop, BNOV
    0009  0006
17  0000                  .sect  "vectors"             ；自定义数据段,包含两个初始化字
18  0000  0011          .word  011h,033h
19  0001  0033
     ↑    ↑     ↑           ↑
```
field1 field2 field3   field4

在此例中，一共建立了 5 个段。

.text：段内有 10 个字的程序代码。

.data：段内有 7 个字的数据。

.bss：在存储器中为变量 buffer 保留 10 个存储单元。

vectors：是一个用 .sect 伪指令建立的自定义段，段内有两个字的已初始化数据。

newvars：是一个用 .usect 伪指令建立的自定义段，它在存储器中为变量保留 8 个存储单元。

目标代码在 5 个段中的分配如图 4.3 所示。

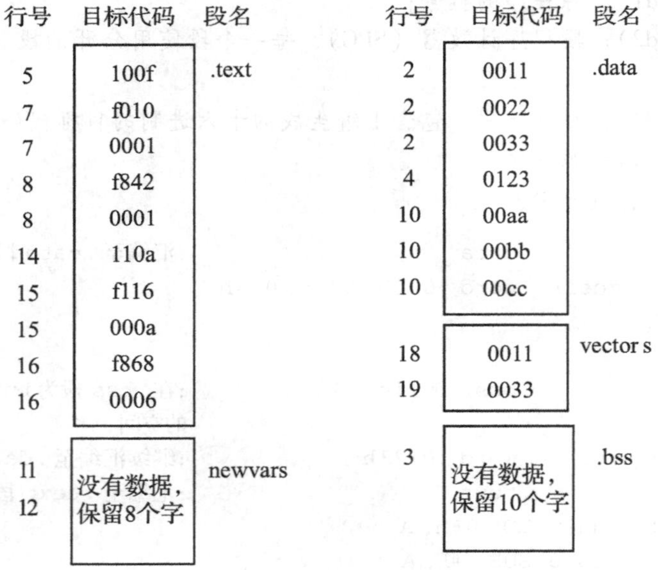

行号	目标代码	段名		行号	目标代码	段名
5	100f	.text		2	0011	.data
7	f010			2	0022	
7	0001			2	0033	
8	f842			4	0123	
8	0001			10	00aa	
14	110a			10	00bb	
15	f116			10	00cc	
15	000a					
16	f868			18	0011	vectors
16	0006			19	0033	
11	没有数据,保留8个字	newvars		3	没有数据,保留10个字	.bss
12						

图 4.3   目标代码在 5 个段中的分配

4.3.3   链接器对段的处理

链接器在处理段的时候有如下两个主要任务：

● 将由汇编器产生的 COFF 的一个或多个 .obj 文件链接成一个可执行的 .out 文件；

● 重新定位，将输出的段分配到相应的存储器空间。

链接器有两条命令支持上述任务：

①MEMORY 命令——定义目标系统的存储器配置图，包括对存储器各部分命名，以及规定它们的起始地址和长度；

②SECTIONS 命令——告诉链接器如何将输入段组合成输出段，以及将输出段放在存储器中的什么位置。

以上命令是链接命令文件（. cmd）的主要内容。然而并不是总需要使用链接器命令，若不使用它们，则链接器将使用目标处理器默认的分配方法。如果使用链接命令，就必须在链接器命令文件中进行说明。

1. MEMORY 命令

链接器应当确定输出各段放在存储器的什么位置。要达到这个目的，首先要有一个目标存储器模型，MEMORY 命令就是用来规定目标存储器模型的。通过这条命令，可以定义系统中所包含的各种形式的存储器，以及它们占据的地址范围。

C54x DSP 芯片的型号不同或者所构成的系统的用处不同，其存储器的配置也可能是不相同的。通过 MEMORY 命令，可以进行各种各样的存储器配置。在此基础上再用 SECTIONS 命令将各输出段定位到所定义的存储器。

MEMORY 命令的一般句法如下：

```
MEMORY
{
PAGE0:name 1[(attr)]:    orign = constant,  length = constant;
PAGE1:name n[(attr)]:     orign = constant,  length = constant;
}
```

在链接器命令文件中，MEMORY 指令用大写字母，紧随其后的用大括号括起的是一个定义存储器范围的清单。下面对各参数进行介绍。

PAGE——对一个存储空间加以标记，每一个 PAGE 代表一个完全独立的地址空间。页号 n 最多可为 255，具体取决于目标存储器的配置。通常将 PAGE0 设定为程序存储器，将 PAGE1 设定为数据存储器。如果没有规定 PAGE，则链接器就默认为 PAGE0。

name——对一个存储区间取名。一个存储器的名称可以包含 8 个字符（A~Z、a~z、$ 等）。对链接器来说，这个名称并没有什么特殊的含义，它们只不过是被用来标记存储器的区间而已。对链接器来说，存储器区间名称都是内部记号，因此不需要保留在输出文件或者符号表中。不同 PAGE 上的存储器区间可以取相同的名称，但同一个 PAGE 内的名称不能相同，并且不许重叠配置。

attr——这是一个可选项，用于为命名区规定 1~4 个属性。如果有选项，应写在括号内。当输出段定位到存储器时，可利用属性加以限制。属性选项一共有以下 4 项。

R：规定可以对存储器执行读操作；

W：规定可以对存储器执行写操作；

X：规定存储器可以装入可执行的程序代码；

I：规定可以对存储器进行初始化。

如果一项属性都没有选中，就可以将输出段不受限制地定位到任何一个存储器位置。任何一个没有规定属性的存储器（包括所有默认方式的存储器）都有全部 4 项属性。

origin——规定一个存储区的起始地址。输入 Origin、Org 或 O 都可以。这个值是一个 16 位二进制常数，可以用十进制、八进制或十六进制数表示。

length——规定一个存储区的长度。输入 Length、Len 或 L 都可以。这个值是一个 16 位二进制常数，可以用十进制、八进制或十六进制数表示。

【例 4.3】MEMORY 命令的使用。

```
MEMORY
{
PAGE0:   ROM:     origin=0C00H,  length=1000H;
PAGE1:   SCRATCH: origin=60H,    length=20H;
         ONCHIP:  origin=80H,    length=200H;
}
```

上述 MEMORY 命令所定义的系统的存储器配置如下：

PAGE0 为程序存储器，取名为 ROM，起始地址为 0C00H，长度 4K 字；

PAGE1 为数据存储器，取名为 SCRATCH，起始地址为 60H，长度 32 字；

PAGE1 为数据存储器，取名为 ONCHIP，起始地址为 80H，长度 512 字。

2. SECTIONS 命令

SECTIONS 命令说明如何将输入段组合成输出段，规定输出段在存储器中的存放位置，并允许重新命名输出段。

SECTIONS 命令的一般句法如下：

```
SECTIONS
{
name:[property,property,property,…]
name:[property,property,property,…]
name:[property,property,property,…]
}
```

在链接器命令文件中，SECTIONS 命令用大写字母，紧随其后的用大括号括起的是关于输出段的详细说明。每一个输出段的说明都从段名 name 开始。段名后面是一行说明段内容和如何给段分配存储单元的性能参数。一个段可能的性能参数如下。

①装入存储器分配（Load Allocation）：定义段装入时的存储器地址。语法为

load = allocation（这里的 allocation 指地址）

或

allocation

或

> allocation

②运行存储器分配（Run Allocation）：定义段运行时的存储器地址。语法为

run = allocation

run > allocation

链接器为每个输出段在目标存储器中分配两个地址：一个是加载的地址，另一个是执行程序的地址。通常，这两个地址是相同的，可以认为每个输出段只有一个地址。有时需要将

程序的加载区和运行区分开（先将程序加载到 ROM，然后在 RAM 中以较快的速度运行），只要用 SECTIONS 命令让链接器对这个段定位两次就行了：一次是设置加载地址，另一次是设置运行地址。如：

$$. \text{fir：load} = \text{ROM，run} = \text{RAM}$$

③输入段（Input Sections）：定义组成输出段的输入段。

$$\{ \text{input—sections} \}$$

大多数情况下，在 SECTIONS 命令中是不列出每个输入文件的输入段的段名的。

④段的类型（Section Type）：定义特殊段的标志。语法为

type = COPY

或

type = DSECT

或

type = NOLOAD

⑤填充值（Fill Value）：定义用来填充没有初始化的空间的值。语法为

fill = value

或

name：… {…} = value

最后需要说明的是，在实际编写链接命令文件时，许多参数是不一定要用的，因而可以简化。

【例 4.4】 SECTIONS 命令的使用。

```
file1.obj
file2.obj
-o prog.out
-m prog.map
-e  start
SECTIONS
{
    .text:       load = ROM,    run = 800H
    .bss:        load = RAM
    .vectors:    load = FF80H
    .data: align = 16
}
```

上述 SECTIONS 命令所规定的输出段在存储器中的存放位置如下：

. bss 段结合 file1. obj 和 file2. obj 的 . bss 段，并且被装入 RAM 空间。

. data 段结合 file1. obj 和 file2. obj 的 . data 段，链接器将它放在存储器可放下它的地方（此处为 RAM），并且对准 16 位的边界。

. text 段结合 file1. obj 和 file2. obj 的 . text 段，链接器将所有命名为 . text 的段都结合进该段，在程序运行时，该段必须重新定位在地址 0800H 处。

. vectors 段定位在地址 FF80H 处。

3. MEMORY 和 SECTIONS 命令的默认算法

如果没有利用 MEMORY 和 SECTIONS 命令，链接器就按默认算法来定位输出段：

```
MEMORY
{
PAGE 0:PROG:origin = 0x0080,    length = 0xFF00
PAGE 1:DATA:origin = 0x0080,    length = 0xFF80
}
SECTIONS
{
 .text:    PAGE  0
 .data:    PAGE  0
 .cinit:   PAGE  0
 .bss:     PAGE  1
}
```

在默认的 MEMORY 和 SECTIONS 命令情况下，链接器将所有的 . text 输入段，链接成一个 . text 输出段，将所有的 . data 输入段组合成 . data 输出段，又将 . text 和 . data 段定位到配置为 PAGE0 的存储器上，即程序存储空间。同时将所有的 . bss 输入段组合成一个 . bss 输出段，并由链接器定位到配置为 PAGE1 的存储器上，即数据存储空间。

如果输入文件中包含自定义的已初始化段（如上面的 . cinit 段），则链接器将它们定位到程序存储器，紧随 . data 段之后；如果输入文件中包含自定义未初始段，则链接器将它们定位到数据存储器，并紧随 . bss 段之后。

4.3.4 多个文件的汇编和链接过程

汇编语言源程序编好以后，必须经过汇编和链接才能运行。图 4.4 给出了汇编语言程序的编辑、汇编和链接过程。

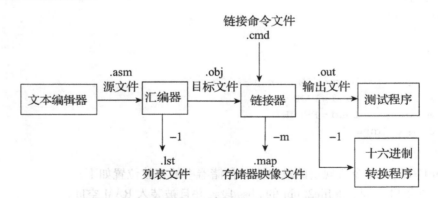

图 4.4 汇编语言程序的编辑、汇编和链接过程

1. 源程序编辑

利用诸如 Word、Edit、记事本等文本编辑器编写汇编语言源程序，扩展名为 . asm。汇编语言源程序编写方法见例 4.1。

2. 汇编器的功能

TMS320 汇编器主要将汇编语言文件翻译成机器语言目标文件，扩展名为 . obj。源文件可以包括汇编语言、汇编伪指令和宏指令。汇编伪指令控制着汇编过程的许多方面，如源列表格式、符号定义和将源代码放入块的方式等。

汇编器的输入文件为汇编语言源文件，其省略的文件扩展名为 .asm。汇编器包括以下功能：

- 处理汇编语言源文件中的源语句，产生一个可重新定位的目标文件（.obj）；
- 根据要求产生一个源列表文件（.lst），并提供对该列表的控制；
- 根据要求将交叉引用列表添加到源程序列表中；
- 将代码分段；
- 为每个目标代码块设置一个段程序计数器（SPC）；
- 定义和引用全局符号；
- 汇编条件块；
- 支持宏调用，并允许在程序内或在库中定义宏。

汇编器在调用时的常用选项如下。

-c：编译器忽略字母的大小写。如 abc 与 ABC 是一样的，系统默认区分大小写。

-1：（小写的 L）在编译时产生列表文件，默认扩展名为 .lst。

-s：将所有的符号都放入符号表。若不使用该选项，编译器仅将全局变量放入符号表。

-x：产生一个交叉汇编表，并把它附加到列表文件的最后。

-a：产生一个绝对地址清单。-a 选项与绝对地址列表器（Absolute Lister）联合使用。

-d：为名称符号设置初置。格式为 -d name［＝value］，这与在汇编文件开始处插入 name, set value 是等效的；如果 value 省略，则符号值设置为 1。

-hc：将选定的文件复制到汇编模块。格式为 -hc filename，所选定的文件被插入到源文件语句的前面，复制的文件将出现在汇编列表文件中。

-hi：将选定的文件包含到汇编模块。格式为 -hi filename，所选定的文件包含在源文件语句的前面，包含的文件不出现在汇编列表文件中。

-i：设置搜索路径。通知编译器在指定的搜索路径中去查找 .copy、.include 中的文件。用法举例：-ic：\ c54x。

-mf：指定汇编调用扩展寻址方式。

-mg：指定源文件包含代数指令。

-pw：对某些汇编代码的流水线冲突发出警告。汇编器不能检测所有的流水线冲突，仅能对直线式代码检测流水线冲突。在检测到流水线冲突时，汇编器将打印一个警告，报告为了解决流水线冲突需要填充 NOP 或其他指令的潜在位置。

-q：不显示汇编的标题及所有的进展信息。

例如：example. asm　　-l　　-s　　-x

其中，example 为源文件名，该源程序经汇编后生成一个目标文件（example. obj）、列表文件（example. lst）、符号表（在目标文件中）及交叉引用表（在列表文件中）。

【例 4.5】列表文件举例。【例 4.1】程序在 CCS 3.3 环境下运行，汇编后生成的列表文件 example. lst 显示如下。列表文件包括源程序的行号、段程序计数器（SPC）、目标代码和源程序 4 个部分。

TMS320C54x COFF Assembler PC v4.1.0 Fri Mar 01 20:08:39 2019

```
Tools Copyright (c) 1996 -2005 Texas Instruments Incorporated
example.asm                        PAGE    1
2                        .mmregs
3  000000    STACK    .usect "STACK",10H   ;分配堆栈空间
4  000000            .bss   a,4            ;为变量分配9个空间
5  000004            .bss   x,4
6  000008            .bss   y,1
7                    .def   start
8  000000            .data
9  000000 0001 table:.word 1,2,3,4         ;数据如下
   000001 0002
   000002 0003
   000003 0004
10 000004 0008        .word 8,6,4,2
   000005 0006
   000006 0004
   000007 0002
11 000000            .text                 ;代码如下
12 000000 7728 start:STM   #0,SWWSR        ;软件等待状态寄存器设置为不等待状态
   000001 0000
13 000002 7718        STM   #STACK+10H,SP;设置堆栈指针
   000003 0010 -
14 000004 7711        STM   #a,AR1         ;AR1 指向 a
   000005 0000 -
15 000006 EC07        RPT   #7             ;重复8次
16 000007 7C91        MVPD  table,*AR1+;程序存储器向数据存储器转移8个数据
   000008 0000 "
17 000009 F074        CALL  SUM            ;调用 SUM 子程序
   00000a 000D'
18 00000b F073  end:B       end
   00000c 000B'
19 00000d 7713  SUM:STM   #a,AR3           ;子程序实行乘法累加
   00000e 0000 -
20 00000f 7714        STM   #x,AR4
   000010 0004 -
21 000011 F071        RPTZ  A,#3
   000012 0003
22 000013 B09A        MAC    *AR3+,*AR4+,A
23 000014 8008 -      STL   A,@ y
24 000015 FC00        RET
25                    .end
   No Assembly Errors, No Assembly Warnings
```

其中，目标代码域可通过附加字符在域的尾端指出重新定位的类型。

'：可重新定位的文本段（. text relocation）;

"：可重新定位的数据段（. data relocation）;

-：可重新定位的未初始化段（. sect relocation）;

+：可重新定位的初始化命名段（.bss、.usect relocation）；

!：没定义的外部引用。

3. 链接器的功能

TMS320C54x 的链接器将扩展名为 .obj 的一个或多个 COFF 目标文件链接起来，生成可执行的输出文件（.out）和存储器映像文件（.map）。

链接器有以下的功能：

- 将各个段配置到目标系统的存储器中；
- 对各个符号和段进行重新定位，并给它们制定一个确定的地址；
- 解决输入文件之间未定义的外部引用。

链接器在调用时，常用选项如下。

-a：生成一个绝对地址的、可执行的输出模块。所建立的绝对地址输出文件中不包含重新定位信息。如果既不用 -a 选项，也不用 -r 选项，链接器就像规定 -a 选项那样处理。

-ar：生成一个可重新定位、可执行的目标模块。这里采用了 -a 选项和 -r 两个选项。与 -a 选项相比，-ar 选项还在输出文件中保留重新定位的信息。

-e global_ symbol：定义程序的进入点。global_ symbol 必须在源程序中用 .global 伪指令说明。

-c：使用 C 编译器的 ROM 初始化模式。

-cr：使用 C 编译器的 RAM 初始化模式。

-i dir：指定库文件的路径。此选项必须出现在 -1 选项之前。

-1 filename：指定连接时使用的库文件名。此选项必须出现在 -i 选项之后。

-m filename：生成 .map 文件。

-o filename：指定生成的 .out 文件名。系统默认为 a.out。

-r：生成一个可重新定位的可输出模块。当利用 -r 选项而不用 -a 选项时，链接器生成一个不可执行的文件。如 lnk500 -r file1.obj file2.obj，此链接命令将两个目标文件链接起来，并建立一个名为 a.out 的可重新定位的输出模块。输出文件 a.out 可以与其他的目标文件重新链接，或者在加载时重新定位。

下面介绍链接命令文件的编写。

将文件名和选项写成命令文件的形式，命令文件的扩展名为 .cmd。链接命令文件可将链接的信息放在一个文件中，这在多次使用同样的链接信息时可以非常方便地调用。另外，在命令文件中，可用两个十分有用的命令 MEMORY 和 SECTIONS 指定实际应用中的存储器结构和进行地址的映像。命令文件为 ASCII 文件，可包含以下内容：

- 输入文件名；
- 链接器选项；
- MEMORY 和 SECTIONS 链接命令；
- 赋值说明。

【例 4.6】链接命令文件（file.cmd）的编写。

```
file1.obj  file2.obj
-m prog.map   -o prog.out
```

```
MEMORY
{
   PAGE 0: EPROM     :org = 0E00h,len = 100h
   PAGE 1: SPRAM     :org = 0060h,len = 0020h
           DARAM     :org = 0080h,len = 100h
}
SECTIONS
{
    .text    : >    EPROM    PAGE   0
    .data    : >    EPROM    PAGE   0
    .bss     : >    SPRAM    PAGE   1
    STACK    : >    DARAM    PAGE   1
}
```

4. 多个文件的链接举例

本例是一个常用的简单引导文件范例。以【例4.1】中的 example. asm 源程序为例，复位向量文件 vectors. asm 列为一个单独的文件，对两个目标文件进行链接，可分为以下 5 步进行。

1）编写复位向量文件 vectors. asm，见【例4.7】。

【例4.7】复位向量 vectors. asm。

```
* * * * * * * * * * * * * *
* Reset vectors for example.asm *
* * * * * * * * * * * * * *
      .title    "vectors.asm"
      .ref      start
      .sect     ".vectors"
rst:  B start
      .end
```

vectors. asm 文件中引用了 example. asm 中的标号"start"，这是在两个文件之间通过 . ref 和 . def 伪指令实现的。

2）编写 example. asm，见【例4.1】。

在 example. asm 文件中，. def start 是用来定义语句标号 start 的汇编伪指令，start 是源程序 . text 段开头的标号，供其他文件引用。

3）分别对两个源文件 example. asm 和 vectors. asm 进行汇编，生成目标文件 example. obj 和 vectors. obj。

4）编写链接命令文件 example. cmd。

此命令文件链接 example. obj 和 vectors. obj 两个目标文件（输入文件），并生成一个映像文件 example. map 及一个可执行的输出文件 example. out，标号"start"是程序的入口。

假设目标存储器的配置如下：

程序存储器　　　EPROM　　　E000H ~ FFFH （片内）

数据存储器　　　SPRAM　　　0060H ~ 007FH （片内）

　　　　　　　　DARAM　　　0080H ~ 017FH （片内）

链接命令文件如【例4.8】所示。

【例4.8】链接命令文件 example. cmd。

```
vectors.obj
example.obj
-o example.out
-m example.map
-e start
MEMORY
{
PAGE 0:
    EPROM:        org=0E000H,  len=100H
    VECS:         org=0FF80H,  len=04H
PAGE 1:
    SPRAM:        org=0060H,   len=20H
    DARAM:        org=0080H,   len=100H
}
SECTIONS
{
    .text        :>EPROM      PAGE 0
    .data        :>EPROM      PAGE 0
    .bss         :>SPRAM      PAGE 1
    STACK        :>DARAM      PAGE 1
    .vectors     :>VECS       PAGE 0
}
```

在【例4.8】中，在程序存储器中配置了一个空间 VECS，它的起始地址为0FF80H，再从0FF80H 复位向量跳转到主程序。在 example. cmd 文件中，为了在软件仿真屏幕上从 start 语句标号起显示程序清单，并且 PC 也指向 start （0E000H），使用命令 -e start，它是软件仿真器的入口地址命令。

5）链接。链接后生成一个可执行的输出文件 example. out 和映像文件 example. map。

将上述可执行输出文件 example. out 装入目标系统就可以运行了。系统复位后，PC 首先指向0FF80H，这是复位向量地址。在这个地址上，有一条 B start 指令，程序马上跳转到 start 语句标号，从程序起始地址 0E000H 开始执行主程序。

以上所述的 5 步是一个常用的简单引导文件范例。

链接后生成的 . map 文件中给出了存储器的配置情况、程序文本段、数据段、堆栈段、向量段在存储器中的定位表，以及全局符号在存储器中的位置。

example. map 文件内容如下：

```
* * * * * * * * * * * * * * * * * * * * * * *
*   TMS320C54x COFF Linker      PC Version 4.1.0   *
* * * * * * * * * * * * * * * * * * * * * * *
>> Linked Fri Mar 01 20:26:43 2019

OUTPUT FILE NAME:  <./Debug/example.out>
ENTRY POINT SYMBOL: "_c_int00"  address: 00000000

MEMORY CONFIGURATION

name      origin    length    used      attr      fill
```

```
-----------    ----------------  ----------------  --------  --------  --------
PAGE 0 :   EPROM      0000e000   00000100 0000001e    RWIX
           VECS       0000ff80   00000004 00000002    RWIX


PAGE 1 :   SPRAM      00000060   00000020 00000009    RWIX
           DARAM      00000080   00000100 00000010    RWIX
```

SECTION ALLOCATION MAP

output section	page	origin	length	attributes/ input sections
.text	0	0000e000	00000016	
		0000e000	00000016	xiugai1.obj (.text)
.data	0	0000e016	00000008	
		0000e016	00000008	xiugai1.obj (.data)
.vectors	0	0000ff80	00000002	
		0000ff80	00000002	vectors.obj (.vectors)
.bss	1	00000060	00000009	UNINITIALIZED
		00000060	00000009	xiugai1.obj (.bss)
STACK	1	00000080	00000010	UNINITIALIZED
		00000080	00000010	xiugai1.obj (STACK)

GLOBAL SYMBOLS : SORTED ALPHABETICALLY BY Name

```
address      name
-----------  --------
00000060     .bss
0000e016     .data
0000e000     .text
ffffffff     __binit__
00000060     __bss__
ffffffff     ___c_args__
ffffffff     ___cinit__
0000e016     ___data__
0000e01e     ___edata__
00000069     ___end__
0000e016     ___etext__
ffffffff     __pinit__
0000e000     ___text__
00000000     __lflags
UNDEFED      _c_int00
ffffffff     binit
ffffffff     cinit
0000e01e     edata
00000069     end
```

```
0000e016   etext
ffffffff   pinit
0000e000   start
```

GLOBAL SYMBOLS: SORTED BY Symbol Address

```
address      name
-----------  -------
00000000   __lflags
00000060   ___bss__
00000060   .bss
00000069   end
00000069   ___end__
0000e000   ___text__
0000e000   .text
0000e000   start
0000e016   ___etext__
0000e016   etext
0000e016   ___data__
0000e016   .data
0000e01e   edata
0000e01e   ___edata__
ffffffff   ___c_args__
ffffffff   pinit
ffffffff   ___binit__
ffffffff   ___cinit__
ffffffff   ___pinit__
UNDEFED _c_int00
ffffffff   cinit
ffffffff   binit
[22 symbols]
```

4.4　汇编语言程序设计

本节主要介绍 TMS320C54x 汇编语言程序设计的一些基本方法。按汇编语言指令的分类，其基本程序设计也可分为三大类。

☞ 程序的控制与转移；

☞ 数据块传送程序；

☞ 算术运算类程序。

4.4.1　程序的控制与转移

TMS320C54x 具有丰富的程序控制与转移指令，利用这些指令可以执行分支转移、循环控制及子程序操作。这些指令都将影响程序计数器（PC）指针，会把一个不是顺序增加的地址加载到 PC。PC 是一个 16 位计数器，PC 中保存的某个内部或外部程序存储器的地址，就是即将取指的某条指令、即将访问的某个 16 位立即操作数或系数表在程序存储器中的地址。表 4.3 列出了加载 PC 的几种途径。

表 4.3　加载 PC 的几种途径

操　作	加载 PC 的地址
复位	PC = FF80H
顺序执行指令	PC = PC + 1
分支转移	用紧跟在分支转移指令后面的 16 位立即数加载 PC
由累加器分支转移	用累加器 A 或 B 的低 16 位加载 PC
块重复循环	假如 BRAF = 1（块重复有效），当 PC + 1 等于重复结束地址（REA） + 1 时，将块重复起始地址（RSA）加载 PC
子程序调用	将 PC + 2 压入堆栈，并用紧跟在调用指令后面的 16 位立即数加载 PC。返回指令将栈顶弹出至 PC，回到原先的程序处继续执行
从累加器调用子程序	将 PC + 1 压入堆栈，用累加器 A 或 B 的低 16 位加载 PC。返回指令将栈顶弹出至 PC，回到原先的程序处继续执行
硬件中断或软件中断	将 PC 压入堆栈，用适当的中断向量地址加载 PC。中断返回时，将栈顶弹出至 PC，继续执行被中断了的程序

C54x 有一些指令只有当一个条件或多个条件得到满足时才能执行。如条件分支转移或条件调用指令、条件返回指令，都用条件来限制分支转移、调用和返回操作。表 4.4 列出了条件指令中的各种条件及相应的操作数符号。

表 4.4　条件指令中的各种条件及相应的操作数符号

操作数符号	条　件	说　明
AEQ	A = 0	累加器 A 等于 0
BEQ	B = 0	累加器 B 等于 0
ANEQ	A ≠ 0	累加器 A 不等于 0
BNEQ	B ≠ 0	累加器 B 不等于 0
ALT	A < 0	累加器 A 小于 0
BLT	B < 0	累加器 B 小于 0
ALEQ	A ≤ 0	累加器 A 小于或等于 0
BLEQ	B ≤ 0	累加器 B 小于或等于 0
AGT	A > 0	累加器 A 大于 0
BGT	B > 0	累加器 B 大于 0
AGEQ	A ≥ 0	累加器 A 大于或等于 0
BGEQ	B ≥ 0	累加器 B 大于或等于 0
AOV	AOV = 1	累加器 A 溢出
BOV	BOV = 1	累加器 B 溢出

（续）

操作数符号	条　件	说　明
ANOV	AOV = 0	累加器 A 不溢出
BNOV	BOV = 0	累加器 B 不溢出
C	C = 1	ALU 进位置 1
NC	C = 0	ALU 进位置 0
TC	TC = 1	测试/控制标志置 1
NTC	TC = 0	测试/控制标志清 0
BIO	$\overline{\text{BIO}}$低	$\overline{\text{BIO}}$信号为低电平
NBIO	$\overline{\text{BIO}}$高	$\overline{\text{BIO}}$信号为高电平
UNC	无	无条件操作

有时，条件指令中会出现多重条件，例如：

```
BC  pmad, cond[ ,cond[ ,cond]]
```

当这条指令的所有条件都得到满足时，程序才能转移到 pmad。不是所有的条件都能构成多重条件，构成多重条件指令的某些条件的组合见表 4.5。在表 4.5 中，条件算符分成两组，每组组内又分成两类或 3 类，可以从第 1 组或第 2 组中选择多重条件组合。

第 1 组：可以从 A 类中选择一个条件，同时可以从 B 类中选择一个条件，但是不能从同一类中选择两个条件。另外，两种条件测试的累加器必须是同一个。例如，可以同时测试 AGT 和 AOV，但不能同时测试 AGT 和 BOV。

第 2 组：可以在 A、B、C 这 3 类中各选择一个条件，但不能从同一类中选择两个条件。例如，能够同时测试 TC、C 和 BIO，但是不能同时测试 NTC、C 和 NC。

表 4.5　多重条件指令中的条件组合

第 1 组		第 2 组		
A 类	B 类	A 类	B 类	C 类
EQ	OV	TC	C	BIO
NEQ	NOV	NTC	NC	NBIO
LT				
LEQ				
GT				
GEQ				

1. 分支程序

根据条件判断改写 PC 值，使程序发生分支转移。C54x 的分支转移操作有两种形式：有条件分支转移和无条件转移，两者都可以带延迟操作（助记符指令带后缀 D）和不带延迟操作。常用的分支转移指令有 B[D]、BACC[D]、BC[D]、BANZ[D]。

合理地设计延迟转移指令，可以提高程序的效率。应当注意，紧跟在延迟指令后面的两个字，不能是造成 PC 不连续的指令（如分支转移、调用、返回或软件中断指令）。

【例 4.9】 条件分支转移指令 BC 举例。

        BC new, AGT, AOV   ；若累加器 A > 0 且溢出,则转至 new,否则往下执行

单条指令中的多个条件是“与”的关系。如果需要两个条件相“或”,则只能写成两条指令。如上一条指令改为“若累加器 A > 0 或溢出,则转移至 new”,可以写成如下两条指令:

```
BC    new, AGT
BC    new, AOV
```

在程序设计时,经常需要重复执行某一段程序。利用 BANZ（当辅助寄存器不为 0 时转移）指令进行循环计数和操作是十分方便的。

【例 4.10】 利用 BANZ 指令进行循环计数举例。计算 $y = \sum_{i=1}^{5} x_i$。

主要程序（部分）如下:

```
     .bss   x, 5              ;为变量分配 6 个字的存储空间
     .bss   y, 1
     STM    #x, AR1           ;AR1 指向 x
     STM    #4, AR2           ;设 AR2 初值为 4
     LD     #0, A
loop:ADD    *AR1 +, A         ;x + A→A , AR1 = AR1 + 1
     BANZ   loop, *AR2 -      ;当 AR2 不为 0 时转移,AR2 -1→AR2
     STL    A, @ y
```

本例中用 AR2 作为循环计数器,设初值为 4,共执行 5 次加法。也就是说,应当用迭代次数减 1 后再加载循环计数器。

2. 调用与返回程序

与分支转移类似,当调用子程序或函数时,DSP 就会中断原先的程序,转移到程序存储器的其他地址继续运行。调用时,下条指令的地址被压入堆栈,以便返回时将这个地址弹出至 PC,使中断的程序继续执行。C54x 的调用与返回都有两种形式:无条件调用与返回、有条件调用与返回。两者都可以带延迟和不带延迟操作。常用的调用与返回指令有 CALL[D]、CALA[D]、RET[D]、CC[D]、RC[D]。

下面先介绍堆栈的使用。C54x 提供一个用 16 位堆栈指针（SP）寻址的软件堆栈。堆栈是一个特殊的存储区域,一般设置在数据存储区,如图 4.5 所示。

如果程序中要用到堆栈,必须先进行设置,方法如下:

```
size    .set      100
stack   .usect    "STK", size
        STM       #stack + size, SP
```

上述语句是在数据 RAM 空间开辟的一个堆栈区。前 2 句是在数据 RAM 中自定义的一个名为 STK 的保留空间,共 100 个单元。第 3 句是将这个保留空间的高地址（#stack + size）赋给 SP,作为栈底,自定义的未初始化段 STK 究竟定位在数据 RAM 中的什么位置,应当在链接器伪指令文件中规定。

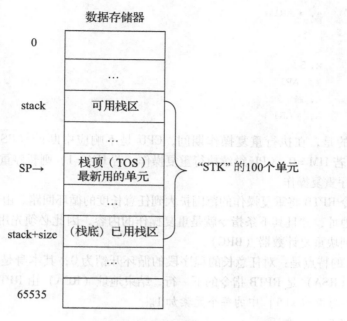

图 4.5 堆栈示意图

堆栈操作遵循先进后出的原则，当向堆栈中压入数据时，堆栈从高地址向低地址增长，堆栈指针 SP 始终指向栈顶。堆栈用法如下。

- 压入操作：SP 先减 1，然后将数据压入栈顶；
- 弹出操作：数据弹出后，再将 SP 加 1。

设置堆栈之后，就可以使用堆栈了。例如：

```
CALL    pmad      ;(SP)-1→SP,(PC)+2→TOS,pmad→PC
RET               ;(TOS)→PC,(SP)+1→SP
```

3. 重复操作

C54x 有 3 条重复操作指令：RPT（重复下条指令）、RPTZ（累加器清 0 并重复下条指令）及 RPTB（块重复指令）。利用这些指令进行循环比用 BANZ 指令要快得多。

（1）重复执行单条指令

重复指令 RPT 或 RPTZ 允许重复执行紧随其后的那一条指令。如果要重复执行 n 次，则重复指令中应规定计数值为 $n-1$。由于要重复的指令只需要取指一次，与使用 BANZ 指令进行循环相比，效率要高得多。特别是对于那些进行乘法累加和数据传送的多周期指令（如 MAC、MVDK、MVDP 和 MVPD 等），在执行一次之后就变成了单周期指令，大大提高了运行速度。

【例 4.11】 对一个数组进行初始化：x[5] = {0, 0, 0, 0, 0}。

主要程序（部分）如下：

```
.bss    x,5
STM     #x,AR1      ;AR1 指向 x
LD      #0,A
RPT     #4          ;重复执行下条指令 5 次
```

```
        STL      A, * AR1 +
```
或者
```
        .bss      x, 5
        STM      #x, AR1
        RPTZ     A, #4
        STL      A, * AR1 +
```

应当指出的是，在执行重复操作期间，CPU 是不响应中断的（$\overline{RS}$ 除外）。当 C54x 响应 HOLD 信号时，若 HM = 0，CPU 继续执行重复操作；若 HM = 1，则暂停重复操作。

（2）块程序重复操作

块重复指令 RPTB 将重复操作的范围扩大到任意长度的循环回路。由于 RPTB 的操作数是循环回路的结束地址，并且其下条指令就是重复操作的内容，因此必须先用 STM 指令将所规定的迭代次数加载到块重复计数器（BRC）。

RPTB 指令的特点是：对任意长的程序段的循环开销为 0；其本身是一条 2 字 4 周期指令；循环开始地址（RSA）是 RPTB 指令的下一行，结束地址（REA）由 RPTB 指令的操作数规定。

【例 4.12】 对数组 x[5] 中的每个元素加 1。

主要程序（部分）如下：

```
        .bss       x, 5
begin:  LD       #1, 16, B
        STM      #4, BRC         ;块重复计数器 BRC 赋值为 4
        STM      #x, AR4
        RPTB     next - 1        ;next - 1 为循环结束地址
        ADD      * AR4, 16, B, A ;x + 1→A
        STH      A, * AR4 +      ;A→x, AR4 = AR4 + 1
next:   LD       #0, B
        ...
```

在本例中，用 next - 1 作为结束地址是恰当的。如果用循环回路中最后一条指令（STH 指令）的标号作为结束地址，此时最后一条指令是单字指令也可以，若是双字指令就不对了。

与 RPTB 指令相比，RPT 指令一旦执行，就不会停止操作，即使有中断请求也不响应；而 RPTB 指令是可以响应中断的，这一点在程序设计时需要注意。

（3）循环的嵌套

执行 RPT 指令时要用到 RC 寄存器（重复计数器）；执行 RPTB 指令时要用到 BRC、RSA 和 RSE 寄存器。由于两者用了不同的寄存器，因此 RPT 指令可以嵌套在 RPTB 指令中来实现循环的嵌套。当然，只要保存好有关的寄存器，RPTB 指令也可嵌套在另一条 RPTB 指令中，但效率并不高。

图 4.6 所示是一个三重循环嵌套结构，内层、中层和外层三重循环分别采用 RPT、RPTB 和 BANZ 指令，重复执行 N、M 和 L 次。

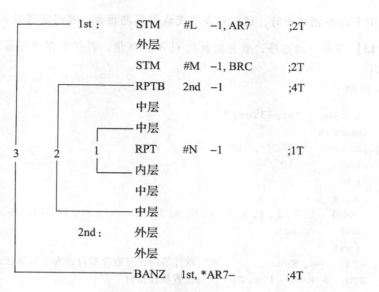

图 4.6 三重循环嵌套结构

上述三重嵌套循环的开销见表 4.6。

表 4.6 三重嵌套循环的开销

循　环	指　令	开销（机器周期数）
1（内层）	RPT	1
2（中层）	RPTB	4＋2（加载 BRC）
3（外层）	BANZ	4N＋2（加载 AR）

4.4.2 数据块传送程序

C54x 有 10 条数据传送指令（参见第 3 章的"其他装入和存储指令"部分），共有 4 种类型。

（1）程序存储器⟷数据存储器（MVPD、MVDP）

重复执行 MVPD 指令，实现程序存储器至数据存储器的数据传送，在系统初始化过程中是很有用的。这样，就可以使数据表格与文本一道驻留在程序存储器中，复位后将数据表格传送到数据存储器，从而不需要配置数据 ROM，使系统的成本降低。

（2）数据存储器⟷数据存储器（MVDK、MVKD、MVDD）

在数字信号处理（如 FFT）时，经常需要将数据存储器中的一批数据传送到存储器的另一个地址空间，上述指令可实现数据块的搬移。

（3）数据存储器⟷MMR（MVMD、MVDM、MVMM）

（4）程序存储器（由 ACC 寻址）⟷数据存储器（READA、WRITA）

这些指令的特点如下：

- 传送速度比装入指令（LD）和存储指令（ST）要快；
- 传送数据不需要通过累加器；
- 可以寻址程序存储器；

- 与 RPT 指令相结合时，这些指令都变成单周期指令，可以实现数据块传送。

【例 4.13】编写一段程序，首先对数组 x[20] 赋值，再将数据存储器中的数组 x[20] 复制到数组 y[20]。

程序如下：

```
        .title    "exp13.asm"
        .mmregs
STACK   .usect    "STACK",30H
        .bss      x,20
        .bss      y,20
        .data
table:  .word     1,2,3,4,5,6,7,8,9,10,11,12,13,14,15,16,17,18,19,20
        .def      start
        .text
start:  STM       #0,SWWSR            ;软件等待状态寄存器设置为不等待状态
        STM       #STACK+30H,SP       ;设置堆栈指针
        STM       #x,AR1
        RPT       #19
        MVPD      table,*AR1+         ;程序存储器传送到数据存储器
        STM       #x,AR2
        STM       #y,AR3
        RPT       #19
        MVDD      *AR2+,*AR3+         ;数据存储器传送到数据存储器
end:    B         end
        .end
```

/exp13.cmd* /链接命令

```
vectors.obj
exp13.obj
-o exp13.out
-m exp13.map
-e start
MEMORY
{
  PAGE 0:
      EPROM:  org=0E000H   len=01F80H
      VECS:   org=0FF80H   len=00080H
  PAGE 1:
      SPRAM:  org=00060H   len=00030H
      DARAM:  org=00090H   len=01380H
}
SECTIONS
{
        .vectors:    > VECS     PAGE 0
        .text:       > EPROM    PAGE 0
        .data:       > EPROM    PAGE 0
        .bss:        > SPRAM    PAGE 1
        .STACK:      > DARAM    PAGE 1
}
```

本例经汇编、链接后，实现 20 个数据先从程序存储器 EPROM 的 E000H ~ E013H 单元传送到数据存储器 SPRAM 的 0060H ~ 0073H 单元，实现数据的初始化，再从 0060H ~ 0073H 单元传送到 0074H ~ 0087H 单元，实现数据搬移，示意图如图 4.7 所示。

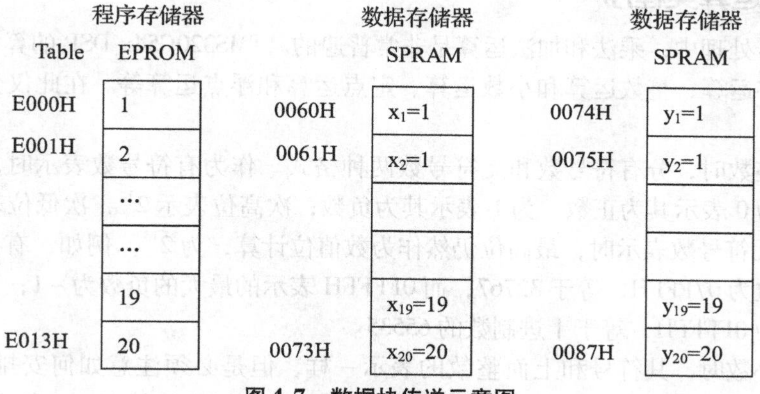

图 4.7　数据块传送示意图

本程序在 CCS 3.3 环境下运行。

经查看 MEMORY，EPROM 的 E000H ~ E013H 单元结果如图 4.8 所示（注意实际看到的将是十六进制数）。

0x0000E000	table, .data, __data		
0x0000E000	0x0001	0x0002	0x0003
0x0000E003	0x0004	0x0005	0x0006
0x0000E006	0x0007	0x0008	0x0009
0x0000E009	0x000A	0x000B	0x000C
0x0000E00C	0x000D	0x000E	0x000F
0x0000E00F	0x0010	0x0011	0x0012
0x0000E012	0x0013	0x0014	
0x0000E014	$xiugai2.asm:10:20$, __eda		

图 4.8　EPROM 的 E000H ~ E013H 单元结果

经查看 MEMORY，SPRAM 的 0060H ~ 0073H 单元和 0074H ~ 0087H 单元结果如图 4.9 所示。

0x00000060	x, __bss, .bss		
0x00000060	0x0001	0x0002	0x0003
0x00000063	0x0004	0x0005	0x0006
0x00000066	0x0007	0x0008	0x0009
0x00000069	0x000A	0x000B	0x000C
0x0000006C	0x000D	0x000E	0x000F
0x0000006F	0x0010	0x0011	0x0012
0x00000072	0x0013	0x0014	
0x00000074	y		
0x00000074	0x0001	0x0002	0x0003
0x00000077	0x0004	0x0005	0x0006
0x0000007A	0x0007	0x0008	0x0009
0x0000007D	0x000A	0x000B	0x000C
0x00000080	0x000D	0x000E	0x000F
0x00000083	0x0010	0x0011	0x0012
0x00000086	0x0013	0x0014	

图 4.9　SPRAM 的 0060H ~ 0073H 单元结果

从上述结果可以看出，正确实现了指定存储器位置的数据搬移任务。

4.4.3　算术运算类程序

在数字信号处理中，乘法和加法运算是非常普遍的。TMS320C54x DSP 的算术运算一般分为单字运算和长字运算、整数运算和小数运算、定点运算和浮点运算等。在此仅介绍常用的几种运算。

DSP 表示整数时，分有符号数和无符号数两种格式。作为有符号数表示时，其最高位表示符号，最高位为 0 表示其为正数，为 1 表示其为负数；次高位表示 2^{14}，次低位表示 2^1，最低位表示 2^0。作为无符号数表示时，最高位仍然作为数值位计算，为 2^{15}。例如，有符号数所能够表示的最大的正数为 07FFFH，等于 32767，而 0FFFFH 表示的最大的负数为 -1；无符号数能够表示的最大的数为 0FFFFH，等于十进制数的 65535。

DSP 表示小数时，其符号和上面整数的表示一样，但是必须注意如何安排小数点的位置。原则上，小数点的位置可以根据程序员的爱好安排，为了便于数据处理，一般安排在最高位后，最高位表示符号位，次高位表示 2^{-1}（即 0.5），然后是 2^{-2}（即 0.25），依次减少一半。

1. 单字运算

下面举例介绍实现单字（16 位）定点整数的加、减、乘、除运算。

【例 4.14】试编一程序，计算 $y = \sum\limits_{i=1}^{4} a_i x_i$ 的值，并找出 4 项乘积 $a_i x_i$（$i = 1, 2, 3, 4$）中的最大值，放入累加器 A 中。

程序如下：

```
        .title      "exp14.asm"
        .mmregs
STACK   .usect      "STACK",10H         ;堆栈的设置
        .bss        a,4                 ;为变量分配 10 个字的存储空间
        .bss        x,4
        .bss        y1,1
        .bss        y2,1
        .def        start
        .data
table:  .word       1,5,3,4
        .word       8,6,7,2
        .text
start:  STM         #0,SWWSR            ;插入 0 个等待状态
        STM         #STACK+10H,SP       ;设置堆栈指针
        STM         #a,AR1
        RPT         #7
        MVPD        table,*AR1+
        CALL        SUM                 ;调用乘累加子程序
        CALL        MAX                 ;调用求最大值子程序
end:    B           end
SUM:    STM         #a,AR3
        STM         #x,AR4
```

```
            RPTZ        A, #3
            MAC         *AR3 +, *AR4 +, A
            STL         A, @ y1                  ;变量 y1 存放乘累加的值
            RET
    MAX:    STM         #a, AR1
            STM         #x, AR2
            STM         #2, AR3
            LD          *AR1 +, T
            MPY         *AR2 +, A                ;第一个乘积在累加器 A 中
    loop:   LD          *AR1 +, T
            MPY         *AR2 +, B                ;其他乘积在累加器 B 中
            MAX         A                        ;累加器 A 和 B 比较,选大的存放在 A 中
            BANZ        loop, *AR3 -             ;此循环中共进行 3 次乘法和比较
            STL         A, @ y2                  ;变量 y2 存放 $a_i x_i$ 的最大值
            RET
            .end
```

　　假设 .bss 伪指令为变量 a、x 和 y 分配了 10 个字的存储空间,以数据存储器的 0060H 为起始地址。本程序在 CCS 3.3 环境下进行计算,经查看,SPRAM 的 0060H ~ 006DH 单元结果如图 4.10 所示。

```
0x00000060    .bss, a, __bss
0x00000060    0x0001    0x0005    0x0003
0x00000063    0x0004
0x00000064    x
0x00000064    0x0008    0x0006    0x0007
0x00000067    0x0002
0x00000068    y1
0x00000068    0x0043
0x00000069    y2
0x00000069    0x001E
0x0000006A    STACK, __end, end
0x0000006A    0x0000    0x0000    0x0000
0x0000006D    0x0000    0x0000    0x0000
```

图 4.10　SPRAM 的 0060H ~ 006DH 单元结果

　　从上述结果可以看出,十进制的乘累加值 y1 = 67 (43H),最大值 y2 = 30 (1EH),说明正确实现了指定的计算任务。

　　【例 4.15】 实现 16 位定点加减法、16 位定点乘法、16 位定点整数除法的程序。

```
            .title "exp15.asm"
            .mmregs
            .def start
            .def _c_int00
    DAT0    .set60EH
    DAT1    .set61H
    DAT2    .set62H
    DAT3    .set63H
            .text
```

```
ADD3        .macro P1,P2,P3,ADDRP       ;三数相加宏定义: ADDRP = P1 + P2 + P3
            LD P1,A
            ADD P2,A
            ADD P3,A
            STL A,ADDRP
            .endm
            _c_int00:
            B start
start:      LD #000h,DP                 ;置数据页指针
            STM #1000h,SP               ;置堆栈指针
            SSBX INTM                   ;禁止中断
bk0:        ST #0012h,DAT0
            LD #0023h,A
            ADD DAT0,A                  ;加法操作: A = A + DAT0
            NOP
bk1:        ST #0054h,DAT0
            LD #0002h,A
            SUB DAT0,A                  ;减法操作: A = A - DAT0
            NOP
bk2:        ST #0345h,DAT0
            STM #0002h,T
            MPY DAT0,A                  ;乘法操作: A = DAT0 * T
            NOP
bk3:        ST #1000h,DAT0
            ST #0041h,DAT1
            RSBX SXM                    ;无符号除法操作: DAT0 ÷ DAT1
            LD DAT0,A
            RPT #15
            SUBC DAT1,A
            STL A,DAT2
            STH A,DAT3                  ;结果: 商在 DAT2;余数在 DAT3
            NOP
bk4:        ST #0333h,DAT0
            SQUR DAT0,A                 ;平方操作: A = DAT0 * DAT0
            NOP
bk5:        ST #0034h,DAT0
            ST #0243h,DAT1
            ST #1230h,DAT2
            ADD3 DAT0,DAT1,DAT2,DAT3    ;宏调用: DAT3 = DAT0 + DAT1 + DAT2
            NOP
            .end
```

程序执行时, 可在 NOP 指令处加断点, 当执行到这条加了断点的语句时, 程序将自动暂停。可以通过"存储器窗口"或"寄存器窗口"检查计算结果(十六进制数)。程序运行结果如下。

加法: 寄存器 A 的内容为 0000000035H。

减法: 寄存器 A 的内容为 FFFFFFFFAEH。

乘法：寄存器 A 的内容为 000000068AH。

除法：商在 DAT2 = 003FH；余数在 DAT3 = 0001H。

二次方：寄存器 A 的内容为 00000A3C29H。

三数相加宏调用：DAT3 = 14A7H。

2. 长字运算

TMS320C54x 可以利用长操作数（32 位）进行长字运算。长字指令如下：

- 长字运算指令 DADD、DSUB、DRSUB 等；
- 长字存储和装入指令 DST、DLD。

除 DST 指令（存储 32 位数要用 E 总线两次，需要两个机器周期）外，其余都是单字单周期指令，也就是在单个周期内同时利用 C 总线和 D 总线来得到 32 位操作数。

长操作数指令中涉及高 16 位和低 16 位操作数在存储器中的排序问题。因为按指令给出的地址存取的总是高 16 位操作数，所以就有两种数据排列方法。这里推荐采用偶地址排列法，即将高 16 位操作数放在偶地址存储单元中。编写汇编语言程序时，应注意将高位字放在数据存储器的偶地址单元。

下面以 32 位乘法运算为例介绍长字运算。在 C54x 指令中，仅提供了 16×16 位乘法指令，没有 32×32 位乘法指令。32 位乘法只能利用 16 位乘法指令完成。

设 X_{32} 为长字：高 16 位 X1 为带符号数，低 16 位 X0 为无符号数。设 Y_{32} 为长字：高 16 位 Y1 为带符号数，低 16 位 Y0 为无符号数。进行如下计算。

```
              X1   X0                      S   U
          ×   Y1   Y0                  ×   S   U
         --------------                 --------------
              X0 × Y0                      U × U
         Y1 × X0                           S × U
         X1 × Y0                           S × U
    Y1 × X1                           S × S
    --------------                    --------------
    W3   W2   W1   W0                  S   U   U   U
```

其中，S——带符号数，U——无符号数。

一般的乘法运算是两个带符号数相乘，即 S×S。但由以上算式可见，在 32 位乘法运算中，实际上包括 3 种乘法运算：U×U，S×U 及 S×S。所以，在编程时用到以下 3 条乘法指令。

```
U×U: MPYU Smem, dst          ; dst = U( T) * U(Smem)
S×U: MACSU Xmem, Ymem, Src   ; Src = S (Xmem) * U (Ymem) + Src
S×S: MAC Xmem, Ymem,Src      ; Src = S(Xmem) * S(Ymem) + Src
```

乘积最后共 64 位，在 W_{64} 中，最低的 16 位直接放入 W0，高 16 位参与高字的运算，如 A≫16位。

【例 4.16】编写计算 $W_{64} = X_{32} × Y_{32}$ 的程序。

```
        .title      "exp16.asm"
        .mmregs
STACK   .usect      "STACK",10H
        .bss        x,2                  ;32 位占 2 字空间
```

```
                .bss        y,2              ;32 位占 2 字空间
                .bss        w0,1
                .bss        w1,1
                .bss        w2,1
                .bss        w3,1
                .def        start
                .data
table:  .word       10,20,30,40
                .text
start:  STM         #0,SWWSR
                STM         #STACK+10H,SP
                STM         #x,AR1
                RPT         #3
                MVPD        table,*AR1+
                STM         #x,AR2
                STM         #y,AR3
                LD          *AR2,T           ;T=x0
                MPYU        *AR3+,A          ;A=x0×y0 (U×U)
                STL         A,@w0            ;w0=x0×y0
                LD          A,-16,A          ;A 右移 16 位,A 高位→A 低位
                MACSU       *AR2+,*AR3-,A    ;A+=y1×x0(S×U)
                MACSU       *AR3+,*AR2,A     ;A+=x1×y0(S×U)
                STL         A,@w1            ;w1=A
                LD          A,-16,A          ;A 右移 16 位,A 高位→A 低位
                MAC         *AR3,*AR2,A      ;A+=x1×y1(S×S)
                STL         A,@w2            ;w2=A 的低 16 位
                STH         A,@w3            ;w3=A 的高 16 位
End:    B           end
                .end
```

设数据存储器起始地址为 0061H。数据存储和计算结果如图 4.11 所示。

图 4.11   数据存储和计算结果示意图

3. 小数运算

两个 16 位整数相乘,乘积总是"向左增长"的。这意味着多次相乘后乘积将会很快超出定点器件的数据范围。另外,要将 32 位乘积保存到数据存储器,就要开销两个机器周期以及两个字的 RAM 单元。更坏的是,由于乘法器都是 16 位相乘的,因此很难在后续的递推运算中将 32

位乘积作为乘法器的输入。

两个小数相乘，乘积总是"向右增长"的。这就意味着超出定点器件数据范围的将是不太感兴趣的部分。在小数乘法的情况下，既可存储 32 位乘积，也可以存储高 16 位乘积，这就允许用较少的资源保存结果，也可以用于递推运算。这就是为什么定点 DSP 芯片都采用小数乘法的原因。

(1) 小数的表示方法

TMS320C54x 采用 2 的补码表示小数，其最高位为符号位，数值范围从 $-1 \sim +1$。一个 16 位 2 的补码小数（Q15 格式）的每一位的权值为：

MSB		...		LSB
0/1（符号位）.	2^{-1}	2^{-2}	...	2^{-15}

用十进制小数的 2 的补码表示，可由十进制小数乘以 32768，再将其十进制整数部分转换成十六进制数。

$$
\begin{array}{lll}
-1: & |-1| \times 32768 \text{ 再求反 } +1 & 8000\text{H} \\
-0.5: & |-0.5| \times 32768 \text{ 再求反 } +1 & \text{C000H} \\
0: & \rightarrow & 0000\text{H} \\
0.5: & 0.5 \times 32768 & 4000\text{H} \\
1: & 1 \times 32768 & 7\text{FFFH}
\end{array}
$$

在汇编语言程序中，是不能直接写入十进制小数的。若要定义一个系数 0.123，可写成 . Word $32768 * 123 / 1000$。

(2) 小数乘法中的冗余符号位

两个带符号小数相乘，将出现得到的积带有两位符号位的问题。先看一个小数乘法的例子（假设字长为 4 位，累加器为 8 位）：

$$
\begin{array}{rl}
0\ 1\ 0\ 0 & (0.5) \\
\times\ 1\ 1\ 0\ 1 & (-0.375) \\
\hline
0\ 1\ 0\ 0 & \\
0\ 0\ 0\ 0 & \\
0\ 1\ 0\ 0 & \\
1\ 1\ 0\ 0 & (-0100) \\
\hline
1\ 1\ 1\ 0\ 1\ 0\ 0 & (-0.1875)
\end{array}
$$

上述乘积是 7 位，当将其送到累加器时，为保持乘积的符号，必须进行符号位扩展，这样，累加器中的值为 11110100（ -0.09375 ），出现了冗余符号位。原因是：

$$
\begin{array}{rl}
\text{S x x x} & (\text{Q3 格式}) \\
\times\ \text{S y y y} & (\text{Q3 格式}) \\
\hline
\text{S S z z z z z z} & (\text{Q6 格式})
\end{array}
$$

也就是说，两个带符号数相乘，得到的乘积带有两个符号，造成错误的结果。

（3）解决冗余符号位的办法

在程序中设定状态寄存器 ST1 中的 FRCT（小数方式）位为 1，在乘法器中将结果传送至累加器时就能自动地左移一位，累加器中的结果为 Szzzzzz0（Q7 格式），即 11101000（-0.1875），自动地消去了两个带符号数相乘时产生的冗余符号位，所以在小数乘法编程时，应当先设置 FRCT 位，设置方法如下：

```
SSBX    FRCT
MPY     * AR2, * AR3, A
STH     A, @ Z
```

这样，C54x 就完成了 Q15 × Q15 = Q15 的小数乘法。

【例 4.17】 编制计算 $y = \sum_{i=1}^{4} a_i x_i$ 的程序段，其中的数据均为小数：

$$a_1 = 0.1 \quad a_2 = 0.2 \quad a_3 = -0.3 \quad a_4 = 0.4$$
$$x_1 = 0.8 \quad x_2 = 0.6 \quad x_3 = -0.4 \quad x_4 = -0.2$$

小数运算程序如下：

```
        .title      "exp17.asm"
        .mmregs
STACK   .usect      "STACK",10H
        .bss        a,4
        .bss        x,4
        .bss        y,1
        .data
table:  .word       1 *32768/10
        .word       2 *32768/10
        .word       -3 *32768/10
        .word       4 *32768/10
        .word       8 *32768/10
        .word       6 *32768/10
        .word       -4 *32768/10
        .word       -2 *32768/10
        .text
start:  SSBX        FRCT            ;小数方式位 FRCT =1,结果自动左移一位
        STM         #a, AR1
        RPT         #7
        MVPD        table, * AR1 +
        STM         #x, AR2
        STM         #a, AR3
        RPTZ        A, #3
        MAC         * AR2 +, * AR3 +, A
        STH         A, @ y
end:    B           end
        .end
```

本程序在 CCS 3.3 环境下运行，经查看，SPRAM 的 0060H ~ 006CH 单元结果如图 4.12 所示。

```
0x00000060    a, __bss, .bss
0x00000060    0x0CCC        0x1999        0xD99A
0x00000063    0x3333
0x00000064    x
0x00000064    0x6666        0x4CCC        0xCCCD
0x00000067    0xE667
0x00000068    y
0x00000068    0x1EB7
0x00000069    STACK, __end, end
0x00000069    0x0000        0x0000        0x0000
0x0000006C    0x0000        0x0000        0x0000
```

图 4.12　SPRAM 的 0060H～006CH 单元结果

注意，结果中的数据用十进制小数的 2 的补码表示，再将其十进制整数部分转换成十六进制数。

计算结果 y = 1eb7H = 0.24，说明计算结果正确。

4. 双操作数乘法

TMS320C54x 片内的多总线结构，允许在一个机器周期内通过两个 16 位数据总线（C 总线和 D 总线）寻址两个数据和系数，如图 4.13 所示。

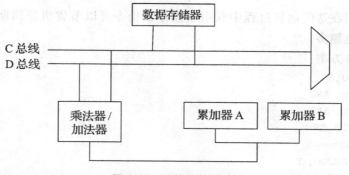

图 4.13　双操作数乘法

如果要求 y = mx + b，单操作数方法和双操作数方法分别如下。

单操作数方法：

```
LD      @ m, T
MPY     @ x, A
ADD     @ b, A
STL     A, @ y
```

双操作数方法：

```
MPY     *AR2, *AR3, A
ADD     @ b, A
STL     A, @ y
```

双操作数 MAC 形式的指令有 4 种，见表 4.7。注意，MACP 指令与其他 3 种指令不同，它规定了一个程序存储器的绝对地址，而不是 Ymem。因此，这条指令就多一个字（双字指令），执行时间也长（需 3 个机器周期）。

表 4.7　双操作数 MAC 形式的指令

指　　　令	功　　　能
MPY　　Xmem, Ymem, dst	dst = Xmem ＊ Ymem
MAC　　Xmem, Ymem, src [, dst]	dst = src + Xmem ＊ Ymem
MAS　　Xmem, Ymem, src [, dst]	dst = src − Xmem ＊ Ymem
MACP　　Smem, Pmad, src [, dst]	dst = src + Smem ＊ Pmad

表 4.7 中，Smem 表示数据存储器地址；Pmad 表示 16 位立即数程序存储器地址；Xmem、Ymem 表示双操作数数据存储器地址。

用双操作数指令编程的特点为：

- 对于 Xmem 和 Ymem，只能用间接寻址方式获得操作数。寻址方式为 ＊ARn、＊ARn＋、＊ARn −、＊ARn ＋0%。辅助寄存器只能用 AR2 ~ AR5。
- 占用的程序空间小。
- 运行的速度快。

【例 4.18】 编制求解 $y = \sum_{i=1}^{20} a_i x_i$ 的程序段。

本例主要说明在迭代运算过程中利用双操作数指令可以节省机器周期。迭代次数越多，节省的机器周期也越多。

单操作数指令方案：

```
      LD      #0,B
      STM     #a,AR2
      STM     #x,AR3
      STM     #19,BRC
      RPTB    done -1
     ┌LD      * AR2 +,T
3 T ┤ MPY     * AR3 +,A
     └ADD     A,B
done: STH     B,@ y
      STL     B,@ y +1
```

双操作数指令方案：

```
      LD      #0,B
      STM     #a,AR2
      STM     #x,AR3
      STM     #19,BRC
      RPTB    done -1
     ┌MPY     * AR2 +, * AR3 +,A
2 T ┤
     └ADD     A,B
done:         STH  B,@ y
      STL     B,@ y +1
```

本例节省的总机器周期数为 20T。若采用上述双操作数指令方案，可比单操作数指令方案节省的总机器周期数 $= 1\mathrm{T} \times N$（迭代次数）$= N\mathrm{T}$。

【例4.19】进一步优化【例4.18】中求解 $y = \sum_{i=1}^{20} a_i x_i$ 的程序段。

在【例4.18】中，利用双操作数指令进行乘法累加运算，完成 N 项乘积求和需 $2N$ 个机器周期。如果将乘法累加器单元、多总线及硬件循环结合在一起，可以形成一个优化的乘法累加程序。程序（部分）如下：

```
STM    #a, AR2
STM    #x, AR3
RPTZ   A,#19              ;两个机器周期，2T
MAC    *AR2 + , *AR3 + ,A  ;一个机器周期，1T
STH    A,@ y
STL    A,@ y +1
```

本例中，完成一个 N 项乘积求和的操作只需要 $N\mathrm{T} + 2\mathrm{T}$ 个机器周期。

5. 浮点运算

在数字信号处理过程中，为了扩大数据的范围和精度，往往需要采用浮点运算。C54x虽然是个定点 DSP 器件，但它支持浮点运算。

（1）浮点数的表示方法

在 C54x 中，浮点数由尾数和指数两部分组成，它与定点数的关系如下：

$$定点数 = 尾数 \times 2^{(-指数)}$$

浮点数的尾数和指数可正可负，均用补码表示。指数的范围为 $-8 \sim 31$。例如，定点数 0x2000（0.25）用浮点数表示时，尾数为 0x4000（0.5），指数为1，即

$$0.25 = 0.5 \times 2^{-1}$$

（2）定点数转换为浮点数

TMS320C54x 通过 3 条指令就可以将一个定点数转换为浮点数。

①EXP src。

这是一条提取指数的指令，表示计算源累加器 src 的指数值并以二进制补码形式存放于 T 寄存器中。指数值通过计算 src 的冗余符号位数并减 8 得到，冗余符号位数等于去掉 40 位 src 中除符号位以外的有效位后所需左移的位数。累加器 src 中的内容不变。指数的数值范围是 $-8 \sim 31$。

举例： EXP A

举例： EXP B

从以上两例可见，在提取指数时，冗余符号位数是对整个累加器的 40 位而言的，即包括 8 位保护位，这也就是为什么指数值等于冗余符号位数减 8 的道理。

②ST T, EXPONENT。

这条紧接在 EXP 后的指令可将保存在 T 寄存器中的指数存放到数据存储器的指定单元中。

③NORM src [, dst]。

该指令可将 src 中的有符号数左移 T 位，结果存放在 dst 中。若没有指定 dst，则存放在 src 中。该指令常与 EXP 指令结合使用，完成归一化处理。定点数的归一化指通过寻找符号扩展的最高位，将定点数分为尾数和指数两部分。首先 EXP 指令确定移位位数并存放在 T 寄存器中，然后使用 NORM 指令对累加器内容进行移位，实现归一化。

举例：NORM A

举例：NORM B，A

注意：NORM 指令不能紧跟在 EXP 指令的后面。因为 EXP 指令还没有将指数值送至 T，NORM 指令只能按原来的 T 值移位，造成归一化的错误。

（3）浮点数转换为定点数

知道了 C54x 浮点数的定义，就不难将浮点数转换成定点数了。因为浮点数的指数就是归一化时左移（指数为负时是右移）的位数，所以在将浮点数转换成定点数时，只要按指数值将尾数右移（指数为负时是左移）就行了。

【例 4.20】 编写浮点乘法程序，完成 x1 × x2 = 0.3 × (− 0.8) 的运算。要求包括将定点数转换成浮点数，进行浮点乘法运算，将浮点数转换成定点数。

程序中保留 10 个数据存储单元：

x1（被乘数）   e1（被乘数的指数）   m1（被乘数的尾数）
x2（乘数）   e2（乘数的指数）   m2（乘数的尾数）
product（乘积）   ep（乘积的指数）   mp（乘积的尾数）
temp（暂存单元）

程序清单如下：

```
        .title    "exp20.asm"
        .def      start
STACK:  .usect    "STACK",100
        .bss      x1,1
```

```
            .bss        x2,1
            .bss        e1,1
            .bss        m1,1
            .bss        e2,1
            .bss        m2,1
            .bss        ep,1
            .bss        mp,1
            .bss        product,1
            .bss        temp,1
            .data
table:      .word       3 * 32768 /10
            .wotd       -8 * 32768 /10
            .text
start:  STM     #STACK +100,SP      ;设置堆栈指针 SP
        MVPD    table,@ x1          ;将 x1 和 x2 传送至数据存储器
        MVPD    table +1,@ x2
        LD      @ x1,16,A           ;将 x1 规格化为浮点数
        EXP     A
        ST      T,@ e1              ;保存 x1 的指数
        NORM    A
        STH     A,@ m1              ;保存 x1 的尾数
        LD      @ x2,16,A           ;将 x2 规格化为浮点数
        EXP     A
        ST      T,@ e2              ;保存 x2 的指数
        NORM    A
        STH     A,@ m2              ;保存 x2 的尾数
        CALL    MULT                ;调用浮点乘法子程序
done:   B       done
MULT:   SSBX    FRCT
        SSBX    SXM
        LD      @ e1,A              ;指数相加
        ADD     @ e2,A
        STL     A,@ ep              ;乘积指数→ep
        LD      @ m1,T              ;尾数相乘
        MPY     @ m2,A              ;乘积尾数在累加器 A 中
        EXP     A                   ;对尾数乘积规格化
        ST      T,@ temp            ;规格化时产生的指数→temp
        NORM A
        STH     A,@ mp              ;保存乘积尾数→mp
        LD      @ temp,A            ;修正乘积指数
        ADD     @ ep,A              ;(ep) +(temp) →A
        STL     A,@ ep              ;保存乘积指数→ep
        NEG     A                   ;将浮点乘积转换成定点数
        STL     A,@ temp            ;乘积指数反号,并加载到 T 寄存器
        LD      @ temp,T
        LD      @ mp,16,A           ;再将尾数按 T 移位
        NORM  A
        STH     A,@ product         ;保存定点乘积
```

```
        RET
        .end
```

程序执行结果如下：

x1 （2266）　　　　　el （0001）　　　　　m1 （4CCC）

x2 （999A）　　　　　e2 （0000）　　　　　m2 （999A）

product （E148）　　　ep （0002）　　　　　mp （8520）

temp （FFFE）

最后得到 0.3 × （ - 0.8） 乘积的浮点数：尾数 0x8520，指数 0x0002。

乘积的定点数为 0xE148，对应的十进制数等于 - 0.23999。

4.5　DSP 的 C 语言程序设计

前面介绍的汇编语言程序具有编程效率高、硬件定时准确等优点，但是程序不够直观，设计周期较长，而且可移植性和可维护性差 。而用 C 语言开发的 DSP 程序不仅能使 DSP 开发的速度大大加快，而且开发出来的 DSP 程序的可读性和可移植性都大大增加，程序的修改也极为方便。

由 DSP 厂商及第三方为 DSP 提供 C 编译器，使得采用高级语言开发 DSP 软件成为可能。TI 公司的 CCS 提供了优化的 C 编译器，优化后的 C 编译器的代码效率只比汇编语言低10% ~ 20%，并且 DSP 的 C 编译器还在不断优化。此外，TI 公司还提供了 DSPLB 和 rts. lib 等辅助的函数库，使开发人员能够直接使用 rfft、fir 及一些文件存取函数等特殊函数，从而大大减少了开发人员的工作量。

4.5.1　DSP 中 C 语言的特性

1. TMS320C54x C/C + +编译器支持的数据类型 （Data Types）

TMS320C54x DSP 支持的数据类型很丰富，包括字符型、短整型、整型、长整型、枚举型、浮点型、双精度浮点型、数据指针及程序指针。表4.8 列出了 TMS320C54x C/C + +编译器支持的数据类型的字长、表示意义和表示范围。在 C 语言开发的过程中，采用合适的数据类型对于系统的正确运行有着极为重要的意义。

表 4.8　TMS320C54x C/C + +编译器支持的数据类型

数据类型	字长	表示意义	最小值	最大值
signed char （有符号字符型）	16	ASC ‖	- 32768	32767
unsigned char, char （无符号字符型）	16	ASC ‖	0	65535
short, signed short （有符号短整型）	16	二进制补码	- 32768	32767
unsigned short （无符号短整型）	16	二进制	0	65535

（续）

数据类型	字长	表示意义	最小值	最大值
int，signed int（有符号整型）	16	二进制补码	− 32768	32767
unsigned int（无符号整型）	16	二进制	0	65535
long，signed long（有符号长整型）	32	二进制补码	− 2147483648	2147483647
unsigned long（无符号长整型）	32	二进制	0	4294967295
enum（枚举型）	16	二进制补码	− 32768	32767
float（浮点型）	32	IEEE − 32bit	1. 175494e − 38	3. 40282346e + 38
double（双精度浮点型）	32	IEEE − 32bit	1. 175494e − 38	3. 40282346e + 38
long double（长双精度浮点型）	32	IEEE − 32bit	1. 175494e − 38	3. 40282346e + 38
*（指针类型）	16	IEEE − 32bit	0x0000	0xFFFF

另外，为了简化书写，用户可以自定义数据类型。自定义数据类型使用 typedef 类型说明符。例如，在 CCS 中的 C：\ ti \ c5400 \ dsk5402 \ include \ type. h 头文件中定义了如下的用户自定义数据类型。

typedef	float	f32；	//将浮点型数据定义为 f32
typedef	long	s32；	//将有符号的长整型数据定义为 s32
typedef	int	s16；	//将有符号的整型数据定义为 s16
typedef	unsigned char	u8；	//将无符号的字符型数据定义为 u8
typedef	unsigned int	u16；	//将无符号的整型数据定义为 u16
typedef	unsigned long	u32；	//将无符号的长整型数据定义为 u32

要注意的是，由于 TMS320C54x DSP 是 16 位的处理器，字节长度为 16 位，利用 sizeof 函数返回的对象长度是以 16 位为字节长度的字节数，如 sizeof（int）＝1。

在表 4.8 中可以看到，短整型和整数数据类型是一致的，浮点型、双精度浮点型也是一致的，这是因为 TMS320C54x DSP 的 C 语言编译器是为了适应不同的编程习惯而定义的，所以实际中可以将常用的数据类型进行适当简化，即将短整型、整型统一定义为整型，将各种浮点型统一定义为浮点型。

定义各种数据类型时应注意如下规则：

1）避免设 int 和 long 为相同大小。

2）对定点算法（特别是乘法）尽量使用 int 数据类型。用 long 类型作乘法操作数会导致调用运行时间库（run − time library）的程序。

3）避免设 char 为 8 位或 long 为 64 位。

4）最好使用 int 类型作循环指数变量和其他位数不太重要时的整型变量，因为 int 是对目标系统操作最高效的整数类型，而不管芯片结构如何。

2. C 语言中常量和变量的定义

在 C 语言中，参与数据运算的数据只有常量和变量两种类型。

1）C 语言中常量的定义。

① 使用 const 关键字来定义常量。

例如：const　inta ＝0x01；

② 使用#define 宏定义来定义常量。

例如：#define PI 3. 14

2）C 语言中变量的定义。

① 使用数据类型说明符来定义变量。

例如：unsigned　char m；

② 用户自定义数据类型 f32、s32、s16、u8、u16 和 u32 来定义变量。

例如：u8 m

③ 使用 register 作为关键字定义寄存器变量，变量名只能为 AR1 或 AR6。使用寄存器变量能够减小代码的大小，加快程序的执行速度，一般用在中断服务子程序中。但是使用规则较复杂，一般情况下慎用。

例如：register type AR6 或 register type AR7

3. C 的数据访问方法

1）DSP 片内寄存器的访问规则。在 C 语言中，对 DSP 片内寄存器一般采用指针方式来访问。常采用的方法是将 DSP 片内寄存器地址的列表定义在头文件中（如 reg. h），如下所示：

```
#define    IMR     (volatile unsigned int    * )0x0000
#define    IFR     (volatile unsigned int    * )0x0001
#define    ST0     (volatile unsigned int    * )0x0006
#define    ST1     (volatile unsigned int    * )0x0007
#define    AL      (volatile unsigned int    * )0x0008
#define    AH      (volatile unsigned int    * )0x0009
#define    AG      (volatile unsigned int    * )0x000A
#define    BL      (volatile unsigned int    * )0x000B
#define    BH      (volatile unsigned int    * )0x000C
#define    BG      (volatile unsigned int    * )0x000D
#define    T       (volatile unsigned int    * )0x000E
#define    TRN     (volatile unsigned int    * )0x000F
#define    AR0     (volatile unsigned int    * )0x0010
#define    AR1     (volatile unsigned int    * )0x0011
#define    AR2     (volatile unsigned int    * )0x0012
#define    SP      (volatile unsigned int    * )0x0018
#define    BK      (volatile unsigned int    * )0x0019
#define    BRC     (volatile unsigned int    * )0x001A
#define    RSA     (volatile unsigned int    * )0x001B
#define    REA     (volatile unsigned int    * )0x001C
#define    PMST    (volatile unsigned int    * )0x001D
#define    XPC     (volatile unsigned int    * )0x001E
```

其中，"volatile" 关键字是用来防止 C 编译器对本条语句进行优化的。

在主程序中，若要读出或者写入一个特定点寄存器，就要对相应的指针进行操作。

下面是通过指针操作对 SWWWSR 和 BSCR 进行初始化的代码。

```
#define    SWWSR    (volatile unsigned int    * )0x0028
#define    BSCR     (volatile unsigned int    * )0x0029
int func( )
{
```

```
    ...
    * SWWSR = 0x2000;
    * BSCR = 0x0000;
    ...
}
```

2）DSP 内部和外部存储器的访问规则。同 DSP 片内寄存器的访问方式相类似，对存储器的访问也采用指针方式进行。下面是对内部存储器单元 0x3000 和外部存储器单元 0x8FFF 进行访问的代码。

```
int * data1 = 0x3000;          /*内部存储器单元 */
int * data2 = 0x8FFF;          /*外部存储器单元 */
int func( )
{
    ...
* data1 = 2000;,
* data2 = 0;
    ...
}
```

3）DSP I/O 端口的访问规则。对于 DSP I/O 端口的访问，通过访问 ioport 关键字来实现。此关键字只为 TMS320C54x 系列 DSP 的编译器所识别和使用。定义的形式为：

ioport　type　**port**　hex_ num

其中，ioport 和 port 都是关键字，ioport 表示变量是 I/O 变量，port 表示 I/O 地址；type 表示 I/O 数据类型，必须是字符型、短整型、整型和无符号型 16 位的类型；hex_ num 表示十六进制地址。

下面声明了一个 I/O 变量，地址是 10H，并对 I/O 端口进行读/写操作。

```
ioport unsigned port10;        /* 定义地址为10H 的 I/O 端口变量 * /
int func(20 )
{
    ...
    port10 = 20;               /* 写 I/O 端口,port10 作为一个变量使用 * /
    ...
    b = port10;                /* 读 I/O 端口,port10 作为一个变量使用 * /
    ...
}
```

4.5.2　C54x C 语言的存储器结构

1. C54x C 编译器产生的段

C 编译器对 C 语言进行编译后生成 6 个可以进行重定位的代码和数据段，这些段可以通过不同的方式分配至存储器以满足不同系统配置的需要。这 6 个段可以分为两种类型：已初始化段和未初始化段，见表 4.9。

表 4.9 段定义及段内容

	段名称	段内容
已初始化段	. text	可执行代码和浮点常数
	. cinit	已初始化的全局变量和静态变量列表
	. const	已被初始化的字符串常数、全局常量和静态常量
	. switch	多开关语句的跳转列表
未初始化段	. bss	全局变量和静态变量
	. stack	软件堆栈
	. system	动态存储空间

由表 4.9 可以知道，已初始化段主要包括数据表和可执行代码。

1）. text 段：包含了可执行代码和浮点常数；

2）. cinit 段：包含显式初始化的全局变量和静态变量列表；

例如：int a = 45；

int b [5] = {2, 3, 4, 5, 6}；

static char c = 2；

3）. const 段：包含字符串常数、全局常量和静态常量；

例如：const short d = 8；

4）. switch 段：包含大型 switch 语句的跳转列表。

未始化段用于保留存储器空间，程序利用这些空间在运行时创建和存储变量。C 编译器创建 3 个未初始化段，如下所示。

1）. bss 段：包含了未初始化的全局变量和静态变量；

例如：int i；

float x [20]；

2）. stack 段：定义软件堆栈；

3）. system 段：为动态存储器函数 alloc、calloc、realloc（这些函数由运行支持库提供）分配存储空间。

2. 段的存储定位

一般情况下，. text、. cinit 和 . const 段连同汇编语言中的 . data 段可链入到系统的 ROM 和 RAM 中，而 . bss、. stack 和 . system 段则链入到 RAM 中，具体见表 4.10。

表 4.10 C54x 段的存储器分配表

段名及段的类型		存储器类型	Page 类型
已初始化段	. cinit	ROM 或 RAM	0
	. const	ROM 或 RAM	1
	. text	ROM 或 RAM	0
	. switch	ROM 或 RAM	0

（续）

段名及段的类型		存储器类型	Page 类型
未初始化段	. bss	RAM	1
	. stack	RAM	1
	system	RAM	1
命名段	CODE_ SECTION	ROM 或 RAM	0
	DATA_ SECTION	RAM	1

DSP 编译器支持两种存储器模式：小存储器模式和大存储器模式。小存储器模式是编译器默认的存储器模式，要求 . bss 在 128 个字（一个数据页）范围内；大存储器模式对 . bss 大小没有限制，访问变量时需要首先确定 DP 值，这将增加指令访问周期。

4.5.3　C54x C 语言的 DSP 访问规则

1. 寄存器规则

在 C 环境中定义了严格的寄存器规则。寄存器规则明确了编译器如何使用寄存器，以及在函数的调用过程中如何保护寄存器。调用函数时，某些寄存器不必由调用者来保护，而由被调用函数来保护。如果调用者需要使用没有保护的寄存器，则调用者在调用函数前必须对这些寄存器予以保护。在编写汇编语言和 C 语言的接口程序时，这些规则非常重要。如果编写时不遵守寄存器的使用规则，则 C 环境将会被破坏。

寄存器规则可以概括如下。

1）辅助寄存器 ARl、AR6、AR7 由被调用函数保护，即可以在函数执行过程中修改，但在函数返回时必须恢复。在 C54x DSP 中，编译器将 ARl 和 AR6 用作寄存器变量。其中，AR1 被用作第一个寄存器变量，AR6 被用作第二个寄存器变量，其顺序不能改变。另外的 5 个辅助寄存器 AR0、AR2、AR3、AR4、AR5 则可以自由使用，即在函数执行过程中可以对它们进行修改，不必恢复。

2）堆栈指针 SP 在函数调用时必须予以保护，但这种保护是自动的，即在返回时，压入堆栈的内容都将被弹出。

3）ARP 在函数进入和返回时必须为 0，即当前辅助寄存器必须为 AR0，而函数执行时则可以是其他值。

4）在默认情况下，编译器总认为 OVM 是 0。因此，若在汇编程序中将 OVM 置为 1，则在返回 C 环境时必须将其恢复为 0。

5）其他状态位和寄存器可以任意使用，不必恢复。

2. 函数调用规则

对函数的调用，C 编译器也定义了一组严格的规则。除了特殊的运行支持函数外，任何 C 函数的调用者或者被 C 程序调用的函数都必须遵循这些规则，否则就会破坏 C 环境，造成不可预测的结果。

1）参数传递在函数调用前，将参数逆序压入运行堆栈。所谓逆序，即最右边的参数最先压入栈，然后自右向左将参数依次压入栈，直至第二个参数入栈完毕。对于第一个参数，则不需压入堆栈，而是放入累加器 A 中，由 A 进行传递。若参数是长整型和浮点数，则低位字先压入栈，高位字后压入栈。若参数中有结构，则调用函数先给结构分配空间，而该空间的地址则通过累加器 A 传递给被调用函数。

一个典型的函数调用如图 4.14 所示。在该例中，可以看出，参数传递到函数，同时该函数使用了局部变量并调用另一个函数。第一个参数不由堆栈传递，而是放入累加器 A 中传递（见图 4.14b、图 4.14c）。另外，从这个例子中，我们看到了函数调用时局部帧的产生过程：函数调用时，编译器在运行堆栈中建立一个帧用以存储信息，当前函数帧成为局部帧，C 环境利用局部帧来保护调用者的有关信息、传递参数，并为局部变量分配存储空间。每调用一个函数，就建立一个新的局部帧。局部帧空间的一部分用于分配参数区（局部参数区），被传递的参数放入局部参数区，即压入堆栈，再传递到其他被调用的函数中。

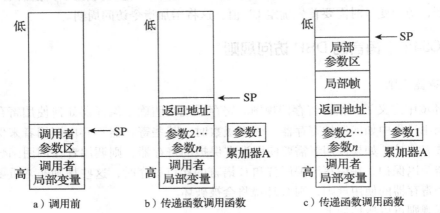

图 4.14　函数调用时堆栈的使用

2）在被调用函数的执行过程中，被调用函数依次执行以下几项任务。

- 如果被调用函数修改了寄存器（如 AR1、AR6、AR7），则必须将它们压栈保护。
- 当被调用函数需分配内存来建立局部变量及参数区时，SP 向低地址移动一个常数（即 SP 减去一个常数），该常数的计算方法如下：

常数 = 局部变量长度 + 参数区中调用其他函数的参数长度

- 被调用函数执行程序。
- 如果被调用函数修改了寄存器 AR1、AR6 和 AR7，则必须予以恢复。将函数的返回值放入累加器 A 中，整数和指针在累加器 A 的低 16 位中返回，浮点数和长整型数在累加器 A 的 32 位中返回。如果函数返回一个结构体，则被调用函数将结构体的内容复制到累加器 A 所指向的存储空间。如果函数没有返回值，则将累加器 A 置 0，撤销为局部帧开辟的存储空间。ARP 在从函数返回时必须为 0，即当前辅助寄存器为 AR0。参数不是由被调用函数弹出堆栈的，而是由调用函数弹出的。
- SP 向高地址移动一个常数（即 SP 加上一个常数），该常数即为图 4.14b 所确定的参数，这样就又恢复了帧和参数区。
- 被调用函数恢复所有保存的寄存器。
- 函数返回。

当 C 程序编译成汇编程序后，上述过程如下。

```
be_called:      ;函数入口
pshm AR6        ;保存 AR6
pshn AR7        ;保存 AR7
frame # -16     ;分配帧和参数区
...             ;函数主体
frame #16       ;恢复原来的帧和参数区
pshm AR7        ;恢复 AR7
pshm AR6        ;恢复 AR6
ret             ;函数返回
```

3）当编译器采用 CPL = 1 的编译模式时，采用直接寻址方式可很容易寻址到参数区和局部变量区。例如：

```
add * SP(6), A ;将 SP + 6 所指单元的内容送累加器 A
```

以上直接寻址方式的最大偏移量为 127，所以当寻址超过 127 时，可以将 SP 值复制到辅助寄存器中（如 AR7），以此代替 SP 进行长偏移寻址。例如：

```
mvmm SP, AR7         ;将 SP 的值送 AR7
...
add * AR7(128), A ;将 AR7 加 128 后所指向的单元内容送 A
```

4）分配帧及使用 32 位内存读/写指令。

● 一些 C54x DSP 指令提供了一次读/写 32 位的操作（如 DLD 和 DADD），因此必须保证 32 位对象存放在偶地址开始的内存中。为了保证这一点，C 编译器需要初始化 SP，使其为偶数值。

● 由于 CALL 指令可使 SP 减 1，因此 SP 在函数入口被设置为奇数；而长调用 FCALL 指令可使 SP 减 2，故 SP 在函数入口被设定为偶数。

● 使用 CALL 指令时，应确保 PSMH 指令的数目加上 FRAME 指令分配字的数目为奇数，这样 SP 就指向一个偶地址；同样，使用长调用 FCALL 指令时，应保证 PSMH 指令的数目与 FRAME 指令分配字的数目和为偶数，以保证 SP 指向偶地址。

● 为了确保 32 位对象在偶地址，可通过设置 SP 的相对地址来实现。

● 由于中断调用时不能确保 SP 是奇数还是偶数，因此，中断分配 SP 指向偶地址。

3. 中断函数

C 函数可以直接处理中断。但是在用 C 语言编写中断程序时，应注意以下几点。

1）中断的使能和屏蔽由程序员自己来设置，这一点可以通过内嵌汇编语句来控制，即通过内嵌汇编语句来设置中断屏蔽寄存器 IMR 及 INTM，也可通过调用汇编程序函数来实现。

2）中断程序不能有入口参数，即使声明，也会被忽略。

3）中断子程序即使被普通的 C 程序调用也是无效的，因为所有的寄存器都已经被保护了。

4）将一个程序与某个中断进行关联时，必须在相应的中断矢量处放置一条跳转指令。采用 .sect 汇编指令可以建立这样一个跳转指令表以实现该功能。

5）在汇编语言中，必须在中断程序名前加上一个下画线。

6）用 C 语言编写的中断程序必须用关键字 interrupt 说明。

7）中断程序用到的所有寄存器，包括状态寄存器，都必须保护。

8）如果中断程序中调用了其他的程序，则所有的寄存器都必须保护。

4. 表达式分析

当 C 程序中需要计算整型表达式时，必须注意以下几点。

1）算术上溢和下溢。TMS320C54x DSP 采用 16 位操作数，产生 40 位结果，算术溢出是不能以一种可预测的方式进行处理的。

2）整除和取模。TMS320C54x DSP 没有直接提供整除指令，因此，所有的整除和取模运算都需要调用库函数来实现。这些函数将运算表达式的右操作数压入堆栈，将左操作数放入累加器的低 16 位。函数的计算结果在累加器中返回。

3）32 位表达式分析。一些运算在函数调用时并不遵循标准的 C 调用规则，其目的在于提高程序运行速度和减小程序代码空间。这些运算包括变量的左移、右移、除法、取模和乘法运算。

4）C 代码访问 16 位乘法结果的高 16 位时，无须调用 32 位乘法的库函数。访问有符号数乘法结果和无符号数乘法结果的高 16 位，分别如下。

有符号结果：

int   n1, n2 result;

result = ((long) n1 * (long) n2) > >16；

无符号结果：

unsigned   n1，n2，result；

result = ((unsigned long) n1 * (unsigned long) n2) > >16；

4.5.4 C54x C 语言编程举例

本小节利用 C 语言编写程序，产生连续的余弦信号。

产生周期信号的方法有查表法和计算法。查表法是预先将需要产生周期信号的数据计算好，存储在 DSP 存储器中，然后按顺序输出即可。优点是速度快，产生信号的频率较高；缺点是需占用 DSP 内部存储空间，受 DSP 存储空间限制。计算法则是依据周期信号的数学表达式计算信号点幅值，然后输出。而优缺点与查表法相反。

【例 4.21】下面以计算法为例来产生连续的余弦信号：

$$\cos(nx) = 2\cos x \cdot \cos[(n-1)x] - \cos[(n-2)x]$$

其中，x 决定所产生余弦波的频率/周期，本例取 $x=2$。

产生余弦波的 C 代码如下：

```
ioport unsigned port0bfff;
#define IOSR port0bfff
#define _COSX 0.999390827
#pragma DATA_SECTION(_cosx,"data_buf1")
float _cosx[200];
#pragma DATA_SECTION(dacdata,"data_buf2")
int dacdata[180];
void delay(unsigned int n);
void main(void)
{
```

```
        unsigned int i = 0;
        cosx[0] = 1.000;
        dacdata[0] = 4095;
        cosx[1] = _COSX;
        dacdata[1] = _COSX * 2047 + 2048;
        i = 1;
        while(1)
        {
            if(i + + >179)
                break;
            _cosx[i] = 2 * _COSX * _cosx[i - 1] - _cosx[i - 2];
            dacdata[i] = _cosx[i] * 2047 + 2048;
        }
    i = 0;
    while(1)
    {
            if(i > 179)
                i = 0;
            IOSR = dacdata[i + +];
            delay(10);
    }
}
void delay(unsigned int n)
{
    long int j;
    for(j = 0; j < n; j + +)
        asm("_nop");
}
```

链接命令文件如下：

```
MEMORY
{
    PAGE 0 :
        PARAM     : origin = 0x1000, length = 0x0efd
        VECS      : origin = 0FF80H, len = 0064H
    PAGE 1 :
        DARAM     : origin = 0x2000, length = 0x2000
}
SECTIONS
{
    .text :    {} > PARAM      PAGE 0
    .cinit:    {} > PARAM      PAGE 0
    .vectors:  {} > VECS       PAGE 0
    .data:     {} > DARAM      PAGE 1
    .bss:      {} > DARAM      PAGE 1
    .const:    {} > DARAM      PAGE 1
}
```

在 CCS 中建立相应的工程文件，将上面的相关程序添加进工程，编译链接成功后就可以得到余弦函数的波形，如图 4.15 所示。

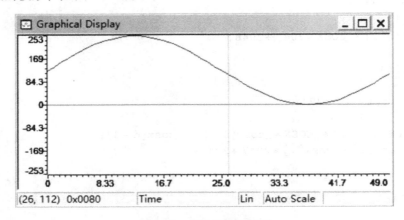

图 4.15　余弦函数波形图

4.6　DSP 的 C 语言和汇编语言混合编程

由于 C 语言在实时性要求较高或者直接控制方面的优势不如汇编语言，因此混合编程法成为开发 TMS320C54x DSP 应用程序的常用方法。用 C 语言和汇编语言混合编程的方法有如下 3 种：独立编写的 C 程序和汇编程序、C 程序中访问汇编程序变量、C 程序中直接嵌入汇编语句。

4.6.1　独立编写的 C 程序和汇编程序

此方法是分别独立编写汇编程序和 C 程序，分开编译或者汇编，得到各自的目标代码模块，再用链接器将 C 模块和汇编模块链接起来。这就是常用的混合编程方法。这种方法的灵活性比较大，但用户必须自己维护各汇编模块的入口代码和出口代码，自己计算传递的参数在堆栈中的偏移量，工作量比较大，但能做到程序的绝对控制。

例如，主程序用 C 语言编写，中断向量文件（vector. asm）用汇编语言编写。若要从 C 程序中访问汇编程序的变量，可以在使用汇编程序在 .bss 块中定义的变量或者函数名前面加下画线 "_"，将变量说明为外部变量，同时在 C 程序中也将变量说明为外部变量，如下所示：

汇编程序：

```
.bss     _var,1          ;定义变量
.global _var            ;说明为外部变量
```

C 程序：

```
extern int var;         /*外部变量*/
var =1                  /*访问变量*/
```

若要在汇编程序中访问 C 程序变量或者函数，也可以采用同样的方法。

C 程序：

```
global int    i;          /*定义 i 为全局变量*/
global float  x;          /*定义 x 为全局变量*/
main( )
{


}
```

汇编程序：

```
.ref _i;    ;              说明 i 为外部变量
.ref _x;    ;              说明 x 为外部变量
LD    @ _i,DP
STL   _x,A
```

【例 4.22】：独立编写的 C 程序和汇编程序。

C 程序：

```
extern int asmfunc();        /*声明外部的汇编子程序*/
                             /*注意函数名前不要加下画线*/
int gvar                     /*定义全局变量*/
{
int i = 5;
i = asmfunc(i);              /*进行函数声明*/
}
```

　　汇编程序：

```
_asmfunc:                    ;函数名前一定要有下画线
STL A, *(_gvar)              ;i 的值在累积器 A 中
ADD *(_gvar),A               ;返回结果在累加器 A 中
RET                          ;子程序返回
```

4.6.2　C 程序中访问汇编程序变量

从 C 程序中访问汇编程序中定义的变量和常数时，根据变量和常数定义的位置及方法的不同，可以分为 3 种情况。

1）访问 .bss 段中定义的变量，方法如下：

- 采用 .bss 命令定义变量；
- 用 .global 将变量说明为外部变量；
- 在汇编变量名前加下画线"_"；

在 C 程序中将变量说明为外部变量，然后就可以像访问普通变量一样来访问它，如下面的汇编程序和 C 程序。

汇编程序：

```
.bss  _var, 1                    ;注意变量名前都有下画线
.global  _var;                   ;声明为外部变量
```

C 程序：

```
extern int var;                  /*定义外部变量*/
var = 1
```

2）访问未在 .bss 段中定义的变量。

如果在 C 程序中访问在汇编程序中定义的常数表，方法会更复杂一些。此时需要定义一个指向变量的指针，然后在 C 程序中间接访问它。在汇编程序中定义此常数表时，最好定义一个单独的段，还需要定义一个指向该表起始地址的全局标号，可以在链接时将它分配至任意可用的存储器空间。如果要在 C 程序中访问它，则必须在 C 程序中以 extern 方式予以声明，并且变量名前不必加下画线 "_"，这样就可以像访问其他普通变量那样访问了，如下面的汇编程序和 C 程序。

汇编程序：

```
.global  _sine                   ;定义外部变量
.sect  "sine_tab"                ;定义一个独立的块状常数表
_sine:c                          ;常数表首址
.word 0
.word 50
.word 100
.word 200
```

C 程序：

```
extern int sine[];               /*外部变量*/
int * sine_ptr = sine;           /*定义一个 C 指针*/
f = sine_ptr[2];                 /*访问 sine_ptr*/
```

3）对于那些在汇编中以 .set 和 .global 定义的全局常数，也可以在 C 程序中访问，不过要用到一些特殊的方法。一般来说，在 C 程序中和汇编程序中定义的变量，其符号表包含的是变量的地址。而对于汇编程序中定义的常数，符号表包含的是常数值。编译器并不能区分哪些符号表包含的是变量的地址，哪些是变量的值，因此，如果要在 C 程序中访问汇编程序中的常数，则不能直接用常数的符号名，而应在常数符号名前加一个地址操作符 &，以示与变量的区别，这样才能得到常数值。如下面的汇编程序和 C 程序。

汇编程序：

```
_tab_size .set 1000
.global _tab_size
```

C 程序：

```
extern int _tab_size;
#define TAB_SIZE ((int)(&tab_size));
...
for(i = 0; i < TAB_SIZE; + + i)
```

4.6.3　C 程序中直接嵌入汇编语句

在 C 程序中直接嵌入汇编语句是一种比较直接的接口方法。采用这种方法可以在 C 语言中实现用 C 语言不好实现的一些硬件控制功能例如中断的使能和禁止、定时器的控制和赋值、状态寄存器和各标志寄存器的读取等，但需注意的是，不能破坏 C 语言的运行环境。

汇编语言的嵌入方法比较简单，只需在汇编语言的左、右加上一个双引号，用小括号将汇编语言括住，在括号前加上 asm 标识符即可，格式如下：

```
asm("汇编语句")
```

C 程序中直接嵌入汇编语句的一个典型应用就是控制 DSP 芯片的一些硬件资源。对于 TMS320C5409，在 C 程序中一般采用下列汇编语句来实现一些硬件控制：

```
asm("NOP");                /*插入等待周期*/
asm("ssbx INTM");          /*关中断*/
asm("rsbx INTM");          /*开中断*/
```

下面以定时器 0 中断为例，说明如下。

1）对中断进行初始化，在 C 程序中对中断进行初始化的程序片断如下：

```
asm("ssbx INTM");          /*关中断*/
IMR = 0x0008;              /*开放定时器 0 中断*/
IFR = 0xffff;              /*清除所有尚未处理完的中断*/
```

2）编写中断服务程序。可使用下列两种方式来定义中断函数。

- Interrupt void userfunction（void）。

{…}

这种方式下，C 编译器自动保护各寄存器的值，中断响应后自动恢复。Userfunction 是定时器 0 的中断服务函数名，可以由用户任意更改，但要与下面（3）中的名称相对应。

- Void c_ intxx（void）。

其中，xx 代表了 00 ~ 99 之间的两位数。

3）建立中断矢量表。

```
        .ref  _c_int00
        .ref  _userfunction
        .sect "vectors"
RS:     BD _c_int00
        NOP
        NOP
...
TINT0:  BD  _userfunction;      ;定时器 0 中断
        NOP
        NOP
        end
```

另外，还可以手工修改 C 程序编译后的汇编程序。对 C 程序进行编译生成相应的汇编程序，然后对汇编程序进行手工优化和修改。采用此种方法时，可以控制 C 编译器，使之产生具有交叉列表的 C 程序和与之对应的汇编程序，而程序员可以对其中的汇编语句进行修改。优化之后，对汇编程序进行汇编，产生目标文件。修改汇编语句时，必须严格遵循不破坏 C 环境的原则。所以这种方法需要设计者对 C 编译器、C 环境及汇编语言有充分的理解。

使用这种方法时，由交叉列表产生的 C 程序对应的汇编程序往往读起来很费劲，因此一般不提倡用这种方法。

思考题

1. 什么是 COFF 和段？段的作用是什么？COFF 目标文件包含哪些段？

2. 说明 .text 段、.data 段、.bss 段、.sect 段、.usect 段分别包含什么内容？

3. 程序员如何定义自己的程序段？

4. 汇编器对段是如何处理的？

5. 链接器对段是如何处理的？

6. 链接命令文件有什么作用？在生成 DSP 代码过程中何时发挥这些作用？

7. 要使程序能够在 DSP 上运行，必须生成可执行文件。请说出能使 DSP 源程序生成可执行文件所需要的步骤。

8. 在文件的链接过程中，需要用到链接命令文件（.cmd）。请按如下参数设计一个命令文件，其参数为：

        中断向量表：起始地址为 7600H；长度为 8000H；

        源程序代码：在中断向量之后；

        初始化数据：起始地址为 1F10H；长度为 4000H；

        未初始化数据：在初始化数据之后。

9. 如果一个用户在编写完 C54x 汇编源程序后，未编写相应的 linker 伪指令文件，即开始汇编及链接源程序，生成可执行目标代码文件。这个目标代码文件中的各个段是如何安排的，程序能正确运行吗？

10. 编写一段程序，将程序存储器中的 10 个数据首先传送到数据存储器中（以 DATA1 开始），再将 DATA1 开始的 10 个单元内容传送到以 DATA2 开始的数据存储器中。

11. 试编一程序，计算 $y = \sum_{i=1}^{3} a_i x_i$，并找出 3 项乘积 $a_i x_i$（$i = 1, 2, 3$）中的最小值，放入 MIN 单元中。

12. 试编一程序，首先实现对以 DATA 开始的 100 个单元赋初值 0，1，2，3，…，99，然后对每个单元内容加 1。

13. 在 C 程序中如何访问汇编程序变量或函数？

14. 采用 C 语言编写产生余弦波形的代码，并编写相应的链接命令文件。

第 5 章

DSP 集成开发环境 （CCS）

CCS 是 DSP 的集成开发环境，它所集成的代码调试工具具有各种调试功能，能对 TMS320 系列 DSP 进行指令级的仿真和可视化的实时数据分析。此外，还提供了丰富的输入/输出库函数和信号处理的库函数，极大地方便了 TMS320 系列 DSP 软件开发过程。

5.1 CCS 概述

5.1.1 CCS 的发展

CCS 是一种集成开发环境，它是一种针对标准 TMS320 调试器接口的交互式工具。

目前，CCS 常用的版本有，CCS 2.0、CCS 2.2、CCS 3.1 和 CCS 3.3，又有 CCS 2000 （针对 C2xx）、CCS 5000 （针对 C54xx） 和 CCS 6000 （针对 C6x） 3 个不同的型号。其中，CCS 2.2 是一个分立版本，也就是每一个系列的 DSP 都有一个 CCS 2.2 的开发软件，分 CCS 2.2 for C2000、CCS 2.2 for C5000、CCS 2.2 for C6000。而 CCS 3.1 和 CCS 3.3 是一个集成版本，支持全系列的 DSP 开发。CCS 支持图 5.1 所示的开发周期中的所有阶段。

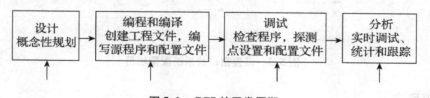

图 5.1 CCS 的开发周期

5.1.2 CCS 的安装与设置

1. CCS 3.3 系统的安装

运行 setup. exe 应用程序，弹出一个安装界面，然后选择 Code Composer Studio 项，就可以开始 CCS 3.3 的安装，按照屏幕提示可完成系统的安装。当 CCS 软件安装在计算机上之后，将在显示器桌面上出现图 5.2 所示的两个图标。

图 5.2 CCS 设置图标

2. 系统配置

为使 CCS IDE 能工作在不同的硬件或仿真目标上，必须首先为它配置相应的配置文件。配置步骤如下：

1）双击桌面上的 Setup CCS tudio v3.3 图标，启动 CCS 设置。

2）在弹出对话框中单击"Clear（清除）"按钮，清除以前定义的配置。

3）从弹出的对话框中，单击"Yes"按钮，确认清除命令。

4）从列出的可供选择的配置文件中，选择能与使用的目标系统相匹配的配置文件。

5）单击加入系统配置按钮，将所选中的配置文件加入到 CCS 设置窗口当前正在创建的系统配置中，所选择的配置显示在设置窗口的系统配置栏目的 My System 目录下，如图 5.3 所示。

6）选择"File→Save（保存）"命令，将配置保存在系统寄存器中。

7）当完成 CCS 配置后，选择"File→Exit"命令，退出系统配置 。

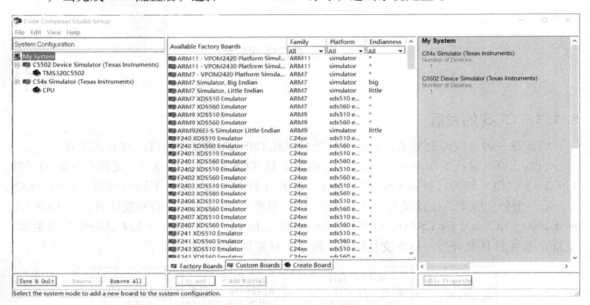

图 5.3　设置窗口的系统配置栏目

3. 系统启动

双击桌面上 CCS tudio v3.3 图标，启动 CCS IDE，将自动利用刚创建的配置打开并显示 CCS 主界面。

5.2　CCS 集成开发环境使用

CCS 工作在 Windows 操作系统下，类似于 VC + + 的集成开发环境，采用图形接口界面，有编辑工具和工程管理工具。它将汇编器、链接器、C/C + + 编译器、建库工具等集成在一个统一的开发平台中。

C5000 CCS 是专门为开发 C5000 系列 DSP 应用设计的，包括 C54x 和 C55x DSP。

5.2.1　主要菜单及功能介绍

菜单提供了操作 CCS 的方法，由于篇幅所限，这里仅就重要内容进行介绍。

1. File 菜单

File 菜单提供了与文件相关的命令，其中比较重要的操作命令如下。

● New→Source File：建立一个新源文件，扩展名包括 .c、.asm、.cmd. 、.map、.h、.inc、.gel 等。

● New→DSP/BIOS Configuration：建立一个新的 DSP/BIOS 配置文件。

● New→Visual Linker Recipe：建立一个新的 Visual Linker Recipe 向导。

● New→ActiveX Document：在 CCS 中打开一个 ActiveX 类型的文档（如 Microsoft Excel 等）。

● Load Program：将 DSP 可执行的目标代码 COFF（.out）载入仿真器中（Simulator 或 Emulator）。

● Load GEL：加载通用扩展语言文件到 CCS 中。

● Data→Load：将主机文件中的数据加载到 DSP 目标系统板，可以指定存放的数据长度和地址。数据文件的格式可以是 COFF 格式，也可以是 CCS 所支持的数据格式，默认是 .dat 的文件。当打开一个文件时，会出现图 5.4 所示的对话框。该对话框中内容的含义是，加载主机文件到数据段的从 0x0D00 处开始的长度为 0x00FF 的存储器中。

● Data→Save：将 DSP 目标系统板上存储器中的数据加载到主机的文件中，该命令和 Data→Load 是一个相反的过程。

● File I/O 允许 CCS 在主机文件和 DSP 目标系统板之间传送数据，一方面可以从 PC 文件中取出算法文件或样本用于模拟，另一方面也可以将 DSP 目标系统处理后的数据保存在主机文件中。File I/O 主要与 Probe Point 配合使用。Probe Point 将告诉调试器在何时从 PC 文件中输入或输出数据。File I/O 并不支持实时数据交换。

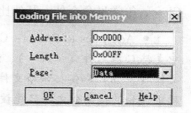

图 5.4　存储器下载对话框

2. Edit 菜单

Edit 菜单提供的是与编辑有关的命令。Edit 菜单的内容比较容易理解，在这里只介绍比较重要的命令。

● Register：编辑指定的寄存器值，包括 CPU 寄存器和外设寄存器。由于 Simulator 不支持外设寄存器，因此不能在 Simulator 下监视和管理外设寄存器内容。

● Variable：修改某一变量值。

● Command Line：提供输入表达式或执行 GEL 函数的快捷方法。

3. View 菜单

在 View 菜单中可以选择是否显示各种工具栏、各种窗口和各种对话框等。其中比较重要的命令如下。

- Disassembly：当将 DSP 可执行程序 COFF 文件载入目标系统后，CCS 将自动打开一个反汇编窗口。反汇编窗口根据存储器的内容显示反汇编指令和符号信息。
- Memory：显示指定存储器的内容。
- Registers→CPU Registers：显示 DSP 的寄存器内容。
- Registers→Peripheral Registers：显示外设寄存器内容。Simulator 不支持此功能。
- Graph→Time/Frequency：在时域或频域显示信号波形。
- Graph→Constellation：使用星座图显示信号波形。
- Graph→Eye Diagram：使用眼图来量化信号失真度。
- Graph→Image：使用 Image 图来测试图像处理算法。
- Watch Window：用来检查和编辑变量或 C 表达式，可以以不同格式显示变量值，还可以显示数组、结构或指针等包含多个元素的变量。
- Call Stack：检查所调试程序的函数调用情况。此功能调试 C 程序时有效。
- Expression List：所有的 GEL 函数和表达式都通过表达式求值来估值。
- Project：CCS 启动后将自动打开视图。
- Mixed Source/Asm：同时显示 C 代码及相关的反汇编代码。

4. Project 菜单

CCS 使用工程（Project）来管理设计文档。CCS 不允许直接对 DSP 汇编代码或 C 语言源文件生成 DSP 可执行代码。只有建立在工程文件基础上，在菜单或工具栏上运行 Build 命令才会生成可执行代码。工程文件被存盘为 .pjt 文件。在 Project 菜单下，除了 New、Open、Close、等常见命令外，其他比较重要的命令介绍如下。

- Add Files to Project：CCS 根据文件的扩展名将文件添加到工程的相应子目录中。工程中支持 C 源文件（*.c*）、汇编源文件（*.a*、*.s*）、库文件（*.o*、*.lib）、头文件（*.h）和链接命令文件（*.cmd）。其中，C 源文件和汇编源文件可以被编译和链接，库文件和链接命令文件只能被链接，CCS 会自动将头文件添加到工程中。
- Compile：对 C 源文件或汇编源文件进行编译。
- Biuld：重新编译和链接。对那些没有修改的源文件，CCS 将不重新编译。
- Rebuiled All：对工程中的所有文件重新编译并链接以生成输出文件。
- Stop Build：停止正在编译的进程。
- Biuld Options：用来设定编译器、汇编器和链接器的参数。

5. Debug 菜单

Debug 菜单包含的是常用的调试命令，其中比较重要的命令介绍如下。

- Breakpoints：设置/取消断点命令。

程序执行到断点时将停止运行。当程序停止运行时，可检查程序的状态，查看和更改变量值，查看堆栈等。在设置断点时应注意以下两点。

① 不要将断点设置在任何延迟分支或调用指令处。

② 不要将断点设置在 repeat 块指令的倒数第一、二行指令处。

- Probe Points：探测点设置。

允许更新观察窗口并在设置 Probe Points 处将 PC 文件数据读至存储器或将存储器数据写入 PC 文件，此时应设置 File I/O 属性。

对每一个建立的窗口，默认情况下在每个断点（Breakpoints）处更新窗口显示，然而也可以将其设置为到达 Probe Points 处更新窗口。使用 Probe Points 更新窗口时，目标 DSP 将临时中止运行；当窗口更新后，程序继续运行。因此 Probe Points 不能满足实时数据交换（RTDX）的需要。

- StepInto：单步运行。当运行到调用函数处将跳入函数单步运行。
- StepOver：执行一条 C 指令或汇编指令。与 StepInto 不同的是，为保护处理器流水线，该指令后的若干条延迟分支或调用将同时被执行。当运行到调用函数处将执行完该函数，而不跳入函数执行，除非在函数内部设置了断点。
- StepOut：如果程序运行在一个子程序中，执行 StepOut 将使程序执行完该子程序，回到调用该函数的地方。在 C 源程序模式下，根据标准运行 C 堆栈来推断返回地址，否则根据堆栈顶的值来求得调用函数的返回地址。因此，如果汇编程序使用堆栈来存储其他信息，则 StepOut 命令可能工作不正常。
- Run：当前程序计数器（PC）执行程序，碰到断点时程序暂停运行。
- Halt：中止程序运行。
- Animate：动画运行程序。当碰到断点时，程序暂时停止运行，在更新未与任何 Probe Points 相关联的窗口后程序继续执行。该命令的作用是在每个断点处显示处理器的状态，可以在 Option 菜单下选择 Animate Speed 来控制其速度。
- Run Free：忽略所有断点（包括 Probe Points 和 Profile Points），从当前 PC 处开始执行程序。此命令在 Simulator 下无效。使用 Emulator 进行仿真时，此命令将断开与目标 DSP 的连接，因此可移走 JTAG 和 MPSD 电缆。使用 Run Free 命令还可对目标 DSP 硬件复位。
- Run to Cursor：执行到光标处，光标所在行必须为有效代码行。
- Multiple Operation：设置单步执行的次数。
- Reset DSP：复位 DSP，初始化所有寄存器到其上电状态，并中止程序运行。
- Restart：将 PC 值恢复到程序的入口。此命令并不开始程序的运行。
- Go Main：在程序的 main 符号处设置一个临时断点。此命令在调试 C 程序时起作用。

6. Profiler 菜单

剖切点（Profiler Points）是 CCS 的一个重要的功能，它可以在调试程序时统计某一块程序执行所需要的 CPU 时钟周期数、程序分支数、子程序被调用数和中断发生次数等信息。Profile Point 和 Profile Clock 作为统计代码执行的两种机制，常常一起配合使用。Profiler 菜单的主要命令介绍如下。

- Enable Clock：使能时钟。为获得指令的周期及其他事件的统计数据，必须使能剖析时钟（Profile Clock）。当剖析时钟被禁止时，将只能计算到达每个剖析点的次数，而不能计算统计数据。

指令周期的计算方式与 DSP 的驱动程序有关，对使用 JTAG 扫描路径进行通信的驱动程序，指令周期通过处理器的片内分析功能进行计算，其他驱动程序则可以使用其他类型的定时器。Simulator 使用模拟的 DSP 片内分析接口来统计剖析数据。当时钟使用时，CCS 调试器将占用必要的资源实现指令周期的计算。

剖析时钟作为一个变量（CLK）通过 Clock 窗口被访问。CLK 变量可在 Watch 窗口观察，并可在 Edit Variable 对话框中修改其值。CLK 还可以在用户定义的 GEL 函数中使用。

● Instruction Cycle Time：用于执行一条指令的时间，其作用是在显示统计数据时将指令周期数转换成时间或频率。
● Clock Setup：时钟设置。选择该命令将出现图 5.5 所示的 Clock Setup 对话框。

在 Count 域内选择剖析的事件。使用 Reset Option 参数可以决定如何计算。选择 Manual 选项，则 CLK 变量将不断累计指令周期数；选择 Auto 选项，则每次 DSP 运行前自动将 CLK 设置为 0。因此，CLK 变量显示的是上一次运行以来的指令周期数。

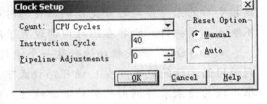

图 5.5　Clock Setup 对话框

● View Clock：打开 Clock 窗口，以显示 CLK 变量的值。

双击 Clock 窗口的内容可直接复位 CLK 变量（使 Clock = 0）。

7. Option 菜单

Option 菜单提供 CCS 的一些设置选项，其中比较重要的命令介绍如下。

● Font：设置字体。该命令可以设置字体、大小及显示样式等。
● Disassembly Style Options：设置反编译窗口显示模式，包括反汇编成助记符或代数符号，直接寻址与间接寻址，用十进制、二进制或十六进制显示。
● Memory Map：用来定义存储器映像。存储器映像指明了 CCS 调试器不能访问哪段存储器。典型情况下，存储器映像与命令文件的存储器定义一致。

8. GEL 菜单

CCS 软件本身提供了 C54x 和 C55x 的 GEL 函数，它们在 c5000.gel 文件中定义。GEL 菜单中包括 CPU_Reset 和 C54X_Init 命令。

● CPU_Reset：该命令复位目标 DSP 系统、复位存储器映像（处于禁止状态）及初始化寄存器。
● C54X_Init：该命令也对目标 DSP 系统复位。与 CPU_Reset 命令不同的是，该命令使能存储器映像，同时复位外设和初始化寄存器。

9. Tools 菜单

Tools 菜单提供了常用的工具集，这里就不再介绍了。

5.2.2　工作窗口介绍

一个典型的 CCS 集成开发环境窗口如图 5.6 所示。

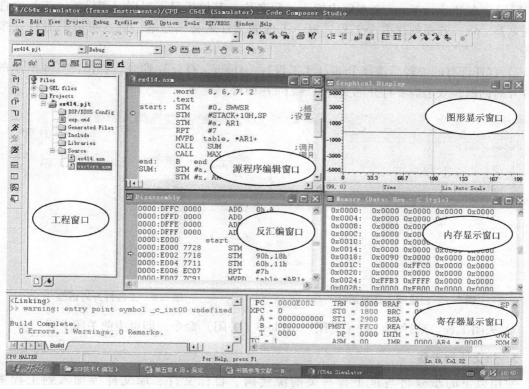

图 5.6　CCS 集成开发环境窗口

整个窗口由主菜单、工具条、工程窗口、源程序编辑窗口、图形显示窗口、内存单元显示窗口和寄存器显示窗口等构成。

工程窗口用来组织用户的若干程序并由此构成一个项目，用户可以从工程列表中选中需要编辑和调试的特定程序。在源程序编辑窗口中，用户既可以编辑程序，又可以设置断点和探针，并可以调试程序。反汇编窗口可以帮助用户查看机器指令，查找错误。内存显示窗口和寄存器显示窗口可以查看、编辑内存单元和寄存器。图形显示窗口可以根据用户需要显示数据。用户可以通过主菜单条目来管理各窗口。

5.2.3　CCS 开发步骤

基于 DSP 的应用程序开发包括 4 个基本阶段：应用设计、代码创建、调试、分析与调整。本小节将介绍 CCS 开发流程中基本的步骤。

1. 启动 CCS IDE

双击桌面上 CCS 的图标，就可以启动 CCS。CCS 启动时，系统默认配置一个软件仿真环境。

2. 工程的创建、打开和关闭

每个工程的信息存储在单个工程文件（＊.pjt）中。可使用以下的步骤创建、打开和关闭工程。

1）创建一个新工程。选择 Project（工程）→New（新工程）命令，打开的对话框如图

5.7 所示，在 Project Name 文本框中输入工程名称，其他栏目可根据习惯设置。工程文件的扩展名是 . pjt。若要创建多个工程，每个工程的文件名必须是唯一的。可以同时打开多个工程。

2）打开已有的工程。选择 Project（工程）→Open（打开）命令，弹出图 5.8 所示的工程打开对话框，双击需要打开的文件（＊. pjt）即可。

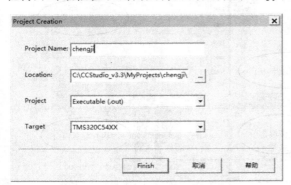 

图 5.7　创建新工程对话框　　　　　　　　图 5.8　工程打开对话框

3）关闭工程。选择 Project（工程）→Close（关闭）命令，即可当前关闭工程。

3. 加文件到工程

使用以下的步骤将与该工程有关的源代码、目标文件、库文件等加入到工程清单中去。

（1）加文件到工程

● 选择 Project（工程）→Add Files to Project（加文件到工程）命令，出现 Add Files to Project 对话框。

● 在 Add Files to Project 对话框中指定要加入的文件。如果文件不在当前目录中，浏览找到文件。

● 单击"打开"按钮，将指定的文件加到工程中去。当文件加入时，工程观察窗口将自动更新。

（2）从工程中删除文件

1）按需要展开工程清单。

2）右击要删除的文件名。

3）从快捷菜单中选择 Remove from Project（从工程中删除）命令。

注意文件扩展名，文件通过其扩展名来辨识。

4. 构建和加载程序

创建了一个功能程序后，就可以进行构建。构建主要完成编译（Compile）与连接（Link）。使用全构建（Rebuild All）功能便可以构建工程，输出窗口将会显示构建过程和状态。当构建完成后，输出窗口将会显示"Build Complete, 0 Errors, 0 Warnings 0 Remarks."信息，如图 5.9 所示。

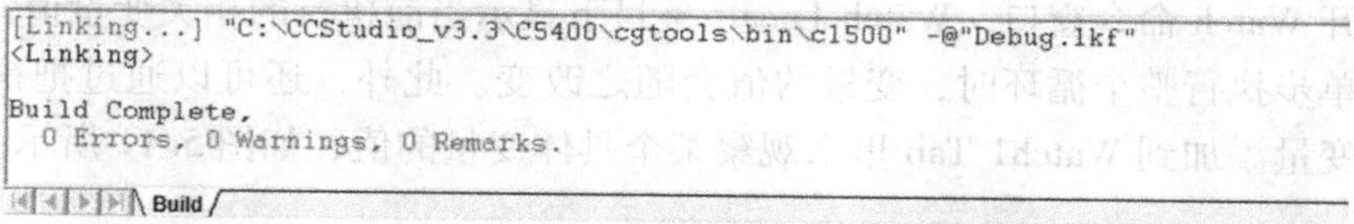

[Linking...] "C:\CCStudio_v3.3\C5400\cgtools\bin\cl500" -@"Debug.lkf"
<Linking>
Build Complete,
0 Errors, 0 Warnings, 0 Remarks.
Build

图 5.9 输出窗口中显示的信息

程序成功构建后，执行 File-LoadProgram 加载程序。加载过程是将上述构建成功后生成的可执行文件加载到目标板。目标板可以是软件仿真环境，也可以是硬件目标板。默认情况下，CCS（集成开发环境）将会在工程路径下创建一个 Debug 子目录，把生成的 . out 文件放在里面，单击 Open 按钮加载程序。

5. 基本调试

1）跳转到主函数（Go to Main）。在 Debug 菜单中选择 Go Main 命令，该命令用于调试 C 语言用户程序。其功能是将一个临时断点设置在用户程序关键字 main 处，并从此处开始执行用户程序，直到遇到用户设置的断点或执行 Halt 命令时停止执行程序，撤销临时断点。

2）使用断点（Using Breakpoints）。断点的作用是用于暂停程序的运行，以便观察程序的状态，检查或修正变量，查看调用的堆栈、存储器和寄存器的内容等。断点可以设置在编辑窗口中的源代码行上，也可以设置在反汇编窗口中的反汇编指令上。

设置断点时应当避免以下两种情形：

- 将断点设置在属于分支或调用的语句上；
- 将断点设置在块重复操作的倒数第一条或第二条语句上。

在反汇编窗口或含有 C 源代码的编辑窗口中，把光标置于所需行上，按 F9 键设置一个断点。此外，还可以通过单击 Toggle Breakpoint 工具条按钮创建断点。设置断点后，一个红色图标将出现在选择空白区，再按 F9 键或单击 Toggle Breakpoint 按钮可除去断点，如图 5.10 所示。

end: B end
SUM: STM #a,AR3
STM #x,AR4
RPTZ A,#3
MAC *AR3+,*AR4+,A
;A=A+(AR3*AR4) 两个操作数相乘后加到A

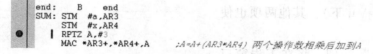

图 5.10 设置断点

3）源代码调试（Source Stepping）。

- Source-single step：源代码单步调试，就是按一下走一步的模式。
- Source-step over：这个按钮是指在单步执行时，如果在函数内遇到子函数，那么不会进入子函数内单步执行，而是将子函数整个执行完再停止，也就是把子函数整个作为一步。
- Source-step out：当单步执行到子函数内时，用 step out 就可以执行完子函数的余下部分，并返回到上一层函数。

4）浏览变量（Viewing Variables）。在调试过程中，应该查看变量的值以确保程序正常执行。当 CPU 被挂起时，可以在 Watch 窗口里观察变量的值。通过选择 View→Watch Window

命令可以打开 Watch 命令窗口，Watch Locals 条目下显示当前执行的相关变量值。

当连续单步执行整个循环时，变量的值会随之改变。此外，还可以通过把鼠标指针浮于变量上或把变量添加到 Watch1 Tab 里来观察某个具体变量的值，如图 5.11 所示。

Name	Value	Type	Radix
⊞ ➪ a	0x0060	void *	hex
⊞ ➪ x	0x0064	void *	hex
⊞ ➪ y	0x0068	void *	hex

图 5.11　浏览变量

5）输出窗口（Output Window）。输出窗口默认定位在屏幕下部，也可以通过选择 View→Output Window 命令来访问。

5.3　CCS 应用举例

本节讲述开发一个具备基本信号处理功能的 DSP 程序的过程，首先介绍创建工程、向工程中添加源文件、浏览代码、编译和运行程序、修改 Build 选项并更正语法错误、使用断点和 Watch 窗口等基本应用，其次介绍使用探针和图形显示的方法。

5.3.1　利用 CCS 开发一个简单的 C 应用程序

本小节使用 "hello world!" 实例介绍在 CCS 中创建、调试和测试应用程序的基本步骤。

1. 创建一个工程

1）选择 Project（工程）→New（新建）命令，弹出工程建立对话框。

2）在 Project Name 文本框中输入文件名 hello，默认的工作目录是 C:\ti\myprojects\（假设 CCS 安装在 C:\ti 下），其他两项也使用默认设置即可。

3）单击 "Finish" 按钮，将在工程窗口的 Project 下面创建 hello. pjt。

2. 向工程中添加源文件

1）选择 Project（工程）→Add Files to Project（加载文件）命令，在 Add Files to Project（文件加载）对话框中选择文件，单击 "打开" 按钮，如图 5.12 所示。

图 5.12　Add Files to Project 对话框

2）选择 Project→Add Files to Project 命令，选择 vector. asm 文件并单击 "打开" 按钮。该文件包含了设置跳转到该程序 C 入口点的 RESET 中断（c_int00）所需的汇编指令。对于更复杂的程序，可在 vector. asm 中定义附加的中断矢量，或者可用 DSP/BIOS 来自动定义所有的中断矢量。

3）选择 Project→Add Files to Project 命令，选择 hello.cmd 并单击"打开"按钮。
hello.cmd 包含程序段到存储器的映像。

4）选择 Project→Add Files to Project 命令，进入编译库文件夹（C:\ti\c5400\cgtools\
lib），选择 rts.lib 并单击"打开"按钮，该库文件对目标系统 DSP 提供运行支持。

3. 浏览代码

双击 Project 视图中的 hello.c，将在代码窗口中看到源文件代码。

如果要使窗口更大一些，以便能够即时地看到更多的源代码，可以选择 Option→Font 命
令，使窗口具有更小的字型。

```
/* hello.c */                        /* Basic C standard I/O from main. */
#include <stdio.h>
#include "hello.h"
#define BUFSIZE 30
struct PARMS str =
{
2934,
9432,
213,
9432,
&str
};                                   /* ======== main ======== */
void main()
{
#ifdef FILEIO
int       i;
char      scanStr[BUFSIZE];
char      fileStr[BUFSIZE];
size_t    readSize;
FILE      * fptr;
#endif                               /* write some strings to stdout */
puts("实验步骤:\n");
puts("1.创建工程环境 \n");
puts("2.基本调试功能 \n");
puts("3.使用观察窗口 \n");
puts("4.文件的输入/输出 \n");
puts("5.图形功能简介 \n");
#ifdef FILEIO                        /* clear char arrays */
for (i = 0; i < BUFSIZE; i++) {
scanStr[i] = 0;
fileStr[i] = 0;
}                                    /* read a string from stdin */
scanf("% s", scanStr);               /* open a file on the host and write char array */
fptr = fopen("file.txt", "w");
fprintf(fptr, "% s", scanStr);
fclose(fptr);                        /* open a file on the host and read char array */
fptr = fopen("file.txt", "r");
fseek(fptr, 0L, SEEK_SET);
```

```
readSize = fread(fileStr, sizeof(char), BUFSIZE, fptr);
printf("Read a % d byte char array: % s \n", readSize, fileStr);
fclose(fptr);
#endif
    }
```

当没有定义 FILEIO 时，采用标准 puts 函数显示一条 hello world 消息，它只是一个简单程序。当定义了 FILEIO 后，该程序给出一个输入提示，并将输入字符串存放到一个文件中，然后从文件中读出该字符串，并把它输出到标准输出设备上。

4. 编译和运行程序

1）单击工具条中的按钮或选择 Project→Rebuild All 命令，CCS 重新编译、汇编和连接工程中的所有文件，有关此过程的信息显示在窗口底部的信息框中。

2）选择 File→Load Program 命令，选择刚重新编译过的程序 myhello. out（它应该在 C: \ ti \ myprojects \ hello1 文件夹中，除非 CCS 安装在别的地方）并单击 Open 按钮。CCS 把程序加载到目标系统 DSP 上，并打开 Dis_Assembly 窗口，该窗口显示反汇编指令。注意，CCS 还会在窗口底部自动打开 Stdout 窗口，该窗口用于显示程序送往 Stdout 的输出。

3）单击 Dis_Assembly 窗口中的一条汇编指令，按 F1 键，CCS 将搜索有关那条指令的帮助信息。

4）单击工具条中的按钮或选择 Debug→Run 命令，当运行程序时，可在 Stdout 窗口中看到"hello world!"消息，如图 5.13 所示。

5. 修改程序选项和纠正语法错误

1）由于没有定义 FILEIO，因此预处理器命令（#ifdef 和#endif）之间的程序没有运行。这里使用 CCS 设置一个预处理器选项，并找出和纠正语法错误。选择 Project→Options 命令。

2）从 Build Options for hello. pjt 对话框的 Compiler 选项卡的 Category 列表框中选择 Preprocessor。在 Define Symbols（-d）框中输入 FILEIO 并按 Tab 键，如图 5.14 所示。

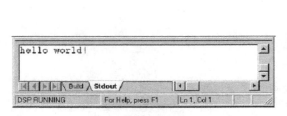

图 5.13　Stdout 窗口

图 5.14　Build Options for hello. pjt 窗口

注意，目前窗口顶部的编译命令包含-d 选项，当重新编译该程序时，程序中的#ifdef FILEIO 语句后的源代码就包含在内了。

3）单击 OK 按钮保存新的选项设置。

4）单击 Rebuild All 工具条按钮或选择 Project→RebuildAll 命令。注意，无论何时，只要工程选项改变，就必须重新编译所有文件。

5）此时出现一条说明程序有编译错误的消息，单击 Cancel 按钮。在 Build Tab 区域拖动滚动条，就可看到一条语法出错的信息。

6）双击描述语法错误位置的红色文字。注意，hello. c 源文件是打开的，光标会落在该行上：fileStr［i］= 0。

7）修改语法错误（缺少分号）。注意，紧挨着编辑窗口题目栏的文件名旁出现一个星号（＊），表明源代码已被修改过。当文件被保存后，星号随之消失。

8）选择 File→Save 命令或按 Ctrl + S 命令可将所进行的改变存入 hello. c。

9）单击 Incremental Build 工具栏按钮或选择 Project→Build 命令，CCS 重新编译已被更新的文件。

6. 使用断点和观察窗口

当开发和测试程序时，常常需要在程序执行过程中检查变量的值此时可用断点和观察窗口来观察这些值。程序执行到断点后，还可以使用单步执行命令。

1）双击 Project View 中的文件 hello. c。可以加大窗口，以便能看到更多的源代码。

2）把光标定位到行“fprintf（fptr,“% S”, scacStr）；”上。

3）按 F9 键，该行显示为高亮紫红色。可通过选择 Option→Color 命令改变颜色。

4）选择 View→Watch Window 命令，CCS 窗口的右下角会出现一个独立区域，在程序运行时，该区域将显示被观察变量的值。

5）在 Watch Window 区域中选择 Watch1 选项卡，激活空白 Name 表单栏并输入表达式 ＊ scanStr ，然后按 Enter 键，如图 5. 15 所示。

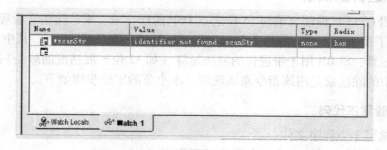

图 5. 15　观察窗口

注意，局部变量 ＊ scanStr 被列在 Watch Window 中，由于程序当前并未执行到该变量的 main 函数，因此没有定义。

6）选择 Debug→Run 命令或按 F5 键。

7）在相应提示下输入 goodbye 并单击 OK 按钮，如图 5. 16 所示。注意，Stdout 框以蓝色显示输入的文字。还应注意，Watch Window 中显示 ＊ scanStr 的值。

在输入一个字符串之后，程序运行并在断点处停止。程序中将要执行的下一行程序以黄色加亮。

8）单击 Step Over 工具条按钮或按 F10 键以便执行到所调用的函数 fprintf 之后。

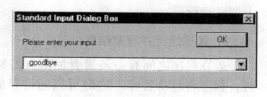

图 5. 16　输入内容

9）用 CCS 提供的以下 Step 命令试验。

- Step Into（F2）。

- Step over（F10）。
- Step Out（Shift F7）。
- Run to Cursor（Ctrl F10）。

10）按 F5 键运行程序到结束。

7. 使用观察窗口观察 structure 变量

观察窗口除了观察简单变量的值以外，还可观察结构中各元素的值。

- 在 Watch Window 区域的 Watch1 选项卡中，激活空白 Name 表单栏并输入 str，然后单击 OK 按钮。显示 + str = {…} 的一行出现在 Watch Window 中，+ 符号表示这是一个结构。类型为 PARMS 的结构被声明为全局变量，并在 hello. c 中初始化，结构类型在 hello. h 中定义。
- 单击符号 +，CCS 会展开这一行，列出该结构的所有元素及它们的值。
- 双击结构中的任意元素便可将其激活，此时可以给该元素赋以新值。
- 改变变量的值并单击 OK 按钮。注意，Watch Window 中的值改变了，其颜色也相应变化，表明该值已经人工修改了。
- 选择 Debug→Breakpoits 命令，在 Breakpoints Tab 中单击 Delete All 按钮，然后单击 OK 按钮，全部断点都被清除。

5.3.2　算术运算的实现

本小节使用 C54x 汇编语言编写 16 位定点 DSP 的加、减、乘、除法实验程序。

C54x 提供了多条用于减法的指令，如 SUB、SUBB、SUBC 和 SUBS。其中，SUBS 用于无符号数的减法运算；SUBB 用于带进位的减法运算（如 32 位扩展精度的减法）；而 SUBC 用于移位减，DSP 中的除法就是用该指令来实现的。本小节的实验步骤如下。

1. 编写实验程序代码

本实验需编写 3 个程序文件：

1）完成定点加法、减法、乘法和除法的源程序（*. asm）；

2）复位向量源程序（Vector. asm）；

3）链接命令文件（*. cmd）。

2. 创建工程并编译/连接

创建一个工程（*. pjt），将源文件（*. asm）、Vector. asm、链接命令文件（*. cmd）添加到工程文件中。使用 CCS 进行编译/连接，得到（*. out）文件后，就可以在 Simulator 上调试运行。

3. 调试运行并观察结果

运算程序之间有一条需要加断点的标志语句"NOP"，当执行到这条加了断点的语句时，程序将自动暂停。这时可以通过存储器窗口或寄存器窗口检查计算结果（十六进制数）。

调试步骤如下。

1）选择 File→Load Program 命令，找到 *. out 并装入。这时可在反汇编窗口看到程序代码。

2）在反汇编窗口中，在每个 NOP 指令处都设一个断点，方法是：将鼠标指针停在该指令处，单击鼠标右键，选中 Toggle Breakpoint 命令，则该指令左端将出现一个红色圆点，表明已设好断点。也可在菜单栏中选择 Debug→Breakpoint 命令，然后在弹出的对话框中输入欲加断点的地址即可（注意地址的格式）。

3）通过选择 View→Memory 命令打开存储器窗口，并在其中选择要查看的存储器 data，地址段为 0x060 ~ 0x080。

4）通过选择 View→CPU Reqisters 命令打开 CPU 寄存器窗口，可查看 A 的内容。

5）复位：通过选择 Debug→Reset CPU 命令，初始化所有 R 并停止运行程序

6）单击 Run 按钮（或者按 F5 键），启动执行基本算术运算的程序，程序在执行完加法运算后自动暂停。通过寄存器窗口可以看到寄存器 A 的内容为 0x0035，这正是加法运算的结果。

7）继续单击 Run 按钮（或者按 F5 键），程序从当前 PC 继续运行，完成减法运算。当程序再次暂停时，查看寄存器 A 的内容。

8）按照类似的方法可完成乘法、除法等运算，并记录结果。

9）如果以上程序运行不正确，需要检查代码是否输入正确，还可以在源代码中插入断点调试，也可采用单步执行的方式调试。

打开寄存器窗口，运行程序就可以依次得到图 5.17 所示的结果。

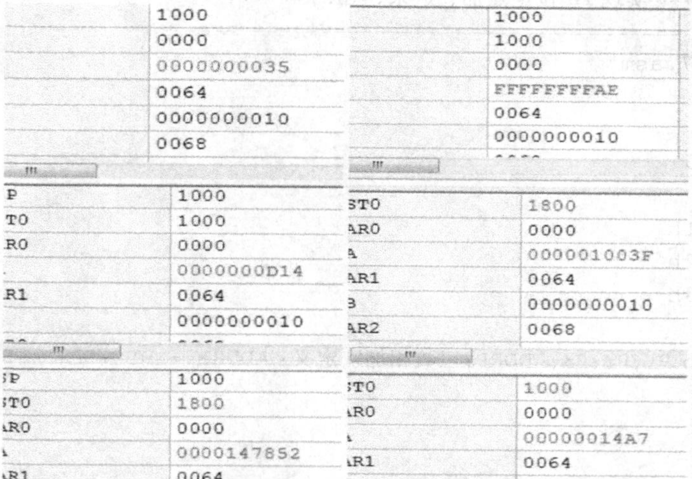

图 5.17　程序运行结果

加法：寄存器 A 的内容为 0000000035H。

减法：寄存器 A 的内容为 FFFFFFFFAEH。

乘法：寄存器 A 的内容为 0000000D14H。

除法：商在 DAT2（0062H），为 003FH；余数在 DAT3（0063H），为 0001H。存储器窗口的显示如图 5.18 所示。

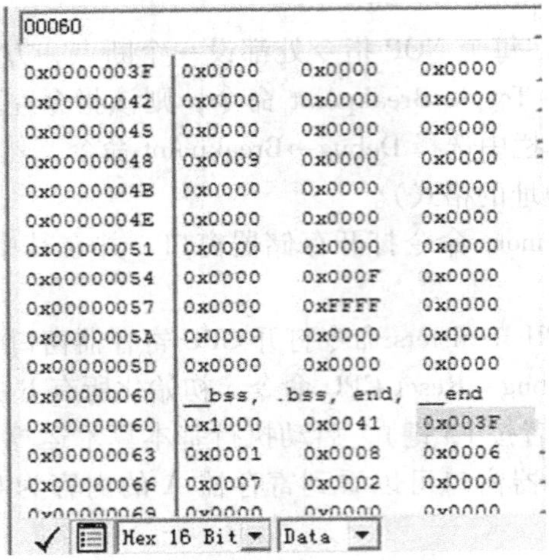

图 5.18　存储器窗口的显示

二次方：寄存器 A 的内容为 0000147852H。

三数相加宏调用：在 DAT3（0063H），为 14A7H。

参考程序如下：

```
        * ================================== *
        **** 实现 16 位定点加、减、乘、除法 *********
        * ================================== *
.title "exp17.asm"
.mmregs
.def start
.def _c_int00
DAT0.set60h
DAT1   .set61h
DAT2   .set62h
DAT3   .set63h
.text
ADD3   .macro P1,P2,P3,ADDRP;三数相加宏定义：ADDRP = P1 + P2 + P3
LD P1,A
ADD P2,A
ADD P3,A
STL A,ADDRP
.endm
_c_int00:
B start
start: LD #000h,DP              ;置数据页指针
        STM #1000h,SP            ;置堆栈指针
SSBX INTM                        ;禁止中断
bk0:ST #0012h,DAT0
LD #0023h,A
        ADD DAT0,A               ;加法操作：A = A + DAT0
NOP
bk1:   ST #0054h,DAT0
```

```
        LD #0002h,A
          SUB DAT0,A              ;减法操作：A = A - DAT0
NOP
bk2:   ST #0345h,DAT0
STM #0002h,T
          MPY DAT0,A             ;乘法操作：A = DAT0 * T
NOP
bk3:   ST #1000h,DAT0
ST #0041h,DAT1
          RSBX SXM               ;无符号除法操作：DAT0 ÷ DAT1
LD DAT0,A
RPT #15
SUBC DAT1,A
STL A,DAT2
STH A,DAT3;                      结果：商在 DAT2,余数在 DAT3
NOP
bk4:ST #0333h,DAT0
          SQUR DAT0,A            ;二次方操作：A = DAT0 * DAT0
NOP
bk5:ST #0034h,DAT0
ST #0243h,DAT1
ST #1230h,DAT2
          ADD3 DAT0,DAT1,DAT2,DAT3  ;宏调用 DAT3 = DAT0 + DAT1 + DAT2
NOP
.end

--------------- /复位向量/-----------------------------
.title  "vectors.asm"
.ref   start
.sect       ".vectors"
rst:   B  start
       .end

--------------- /链接命令 exp17.cmd/---------------------
MEMORY
{
  PAGE 0:
EPROM:org = 0E000h len = 01F80h
VECS:org = 0FF80h len = 00080h
  PAGE 1:
  SPRAM:org = 00060h len = 00030h
DARAM:org = 00090h len = 01380h
}
SECTIONS
{
  .text: >       EPROM PAGE 0
  .data: >       EPROM PAGE 0
  .bss: >        SPRAM PAGE 1
  .vectors: >   VECS PAGE 0
}
```

5.3.3 探针和显示图形的使用

本小节介绍创建和测试一个简单数字信号算法的过程，所需处理的数据放在 PC 文件中。通过本小节，读者可学习使用探针和图形显示的方法。

Probe Point 是开发算法的一个有用工具，可以使用 Probe Point 从 PC 文件中存取数据。即：

- 将 PC 文件中的数据传送到目标板上的 buffer，供算法使用。
- 将目标板上 buffer 中的输出数据传送到 PC 文件中以供分析。
- 更新一个窗口，如由数据绘出的 Graph 窗口。

Probe Point 与 Breakpoints 都会中断程序的运行，但 Probe Point 与 Breakpoints 在以下方面不同：Probe Point 只是暂时中断程序运行，当程序运行到 Probe Point 时会更新与之相连接的窗口，然后自动继续运行程序；Breakpoints 中断程序运行后，将更新所有打开的窗口，且只能用人工的方法恢复程序运行；Probe Point 可与 FILEIO 配合，在目标板与 PC 文件之间传送数据，Breakpoints 则无此功能。

下面讲述如何使用 Probe Point 将 PC 文件中的内容作为测试数据传送到目标板，同时使用一个断点以便在到达 Probe Point 时自动更新所有打开的窗口。

1. 为 FILE I/O 添加 Probe Point

1）打开 5.3.2 小节已经完成的程序，并进行编译。

2）选择 File（文件）→Load Program（下载程序）命令，选择 volume1. out 文件，并单击"打开"按钮。

3）双击 volume. c，以便在右边的编辑窗口中显示源代码。

4）将光标定位在主函数的 dataIO 行上。

5）单击鼠标右键，在弹出菜单中选择 Toggle Probe Point 命令，添加 Probe Point。

6）选择 File→File I/O 命令，出现 File I/O 对话框，如图 5.19 所示，在对话框中选择输入/输出文件。

7）在 File Input 选项卡中，单击 Add File 按钮。

8）在 volume. c 文件所在目录选择 sina. dat，并单击打开。此时将出现一个控制窗口，如图 5.20所示。可以在运行程序时使用这个窗口来控制数据文件的开始、停止、前进、后退等。

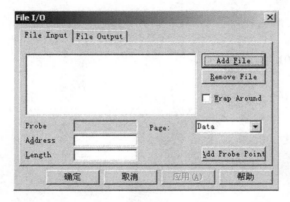

图 5.19　File I/O 对话框　　　　图 5.20　File I/O 控制窗口

9）在 File I/O 对话框中，在 Address 域输入 inp_buffer，在 Length 域输入 100，同时将 Wrap Around 复选框框选中（见图 5.21）。这几部分值的含义如下。

- Address 域指示的是从文件中读取的数据将要存放的地址。inp_buffer 是在 volume. c 中定义的整型数组，其长度为 BUFFSIZE。
- Length 域指示的是每次到达 Probe Point 时从数据文件中读取多少个样点。这里取值为 100，是因为 BUFFSIZE = 100，即每次取 100 个样值放在输入缓冲中。如果 Length 超过 100，则可能导致数据丢失。
- 选中 Wrap Around 复选框，表示设置读取数据的循环特性，每次读至文件结尾处将自动从文件头开始重新读取数据。这样将从数据文件中读取一个连续（周期性）的数据流。

10）单击 Add Probe Point 按钮，将出现 Break/Probe Points 对话框，如图 5.22 所示，选中 Probe Points 选项卡。

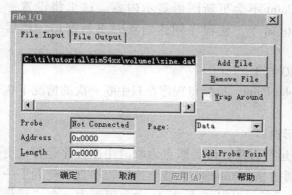

图 5.21　File I/O 属性

图 5.22　Break/Probe Points 对话框

11）在 Probe Point 列表框中显示 volume. c line 61 -- > No Connection" 行，表明第 61 行已经设置了 Probe Point，但还没有和 PC 文件关联。

12）在 Connect 域，从下拉列表中选 sine. dat 选项。

13）单击 Replace 按钮，此时 Probe Point 已与 sine. dat 文件相关联。

14）单击"确定"按钮，File I/O 对话框指示文件连至一个 Probe Point。

15）单击"确定"按钮，关闭 File I/O 对话框。

2. 显示图形

如果现在运行程序，将看不到任何程序运行结果。当然可以通过 Watch 窗口观察 inp_buffer 和 out_buffer 等的值，但需要观察的变量很多，而且显示的也只是枯燥的数据，远不如图形显示直观、友好。

CCS 提供了很多将程序产生的数据图形显示的方法，包括时域/频域波形显示，星座图、眼图等。本例使用时域/频域波形显示功能观察一个时域波形。

1）选择 View（显示）→Graph（图形）→Time/Frequency（时域/频域）命令，弹出 Graph Property 对话框。

2）在 Graph Property 对话框中，可更改 Graph Title（图形标题）、Start Address（起始地

址）、Acquisition BufferSize（采集缓冲区大小）、DSP Data Type（DSP 数据类型）、Autoscale（自动伸缩属性）及 Maximum Y-alue（最大 Y 值）。

3）单击 OK 按钮，将出现一个显示 inp_buffer 波形的图形窗口。

4）在图形窗口中单击鼠标右键，从弹出菜单中选择 Clear Display 命令，清除已显示波形。

5）再次选择 View→Graph→Time/Frequency 命令。

6）将 Graph Title 修改为 output buffer，将 Start Address 修改为 out_buffer，其他设置不变。

7）单击 OK 按钮，出现一个显示 out_buffer 波形的图形窗口。同样，单击鼠标右键，从弹出菜单中选 Clear Display 命令，清除已显示波形。

3. 动态显示程序和图形

到现在为止，已经设置了一个 Probe Point。它将临时中断程序运行，将 PC 数据传给目标板，然后继续运行程序。但是，Probe Point 不会更新图形显示内容。这里将设置一个断点，使图形窗口自动更新。使用 Animate 命令，使程序到达断点时更新窗口，然后自动继续运行。

1）在 volume. c 窗口中将光标定位在 dataIO 行上。

2）在该行上同时设置一个断点和一个 Probe Point，这使得程序在只中断一次的情况下执行两个操作：传送数据和更新图形显示。

3）重新组织窗口以便能同时看到两个图形窗口。

4）选择 Debug→Animate 命令。此命令将运行程序，碰到断点后临时中断程序运行，更新窗口显示，然后继续执行程序。与 Run 不同的是，Animate 会继续执行程序直到碰到下一个断点。只有人为干预时，程序才会真正中止运行。可以将 Animate 命令理解为一个"运行→中断→继续"的操作。

5）每次碰到 Probe Point 时，CCS 将从 sine. dat 文件读取 100 个样值，并将其写至输入缓冲 inp_buffer。由于 sine. dat 文件保存的是 40 个采样值的正弦波形数据，因此每个波形包括 2.5 个 sine 周期波形，如图 5.23 所示。

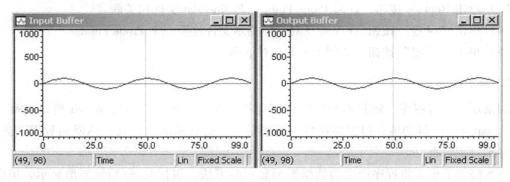

图 5.23　Gain =1 时的输入/输出图形显示

6）选择 Debug（调试）→Halt（停止）命令，停止程序运行。

5.4　CCS 仿真

5.4.1　用 Simulator 仿真中断

C54x 允许用户仿真外部中断信号 INT0 ~ INT3，并选择中断发生的时钟周期。为此，可以建立一个数据文件，并将其连接到 4 个中断引脚中的一个，即 INT0 ~ INT3 中的一个，或 BIO 脚。值得注意的是，时间间隔用 CPU 时钟周期函数来表示，仿真从一个时钟周期开始。

1. 设置输入文件

为了仿真中断，必须先设置一个输入文件（输入文件使用文本编辑器编辑），列出中断间隔。文件中必须有如下格式的时钟周期：

```
[clock clock,logic value]rpt {n |EOS}
```

只有使用 BIO 引脚的逻辑时，才使用方括号。

1）clock clock（时钟周期）是指希望中断发生时的 CPU 时钟周期。可以使用以下两种 CPU 时钟周期。

①绝对时钟周期。其周期值表示所要仿真中断的实际 CPU 时钟周期。

例如 14、26、58，分别表示在第 14、26、58 个 CPU 时钟周期处仿真中断，对时钟周期值没有操作，中断在所写的时钟周期处发生。

② 相对时钟周期。相对于上次事件的时钟周期。

如 14 + 26 和 58，表示有 3 个时钟周期，即分别在 14、40（14 + 26）和 58 个 CPU 时钟周期处仿真中断。时钟周期前面的加号表示将其值加上前面总的时钟周期。在输入文件中可以混合使用绝对时钟周期和相对时钟周期。

2）logic value（逻辑值）只用于 BIO 引脚。必须使用一个值去迫使信号在相应的时钟周期处置高位和置低位。

比如 [13、1]、[25、0] 和 [55、1]，表示 BIO 在第 13 个时钟周期置高位，在第 25 个时钟周期置低位，在第 55 个时钟周期又置高位。

3）rpt {n | EOS} 是一个可选参数，代表一个循环修正。可以用以下两种循环形式来仿真中断。

①固定次数的仿真。可以将输入文件格式化为一个特定模式并重复一个固定次数

比如 5（ +10 +20）rpt 2，括号中的内容代表要循环的部分，这样在第 5 个 CPU 时钟周期仿真一个中断，然后在第 15（5 + 10）、35（15 + 20）、45（35 + 10）、60（45 + 15）个时钟周期处仿真一个中断。n 是一个正整数，表示重复循环的次数。

②循环直到仿真结束。为了将同样的模式在整个仿真过程中循环，加上一个 EOS。

比如 5（ +10 +20）rpt EOS，表示在第 5 个 CPU 时钟周期处仿真一个中断，然后在第 15（5 + 10）、35（15 + 20）、45（35 + 10）、60（45 + 15）个时钟周期处仿真一个中断，并将该模式持续到仿真结束。

2. 软件仿真编程

建立输入文件后，就可以使用 CCS 提供的 Tools→ Pin Connect 菜单来连接列表及将输入

文件与中断脚断开。使用调试时选择 Tools→ Command Window 命令，系统出现图 5.24 所示的窗口。

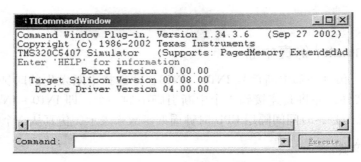

图 5.24 TICommandWindow 窗口

在窗口的 Command 处根据需要选择如下命令。

1）pinc：将输入文件和引脚相连。

命令格式：pinc 引脚名，文件名。

引脚名：确认引脚必须是 4 个仿真引脚（INT0 ~ INT3）中的一个，或是 BIO 引脚。

文件名：输入文件名。

2）pinl：验证输入文件是否连接到了正确的引脚上。

命令格式：pinl。

它首先显示所有没有连接的引脚，然后是已经连接的引脚。对于已经连接的引脚，在 TICommand Window 窗口，并显示引脚名和文件的绝对路径名。

3）pind：结束中断，引脚脱开。

命令格式：pind 引脚名。

该命令将文件从引脚上脱开，之后可以在该引脚上连接其他文件。

3. 实例

simulator 仿真 INT3 中断，当中断信号到来时，中断处理子程序可将一变量存储到数据存储区中，中断信号产生 10 次。

1）编写中断产生文件。设置一个输入文件，列出中断发生间隔。在文件 zhongduan. txt 中写入 100（ + 100）rpt 10 之后存盘。此文件与中断的 INT3 引脚连接后，系统就知道每隔 100 个时钟周期发生一次中断。

2）将输入文件 zhongduan. txt 连接到中断引脚。在 Command 行输入 pinc INT3，zhongduan. txt，将 INT3 脚与 zhongduan. txt 文件连接。

3）用汇编语言仿真中断。

①编写中断向量表。对于要使用的中断引脚，应正确地配置中断入口和中断服务子程序。在源程序的中断向量表中写入：

```
    .mmregs
;建立中断向量
    .sect "vectors"
    .space 93 *16        ;在中断向量表中预留一定空间,使程序能够正确转移
    INT3 NOP             ;外部中断 INT3
NOP
```

```
    NOP
  GOTO NT3
    NOP
   .space 28 * 16     ;68H ~ 7FH 保留区
```

②编写主程序。

在主程序中，要对中断有关的寄存器进行初始化。

```
*********** zhongduansim ***********
      .data
a0  .word  0,0,0,0,0,0,0,0
    .text
    .global  _main
_main:
PMST = #01a0h           ;初始化 PMST 寄存器
   SP = #27FFh           ;初始化 SP 寄存器
   DP = #0
IMR = #100              ;初始化 IMR 寄存器
   AR1 = #a0
   a = #9611h
   INTM = 0             ;开中断
wait                    ;等待中断信号
NOP
   NOP
   GOTO wait
```

③编写中断服务程序。

```
NT3 :
   NOP
   NOP
  ( * AR1 + ) = a;
   NOP
NOP
return_enable
.end
```

在命令窗口中输入 reset，然后装入编译和连接好的 * . out 程序并运行。

5.4.2　用 Simulator 仿真 I/O 口

用 Simulator 仿真 I/O 口，可通过如下 3 步实现：

- 定义存储器映像方法；
- 连接 I/O 口；
- 脱开 I/O 口。

可以使用系统提供的 Tools→Port Connect 命令来连接、脱开 IO 口，也可以选择调试命令来实现。调试时选择 Tools→Command Window 命令，系统将弹出对话框，然后在 Command 处根据需要选择输入的命令。

1. 定义存储器映像方法

定义存储器映像除了前面章节讲的方法以外，还可以在 Command Window 输入 ma 来定义实际的目标存储区域，语法如下：

```
ma  address,page,length,type
```

address 定义一个存储区域的起始地址，此参数可以是一个绝对地址、C 表达式、函数名或汇编语言标号。

page 用来识别存储器类型，0 代表程序存储器，1 代表数据存储器，2 代表 I/O 空间。

length 定义其长度，可以是任何 C 表达式。

type 说明该存储器的读写类型。该类型必须是表 5.1 关键字中的一个。

表 5.1　存储器读写类型对应的关键字

存储器类型	type 类型
只读存储器	R 或 ROM
只写存储器	W 或 WOM
读写存储器	R | M 或 RAM
读写外部存储器	RAM | EX 或 R | M | EX
只读外部结构	P | R
读写外部结构	P | R | W

2. 连接 I/O 口

mc（Memory Connect）命令可将 P \| R、PW、P \| R \| W 连接到输入/输出文件，允许将数据区的任何区域（除 00H ~ 1FH 外）连接到输入/输出文件来读写数据。语法如下：

```
mc portaddress,page,length,filename,fileaccess
```

portaddress 表示 I/O 空间或数据存储器地址。此参数可以是一个绝对地址、C 表达式、函数名或汇编语言标号。它必须先用 ma 命令定义，并有关键字 P/R 或 P/R/W。为 I/O 口定义的地址字节长度范围为 0x1000 ~ 0x1FFF，并且不必是 16 的倍数。

page 用来识别此存储器区域的内容。page = 1，表示该页属于数据存储器。page = 2，表示该页属于 I/O 空间。

length 定义此空间的范围，此参数可以是任何 C 表达式。

filename 可以为任何文件名。从连接口或存储器空间读文件时，文件必须存在，否则 mc 命令会失败。

fileaccess 识别 I/O 和数据存储器的访问特性，必须为表 5.2 所示关键字的一种。

表 5.2　存储器的读写类型对应的关键字

访问文件的类型	访问特性
输入口（I/O 空间）	P | R
输入 EOF，停止软仿真（I/O 口）	R | P | NR
输出口（I/O 空间）	P | W
内部只读存储器	R

（续）

访问文件的类型	访问特性
外部只读存储器	EXlR
内部存储器输入 EOF，停止软仿真	R | NR
外部存储器输入 EOF，停止软仿真	EX| R | NR
只写内部存储器空间	W
只写外部存储器空间	EX | W

对于 I/O 存储器空间，当相关的口地址处有读写指令时，说明有文件访问。任何 I/O 口都可以同文件相连，一个文件可以同多个口相连，但一个口至多与一个输入文件和一个输出文件相连。

如果使用了参数 NR，软仿真读到 EOF 时会停止执行并在 Command 窗口显示相应信息：

< addr > EOF reached – connected at port (I/O_PAGE)

或

< addr > EOF reached – connected at location(DATA_PAGE)

此时可以用 mi 命令脱开连接，mc 命令用于添加新文件。如果未进行任何操作，输入文件会自动从头开始自动执行，直到读出 EOF。如果未定义 NR，则 EOF 被忽略，执行不会停止。输入文件自动重复操作，软件仿真器继续读文件。

例如，设有两个数据存储器块：

```
ma  0x100 ,1,0x10,EX |RAM|   ;block1
ma  0x200,1,0x10,RAM         ;block2
```

可以使用 mc 命令将输入文件连接到 block1：

```
mc  0x100,1,0x1,my_input.dat,EX |R
```

可以使用 mc 命令将输出文件连接到 block2：

```
mc  0x205,1,0x1,my_output.dat,W
```

可以使用 mc 命令，使遇到输入文件的 EOF 时暂停仿真器：

```
mc  0x100,1,0x1,my_input.dat,EX |RNR
```
或 mc 0x100,1,0x1,my_input.dat,ERNR

例如：将输入口连接到输入文件。

假定 in. dat 文件中包含的数据是十六进制格式，且一个字写一行，则：

```
0A00
1000
2000
```

使用 ma 和 mc 命令来设置和连接输入口：

```
ma  0x50,2,0x1,R |P            ;将口地址 50H 设置为输入口
mc  0x50,2,0x1,in.dat,R        ;打开文件 in. dat,并将其连接到口 50H
```

假定下列指令是程序的一部分，则可完成从文件 in. dat 中读取数据：

```
PORTR 0x50,data_mem          ;读取文件 in.dat,并将读取的值放入 data_mem 区域
```

3. 脱开 I/O 口

使用 md 命令从存储器映像中消去一个口之前，必须使用 mi 命令脱开该口。mi（memory disconnect）将一个文件从一个 I/O 口脱开。其语法如下：

```
mi  portaddress,page,{R |W |EX}
```

命令中的口地址和页是指要关闭的口，R | W 特性必须与口连接时的参数一致。

4. 实例

1）编写汇编语言源程序，从文件中读数据。

①定义 I/O 口。

使用 ma 命令指定 I/O 口，在 Command 窗口中输入以下内容：

```
ma  0x100,2,0x1,P |R       ;定义地址 0x100 为输入口
ma  0x102,2,0x1,P |W       ;定义地址 0x102 为输出口
ma  0x103,2,0x1,P |R |W    ;定义地址 0x103 为输入/输出口
```

②连接 I/O 口。

用 mc 命令将 I/O 口连接到输入/输出文件。允许将数据区的任何区域（除 00H～1FH 外）连接到输入/输出文件来读写数据。当连接读文件时应确保文件存在。

```
mc  0x100,2,0x1,ioread.txt,R
mc  0x102,2,0x1,iowrite.txt,W
```

为了验证 I/O 口是否被正确定义，以及文件是否被正确连接，在命令窗口中使用 ml 命令，Simulator 将列出存储器的配置、I/O 口的配置和所连接的文件名。

③编写汇编语言源程序，从文件中读数据：

```
(* ar1 +)=port(0x100) ;将端口 0x100 所连接文件的内容读到 ar1 寄存器指定的地址单元中
port(0x102) = * ar1    ;将 ar1 寄存器所指地址的内容写到端口 0x102 连接的文件中
```

2）脱开 I/O 口

```
mi 0x100,2,R           ;将 0x100 端口所连接的文件 ioread.txt 从 I/O 口脱开
mi 0x102,2,W           ;将 0x102 端口所连接的文件 iowrite.txt 从 I/O 口脱开
```

注意：必须将 I/O 口脱开，数据才能避免丢失。

5.5　DSP/BIOS 的功能

5.5.1　DSP/BIOS 简介

DSP/BIOS 是一个实时操作系统内核，主要应用在需要实时调度和同步的场合。此外，通过使用虚拟仪表，它还可以实现主机与目标机的信息交换。DSP/BIOS 提供了可抢占线程，具

备硬件抽象和实时分析等功能。

DSP/BIOS 由一组可拆卸的组件构成。应用时只需将必需的组件加到工程中即可。DSP/BIOS 配置工具允许通过屏蔽不需要的 DSP/BIOS 特性来优化代码体积和执行速度。

在软件开发阶段，DSP/BIOS 为实时应用提供底层软件，从而简化实时应用的系统软件设计，节约开发时间。更为重要的是，DSP/BIOS 的数据获取（Data Capture）、统计（Statistics）和事件记录功能（Event Logging）在软件调试阶段与主机 CCS 内的分析工具 BIOScope 配合，可以完成对应用程序的实时探测（Probe）、跟踪（Trace）和监控（Monitor），与 RTDX 技术和 CCS 可视化工具相配合，除了可以直接实时显示原始数据（二维波信号或三维图像）外，还可以对原始数据进行处理，进行数据的实时 FFT 频谱分析、星座图和眼图处理等。

DSP/BIOS 包括如下工具和功能。

1）DSP/BIOS 配置工具。程序开发者可以利用该工具建立和配置 DSP/BIOS 目标。该工具还可以用来配置存储器、线程优先级和中断处理函数等。

2）DSP/BIOS 实时分析工具。该工具用来测试程序的实时性。

3）DSP/BIOS API 函数。应用程序可以调用超过 150 个 DSP/BIOS API 函数。

5.5.2　一个简单的 DSP/BIOS 实例

本小节通过一个简单的例子来介绍如何使用 DSP/BIOS 创建、生成、调试和测试程序。该实例就是常用的显示 "hello world"！程序。这里没有使用标准 C 输出函数，而是使用 DSP/BIOS 功能。利用 CCS2 的剖析特性可以比较标准输入函数和 DSP/BIOS 函数执行的性能。值得注意的是，开发 DSP/BIOS 应用程序不仅要有 Simulator（软件调试仿真），还需要使用 emulator（硬件仿真）和 DSP/BIOS 插件（安装时装入）。

1. 创建一个配置文件

为使用 DSP/BIOS 的 API 函数，一个程序必须有一个配置文件以定义程序所需的 DSP/BIOS 对象。

1）在 C:\ ti\ myprojects 目录下新建一个新文件夹 HelloBios

2）将文加夹 C:\ ti\ tutorial\ sim54xx\ hello1 下的全部文件复制到新建立的文件夹 HelloBios 中。

3）运行 CCS，并打开 C:\ ti\ myprojects\ HelloBios 下的 hello. pjt。

4）CCS 会弹出图 5.25 所示的对话框，提示没有找到库文件，这是因为工程被移动了。单击 Browse 按钮，在 C:\ ti\ c5400\ cgtools\ lib 找到 rts. lib 库文件。

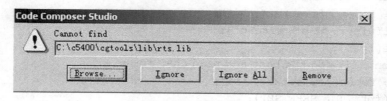

图 5.25　提示没找到库文件

5）单击 hello. pjt、Libraries 和 Source 旁边的 " + " 号，展开工程视图。

6）双击 hello. c 程序，将其打开，可以看出本程序通过 puts（"hello world!\ n"）函数输出 "hello world!"。

7）编译、下载和运行程序，输出"hello world!"。下面修改程序，使用 DSP/BIOS 输出"hello world!"。

```c
#include <stdio.h>
#include "hello.h"
#define BUFSIZE 30
struct PARMS str =
{
    2934,
    9432,
    213,
    9432,
&str
};
/*
 *  ======== main ========
 */
void main()
{
#ifdef FILEIO
    int      i;
    char     scanStr[BUFSIZE];
    char     fileStr[BUFSIZE];
    size_t   readSize;
    FILE     *fptr;
#endif
    /* write a string to stdout */
    puts("hello world! \n");
#ifdef FILEIO
    /* clear char arrays */
    for (i = 0; i < BUFSIZE; i++) {
        scanStr[i] = 0          /* deliberate syntax error */
        fileStr[i] = 0;
    }
    /* read a string from stdin */
    scanf("% s", scanStr);
    /* open a file on the host and write char array */
    fptr = fopen("file.txt", "w");
    fprintf(fptr, "% s", scanStr);
    fclose(fptr);
    /* open a file on the host and read char array */
    fptr = fopen("file.txt", "r");
    fseek(fptr, 0L, SEEK_SET);
    readSize = fread(fileStr, sizeof(char), BUFSIZE, fptr);
    printf("Read a % d byte char array: % s \n", readSize, fileStr);
    fclose(fptr);
#endif
}
```

8）执行菜单命令 File→New→DSP/BIOS Configuration。

9）选择与 DSP 仿真器相对应的模板并单击 OK 按钮确认。此时将弹出一个新窗口。窗口左半部分为 DSP/BIOS 模块及对象名，右半部分为模块和对象的属性。

10）右键单击 LOG-Event Log Manager，在弹出菜单中选择 Insert Log 命令，此时创建一个被称为 LOG0 的 LOG 对象。

11）右键单击 LOG0 对象，在弹出菜单中选择 Rename 命令，将对象更名为 trace。

12）将配置文件保存为 myhello. cbd，存盘到 C:\ ti \ myprojects \ HelloBios 中，此时将产生以下文件。

①myhello. cdb：配置文件，保存配置设置。

②myhellocfg. cmd：链接命令文件。

③myhellocfg. s54：汇编语言源文件。

④myhellocfg. h54：myhellocfg. s54 包含的头文件。

⑤myhellocfg. h：DSP/BIOS 模块头文件。

⑥myhellocfg_ c. c：CSL 结构体和设置代码。

2. 将 DSP/BIOS 添加到工程中

下面将刚才存盘时生成的文件添加到工程文件中。

1）执行菜单命令 Project→Add Files to Project，将 myhello. cbd 加入，此时工程视图中将添加一个名为 DSP/BIOS Config 的目录，myhello. cbd 被列在该目录下。

2）链接输出的文件名必须与 . cdb 文件名一样，选择 Project→Build Options 命令，在打开对话框的 Linker 栏中将输出文件名修改为 myhello. out。

3）执行菜单命令 Project→Add Files to Project，将 myhellocfg. cmd 加入 CCS 中。由于工程中只能有一个链接命令文件，因此产生图 5.26 所示的警告信息。

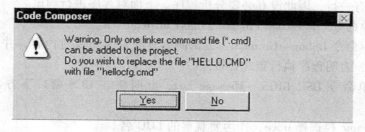

图 5.26 链接命令文件警告信息

4）单击 Yes 按钮，用 myhellocfg. cmd 替换原来的 hello. cmd 命令文件。

5）在 Project 视图中移去 vector. asm，这是因为硬件中断矢量已在 DSP/BIOS 配置中自动定义。

6）移去 rts. lib 文件，因为此运行支持库也已在 myhellocfg. cmd 中指定，链接时将自动加入。

7）将 hello. c 文件内容修改为以下代码。LOG_printf 和 put 函数占用相同的资源。

```
/* ========hello.c======== */
/*DSP/BIOS 头文件*/
#include <std.h>
#include <log.h>
```

```
/* 由配置工具创建的 LOG 对象 */
Extern LOG_obj trace;
/* ======== main ======== */
Void main() */
{
LOG_printf(&trace, "hello world!");
/* 程序进入 DSP/BIOS 空循环 */
return;
}
```

在以上程序代码中：

①程序首先包含了 std. h 和 log. h 两个头文件。所有使用 DSP/BIOS API 的程序必须包含 std. h 头文件。此外还应包括该模块使用的头文件，本例中的 LOG 模块头文件为 log. h。在 log. h 中定义了 LOG_Obj 结构，并在 LOG 模块中声明 API 操作。在头文件中，std. h 必须放在其他文件前面，其余模块的先后次序则并不重要。

②程序中使用关键字 Extern，声明在配置文件中创建的 LOG 对象。

③主函数调用 LOG_pritf 函数并将 LOG 对象 &trace 和 "hello world!" 信息作为参数传给主函数。

④主函数返回，程序将进入 DSP/BIOS 等待循环状态，等待软件和硬件中断发生。

8) 保存 hello. c。

9) 执行菜单命令 Project→ Build Option，在打开的对话框中直接将 Compiler 栏的命令行参数-d FILEIO 删除。

10) 重新编译程序。

3. 用 CCS 测试

由于程序只有一行，因此没有必要分析程序。下面对程序进行测试。

1) 执行菜单命令 File→Load Program，加载 myhello. out。

2) 执行菜单命令 Debug→Go main，编辑窗口显示 hello. c 文件内容，并且 main 函数的第一行被高亮显示，表明程序执行到此处暂停。

3) 执行菜单命令 DSP/BIOS→Message Log，此时将在 CCS 窗口下方出现 Message Log 区域。

4) 在 Log Name 栏选择 trace，作为要观察的 LOG 名。

5) 程序将在 Message Log 区域出现 "hello world!" 信息。

6) 在 Message Log 区域单击鼠标右键，并选择 Close 命令，为下面使用剖切（Profiler）做准备。

4. 分析 DSP/BIOS 代码执行时间

下面使用剖切（Profiler）获得 LOG _printf 的执行时间。

1) 执行菜单命令 File→Reload Program，重新加载程序。

2) 执行菜单命令 Profiler→Enable Clock，使能时钟。

3) 双击 hello. c，查看源代码。

4) 执行菜单命令 View→ Max Source/ASM，同时显示 C 及相应汇编代码。

5) 将光标定位在 "LOG_printf（&trace, " hello world!"）;" 行。

6）单击 Project 工具条上的 Toggle Profile Point 图标，设置剖切点。

7）将光标移至程序最后一行花括号处，并设置第二个剖切点。虽然 return 是程序的最后一条语句，但不能将剖切点放在此行，因为此行不包含等效汇编代码。如果将剖切点放在此行，则 CCS 运行时自动纠正此错误。

8）执行菜单命令 Profiler→ Start New Session，弹出 Profile Session Name 窗口，使用默认名称，单击 OK 按钮，出现 Profile Statistics 窗口。

9）运行程序。按钮可以看到第二个剖切点的指令周期约为 58，即为执行 LOG_printf 的时间。调用 LOG_printf 比调用 C 中的 puts 函数更为有效，这是因为字符串格式是在主机上处理，而不是像 puts 函数那样在目标 DSP 上处理。使用 LOG_printf 函数，系统状态对程序的实时运行影响比使用 puts 函数小得多。

10）停止程序运行。

11）执行以下操作以释放被 Profile 任务占用的资源。

① 执行菜单命令 Profiler→Enable Clock，禁止时钟。

② 关闭 Profile Statistics 窗口。

③ 执行菜单命令 Profiler→profile points，删除所有剖切点。

④ 执行菜单命令 View→Mixed Source/ASM，取消 C 与汇编的混合显示。

⑤ 关闭所有源文件和配置窗口。

⑥ 执行菜单命令 Project→Close，关闭工程。

注意：必须将 I/O 口脱开，数据才避免丢失。

思考题

1. 简述 CCS 软件配置步骤。
2. CCS 提供了哪些菜单和工具条？
3. 编写一个能显示"This is my program!"的 DSP 程序。
4. 编写程序，用 CCS 仿真 INT2 中断。
5. 用 DSP/BIOS 的 LOG 对象方法实现"This is my program!"的输出。

第 6 章

中断系统及片内外设

为了满足数据处理的需要，TMS320C54x DSP 除了提供哈佛结构的总线、功能强大的 CPU 以及大范围的地址空间的存储器外，还提供了必要的片内外设部件。TMS320C54x DSP 的 CPU 结构是相同的，但其片内存储器及外设电路配置是不同的。片内外设包括时钟发生器、中断系统、定时器、主机接口和串行口等。

6.1 中断系统

6.1.1 中断系统概述

中断是由硬件驱动或者软件驱动的信号。中断信号使 C54x DSP 暂停正在执行的程序，并进入中断服务程序（ISR）。中断系统是 DSP 应用系统实现实时操作和多任务多进程操作的关键部分。通常，当外部需要送一个数至 C54x DSP（如 A/D 转换），或者从 C54x DSP 取走一个数（如 D/A 转换）时，就通过硬件向 C54x DSP 发出中断请求信号。中断也可以是发出特殊事件的信号。

TMS320C54x 的中断系统根据芯片型号的不同，提供了 24 ~ 30 个硬件及软件中断源，分为 11 ~ 17 个中断优先级，可实现多层任务嵌套。本小节从应用的角度介绍 C54x 中断系统的工作过程和编程方法。

C54x DSP 既支持软件中断，也支持硬件中断。由程序指令（INTR、TRAP 或 RESET）要求的中断是软件中断。由外围设备信号要求的中断是硬件中断。硬件中断有两种形式：受外部中断口信号触发的外部硬件中断和受片内外围电路信号触发的内部硬件中断。

当同时有多个硬件中断出现时，C54x DSP 按照中断优先级别的高低（1 表示优先级最高）对它们进行服务。

无论是硬件中断还是软件中断，C54x DSP 的中断可以分成以下两大类。

1）第一类是可屏蔽中断。该类中断是可以用软件来屏蔽或开放的硬件和软件中断。C54x 最多可以支持 16 个用户可屏蔽中断（SINT15 ~ SINT0）。但有的处理器只用了其中的一部分，例如，C5402 只使用 14 个可屏蔽中断。对 C5402 来说，这 14 个中断的硬件名称为：

- $\overline{\text{INT3}}$ ~ $\overline{\text{INT0}}$；
- RINT0、XINT0、RINT1 和 XINT2（串行口中断）；

- TINT、TINT₁（定时器中断）；
- HPINT、DMAC0 ~ DMAC5。

2）第二类是非屏蔽中断。这些中断是不能够屏蔽的，C54x 对这一类中断总是响应，并从主程序转移到中断服务程序。C54x DSP 的非屏蔽中断包括所有的软件中断，以及两个外部硬件中断，即 $\overline{RS}$（复位）和 $\overline{NMT}$（注意，也可以用软件进行 $\overline{RS}$、$\overline{NMT}$ 中断）。$\overline{RS}$ 是一个对 C54x 的所有操作方式都产生影响的非屏蔽中断，而 $\overline{NMT}$ 中断不会对 C54x 的任何操作方式产生影响。$\overline{NMT}$ 中断响应时，所有其他的中断将被禁止。

6.1.2 中断寄存器

在讨论中断响应过程之前，先介绍一下 C54x DSP 内部的两个寄存器：中断标志寄存器（IFR）和中断屏蔽寄存器（IMR）。

IFR 是一个存储器映像的 CPU 寄存器，位于数据存储器空间内，地址为 0001H。当一个中断出现的时候，TMS320C54x DSP 会收到一个相应的中断请求（中断挂起），此时，IFR 中相应的中断标志位为 1，直到中断得到处理为止。以下 4 种情况都会将中断标志清 0：

1）C54x 复位（$\overline{RS}$ 为低电平）。

2）中断得到处理。

3）将 1 写到 IFR 中的适当位，相应的尚未处理完的中断被清除。

4）利用适当的中断号执行 INTR 指令，相应的中断标志位清 0。

IFR 的任何位为 1 时，表示一个未处理的中断。为了清除一个中断，可以将 1 写到 IFR 相应的中断位。所有未处理的中断可以通过 IFR 的当前内容写回到 IFR 这种方法来清除。C5402 DSP 的 IFR 的位定义如图 6.1 所示。

Resvd	DMAC5	DMAC4	BXINT1 DMAC3	BRINT1 DMAC2	HPINT	INT3	TINT1 DMAC1	DMAC0	BXINT0	BRINT0	TINT0	INT2	INT1	INT0
15-14	13	12	11	10	9	8	7	6	5	4	3	2	1	0

图 6.1 C5402 DSP 的中断标志寄存器（IFR）的位定义

中断屏蔽寄存器（IMR）也是一个存储器映像的 CPU 寄存器，主要用来屏蔽外部中断和内部中断。如果状态寄存器 ST1 中的 INTM 位为 0，IMR 中的某一位为 1，就开放相应的中断。$\overline{RS}$ 和 $\overline{NMT}$ 都不包括在 IMR 中，IMR 不能屏蔽这两个中断。用户可以对 IMR 进行读写操作。C5402 DSP 的 IMR 的位定义如图 6.2 所示。

resvd	DMAC5	DMAC4	BXINT1 DMAC3	BRINT1 DMAC2	HPINT	INT3	TINT1 DMAC1	DMAC0	BXINT0	BRINT0	TINT0	INT2	INT1	INT0
15-14	13	12	11	10	9	8	7	6	5	4	3	2	1	0

图 6.2 C5402 DSP 的中断屏蔽寄存器（IMR）

6.1.3 中断的处理

TMS320C54x 的中断处理分 4 个阶段。

（1）接收中断请求

当硬件和软件指令请求中断时，IFR 中相应的标志位被置为有效电平。无论 DSP 是否响应中断，该标志都处于有效电平状态。在相应中断发生时，该标志自动清除。

一个中断由硬件器件或软件指令请求。产生一个中断请求时，IFR 中相应的中断标志位被置位。不管中断是否被处理器应答，该标志位都会被置位。当相应的中断响应后，该标志位自动被清除。TMS320C5402 DSP 中断源说明见表 6.1。

表 6.1　TMS320C5402 DSP 中断源说明

中断号	中断名称	中断向量地址	功能	优先级
0	$\overline{RS}$/SINTR	0	复位（硬件和软件复位）	1
1	$\overline{NMT}$/SINT16	4	非屏蔽中断	2
2	SINT17	8	软中断#17	—
3	SINT18	C	软中断#18	—
4	SINT19	10	软中断#19	—
5	SINT20	14	软中断#20	—
6	SINT21	18	软中断#21	—
7	SINT22	1C	软中断#22	—
8	SINT23	20	软中断#23	—
9	SINT24	24	软中断#24	—
10	SINT25	28	软中断#25	—
11	SINT26	2C	软中断#26	—
12	SINT27	30	软中断#27	—
13	SINT28	34	软中断#28	—
14	SINT29	38	软中断#29	—
15	SINT30	3C	软中断#30	—
16	$\overline{INT0}$/SINT0	40	外部用户中断#0	3
17	$\overline{INT1}$/SINT1	44	外部用户中断#1	4
18	$\overline{INT2}$/SINT2	48	外部用户中断#2	5
19	TINT0/SINT3	4C	定时器 0 中断	6
20	BRINT0/SINT4	50	McBSP#0 接收中断	7
21	BXINT0/SINT5	54	McBSP#0 发送中断	8
22	DMAC0/ SINT6	58	DMA 通道 0 中断	9
23	TINT1/DMAC1/ SINT7	5C	定时器（默认）/ DMA 通道 1 中断	10
24	$\overline{INT3}$/ SINT8	60	外部用户中断#3	11
25	HPINT/ SINT9	64	HPI 中断	12
26	BRINT1/DMAC2/SINT10	68	McBSP#1 接收中断/ DMA 通道 2 中断	13

（续）

中断号	中断名称	中断向量地址	功能	优先级
27	BXINT1/DMAC3/SINT11	6C	McBSP#1 发送中断/ DMA 通道 3 中断	14
28	DMAC4/SINT12	70	DMA 通道 4 中断	15
29	DMAC5/SINT13	74	DMA 通道 5 中断	16
120 ~ 127	保留	78 ~ 7F	保留	—

1）硬件中断请求。硬件中断有外部和内部两种。以 C5402 为例，来自外部中断口的中断有 $\overline{RS}$、$\overline{NMT}$、$\overline{INT0} \sim \overline{INT3}$ 等 6 个，来自片内外围电路的中断有串行口中断（RINT0、XINT0、RINT1 和 XINT1）及定时器中断（TINT）等。

2）软件中断请求。软件中断都是由程序中的指令 INTR、TRAP 和 RESET 产生的。

软件中断指令 INTR K，可以用来执行任何一个中断服务程序。这条指令中的操作数 K，表示 CPU 转移到哪个中断向量地址。INTR 软件中断是不可屏蔽的中断，即不受状态寄存器 ST1 的中断屏蔽位 INTM 的影响。当 CPU 响应 INTR 中断时，INTM 位置 1，屏蔽其他可屏蔽中断。

软件中断指令 TRAP K，其功能与 INTR 指令相同，也是不可屏蔽的中断。两者的区别在于执行 TRAP 软件中断时，不影响 INTM 位。

软件复位指令 RESET 执行的是一种不可屏蔽的软件复位操作，它可以在任何时候将 C54x DSP 转到一个已知的状态（复位状态）。RESET 指令影响状态寄存器 ST0 和 ST1，但不影响处理器工作方式状态寄存器 PMST，因此，RESET 指令复位与硬件复位在 IPTR 和外围电路初始化方面是有区别的。

（2）响应中断

硬件或软件发送了一个中断请求后，CPU 必须决定是否应答中断请求。软件中断和非屏蔽硬件中断会立刻被应答，但屏蔽中断仅仅在如下条件被满足后才被应答。

1）优先级别最高（当同时出现一个以上中断时）。

2）状态寄存器 ST1 中的 INTM 位为 0。

3）中断屏蔽寄存器（IMR）中的相应位为 1。

CPU 响应中断时，让 PC 转到适当的地址并取出中断向量，发出中断响应信号 $\overline{IACK}$，清除相应的中断标志位。

（3）执行中断服务程序（ISR）

响应中断之后，CPU 会采取如下的操作。

1）将 PC 值（返回地址）存到数据存储器堆栈的栈顶。

2）将中断向量的地址加载到 PC。

3）在中断向量地址上取指（如果是延迟分支转移指令，则可以在它后面安排一条双字指令或者两条单字指令，CPU 也对这两个字取指）。

4）执行分支转移指令，转至中断服务程序（如果延迟分支转移，则在转移前执行附加的指令）。

5）执行中断服务程序。

6）中断返回，从堆栈弹出返回地址并加到 PC 中。

7）继续执行被中断了的程序。

（4）保存中断上下文

在执行中断服务程序前，必须将某些寄存器保存到堆栈（保护现场）。程序执行完毕并准备返回时，应当以相反的次序恢复这些寄存器（恢复现场）。要注意的是，BRC 寄存器应该比 ST1 中的 BRAF 位先恢复。如果不是按这样的次序恢复，那么若恢复前中断服务程序中的 BRC 为 0，则先恢复的 BRAF 位将被清 0。

6.1.4 中断操作流程

一旦将一个中断传给 CPU，CPU 会按如下的方式进行操作，如图 6.3 所示。

1）如果请求的是一个可屏蔽中断，则操作过程如下。

①设置 IFR 的相应标志位。

②测试应答条件（INTM = 0，并且相应的 IMR = 1）。如果条件为真，则 CPU 应答该中断，产生一个$\overline{\text{IACK}}$（中断应答信号）信号，否则忽略该中断，并继续执行主程序。

③当中断已经被应答后，IFR 相应的标志位被清除，并且 INTM 位被置 1（屏蔽其他可屏蔽中断）。

④PC 值保存到堆栈中。

⑤CPU 分支转移到中断服务程序（ISR）并执行。

⑥ISR 由返回指令结束，返回指令将返回的值从堆栈中弹给 PC。

⑦CPU 继续执行主程序。

2）如果请求的是一个不可屏蔽中断，则操作过程如下。

①CPU 立刻应答该中断，产生一个$\overline{\text{IACK}}$（中断应答信号）信号。

②如果中断是由$\overline{\text{RS}}$、$\overline{\text{NMT}}$或 INTR 指令请求的，则 INTM 位被置 1（屏蔽其他可屏蔽中断）。

③如果 INTR 指令已经请求了一个可屏蔽中断，那么相应的标志位被清除为 0。

④PC 值保存到堆栈中。

⑤CPU 分支转移到中断服务程序（ISR）并执行。

⑥ISR 由返回指令结束，返回指令将返回的值从堆栈中弹给 PC。

⑦CPU 继续执行主程序。

注意：INTR 指令通过设置中断模式位（INTM）来禁止可屏蔽中断，但 TRAP 指令不会影响 INTM。

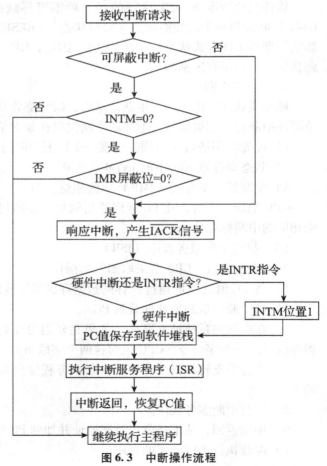

图 6.3 中断操作流程

6.1.5　中断向量地址的产生

在 C54x DSP 中，中断向量地址由 PMST 寄存器中的 IPTR（中断向量指针 9 位）和左移两位后的中断向量序号（中断向量序号为 0～31，左移两位后变成 7 位）所组成。

例如，如果$\overline{\text{INT0}}$的中断向量号为 16（10H），左移两位后变成 40H，若 IPTR = 0001H，那么中断向量地址为 00C0H，中断向量地址产生过程如图 6.4 所示。

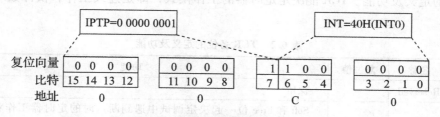

图 6.4　中断向量地址的产生过程

复位时，IPTR 位全置 1（IPTR = 1FFH），并按此值将复位向量映像到程序存储器的 511 页空间。所以，硬件复位后总是从 0FF80H 开始执行程序。除硬件复位向量外，对于其他的中断向量，只要改变 IPTR 位的值，都可以重新安排它们的地址。例如，用 0001H 加载 IPTR，那么中断向量就被移到从 0080H 单元开始的程序存储器空间。

6.2　可编程定时器

片内定时器用于事件计数和产生相应中断。一般定时器/计数器能够对许多系统时钟周期计数和产生一个周期性中断，该中断可用于产生精确的采样频率。例如，调度程序需要在一系列不同任务之间分配处理时间，虽然用软件实现定时器/计数器较简单，但性价比不高。另外，如果要求时钟采样精度很高，软件方法就难以实现，所以片内定时器/计数器有助于提高 DSP 性能。

TMS320 C5402 DSP 有两个片内定时器，主要用来产生周期性的中断。它们的动态范围由 16 位计数器和 4 位预定标计数器来确定。计数频率来自 CPU 的时钟频率。每个定时器都具有软件可编程的 3 个控制寄存器。

6.2.1　定时器的结构

TMS320C54x DSP 内部有定时器 0 和定时器 1 两个定时器。这两个定时器的结构都是一样的，如图 6.5 所示。该定时器是一个 16 位的软件可编程定时器，每个定时器有 3 个 16 位映像到存储器的寄存器组成，分别如下。

● TIM：定时器寄存器，是减 1 计数器，可加载周期寄存器 PRD 的值，并随计数减少；

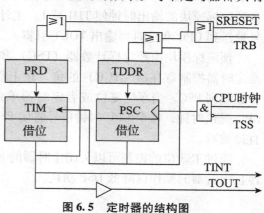

图 6.5　定时器的结构图

- PRD：定时器周期寄存器，PRD 中存放定时器的周期计数值，提供 TIM 重载用功能；
- TCR：定时器控制寄存器，包含定时器的控制和状态位，控制定时器的工作过程。

这 3 个寄存器都是存储器映像寄存器，其映像到数据存储器的地址分别是 0024H、0025H、0026H。

DSP 通过访问或控制 TIM、PRD 和 TCR 这 3 个寄存器来控制定时器的工作。表 6.2 是 TCR 各位的定义及功能。TCR 能决定定时器的工作模式，即是连续工作，仅计数一次，还是停止计数。

表 6.2　TCR 各位的定义及功能

位	名称	复位值	功能
15 ~ 12	Reserved	–	保留
11 10	Soft Free	0 0	Soft 和 Free 位一起决定调试中遇到断点时的定时器工作状态，具体如下： Soft 和 Free 位都为 0 时，定时器立即停止工作 Soft 位为 1，Free 位为 0 时，当计数器减到 0 时停止工作 Soft 位为 x，Free 位为 1 时，定时器继续运行
9 ~ 6	PSC	–	定时器预定标计数器。当 PSC 中的数值减到 0 后，TDDR 中的数加载到 PSC，TIM 减 1
5	TRB	–	定时器重新加载控制位。复位片内定时器。当 TRB 置位时，TIM 重新装载 PRD 的值，PSC 重新装载 TDDR 中的值。TRB 总是读为 0。
4	TSS	0	定时器停止位。TSS = 0，定时器开始工作；TSS = 1，定时器停止
3 ~ 0	TDDR	0000	当 PSC 减为 0 时，TDDR 中的值被装载到 PSC 中

6.2.2　定时器的操作过程

1. 定时器的工作过程

主定时器模块由 PRD 和 TIM 组成。在正常工作情况下，当 TIM 减计数到 0 后，PRD 中的内容自动地加载到 TIM。当系统复位（SRESET 输入信号有效）或者定时器单独复位（TRB 有效）时，PRD 中的内容重新加载到 TIM。TIM 由预定标计数器（PSC）提供时钟，每个来自预定标模块的输出时钟使 TIM 减 1。主计数器块的输出为定时器中断（TINT）信号，该信号被送到 CPU 和定时器输出 TOUT 引脚。

预定标模块由预定标计数器（PSC）和定时器分频系数（TDDR）组成。PSC 和 TDDR 都是定时器控制寄存器（TCR）的位。在正常工作情况下，当 PSC 减计数到 0 时，TDDR 的内容加载到 PSC。当系统复位或者定时器单独复位时，TDDR 的内容重新加载到 PSC。PSC 由 CPU 提供时钟，每个 CPU 时钟信号将使 PSC 减 1。通过读 TCR，可以读取 PSC，但是它不能直接被写。

通过 TSS 位的控制可以关闭定时器的时钟输入，停止定时器的运行。当不需要定时器时，停止定时器的操作以降低 DSP 功耗。

2. 定时时间的计算

每次当定时器/计数器的值减小到 0 时，会产生一个定时器中断（TINT）。定时器中断（TINT）周期可由如下公式计算：

定时器的中断周期 $= T_{CLK} \times (T_{TDDR} + 1) \times (T_{PRD} + 1)$

通过读 TIM，可以读取定时器的当前值；通过读 TCR，可以读取 PSC。由于读这两个寄存器需要两条指令，就有可能在两次读之间因为计数器的值减小而发生读数变化，因此，如果需要精确地定时测量，就应当在读这两个值前先停止定时器。

3. 定时器的初始化

初始化定时器可采用如下步骤：

1）将 TCR 中的 TSS 位置 1，停止定时器；

2）加载 PRD；

3）重新加载 TCR 以初始化 TDDR；

4）重新启动定时器。通过设置 TSS 位为 0 及 TRB 位为 1 来重载定时器周期值，使能定时器。

使能定时器中断的操作步骤如下（假定 INTM = 1）：

1）将 IFR 中的 TINT 位置 1，清除尚未处理完（挂起）的定时器中断；

2）将 IMR 中的 TINT 位置 1，使能定时器中断；

3）可以将 ST1 中的 INTM 位清 0，使能全局中断。

复位时，TIM 和 PRD 被设置为最大值 FFFFH，定时器的分频系数（TCR 的 TDDR 位）清 0，并且启动定时器。注意，复位后的定时器是工作的，如果不用，则可以在初始化中停止其运行。

6.2.3　定时器应用举例

例如，利用定时器 Timer0 在 XF 引脚产生周期为 1s 的方波。

设 $f = 100\text{MHz}$，定时最大值是 $10 \times 2^4 \times 2^{16} \approx 10\text{ms}$，要输出 1s 的方波，可定时 5ms，再在中断程序中加个计数值为 100 的计数器，定时器周期 $= 10\text{ns} \times (1 + 9) \times (1 + 49999) = 5\text{ms}$。

程序如下：

```
CounterSet .set 100                   ;定义计数次数
PERIOD    .set 49999                  ;定义计数周期
          .asg AR1,Counter            ;AR1 做计数指针,重新命名以便识别
          STM #CounterSet,Counter     ;设计数器初值
          STM #0000000000001000B,TCR  ;停止计数器
          STM #PERIOD,TIM             ;给 TIM 设定初值 49999
          STM #PERIOD,PRD             ;PRD 与 TIM 一样
          STM #0000001001101001B,TCR  ;开始定时器的工作
          STM #0008H,IMR              ;开 TIME0 的中断
          RSBX INTM                   ;开总中断
End :     NOP
 B  End
```

中断服务程序：TINT0_ ISR

```
TINT0_ISR:
        PSHM  ST0                      ;保护 ST0,因要改变 TC
        BANZ  Next,*Counter-           ;计数器不为0,计数器减1,退出中断
        STM   #CounterSet,Counter      ;计数器为0,根据当前 XF 的状态,
                                        分别到 setXF 或 ResetXF
BITF    *AR2,#1                         ;setXF 或 ResetXF
BC    ResetXF,TC
setXF:                                  ;置 XF 为高
SSBX  XF
        ST  #1,*AR2
        B  Next
ResetXF:                                ;置 XF 为低
RSBX  XF
        ST  #0,*AR2
Next:
POPM  ST0
        RETE
            .end
```

6.3 串行口

　　TMS320C54x 具有高速、全双工串行口,可以与串行设备(如编解码器和串行 A/D 转换器)直接通信,也可用于多处理器系统中处理器之间的通信。所谓串行通信,就是发送器将并行数据逐位移出,成为串行数据流,接收器将串行数据流以一定的时序和一定的格式呈现在连接收/发器的数据线上。串行口一般通过中断来实现与核心 CPU 的同步。串行口可以与串行外部器件相连,如编码解码器、串行 A/D 或 D/A,以及其他串行设备。

　　TMS320C54x 系列 DSP 集成在芯片内部的串行口分为4种:标准同步串行口(SP)、缓冲串行口(BSP)、时分复用(TDM SP)串行口和多通道缓冲串行口(McBSP)。其中,McBSP 属于增强型片内外设。芯片不同,串口配置也不尽相同,表6.3列出了 C54x 系列 DSP 的片内串行口数量和种类。

表 6.3　C54x 系列 DSP 的片内串行口数量和种类

芯片	标准同步串行口 (SP)	缓冲串行口 (BSP)	时分复用 (TDM)串行口	多通道缓冲串口 (McBSP)
C541	2	0	0	0
C542	0	1	1	0
C543	0	1	1	0
C546	1	1	0	0
C548	0	2	1	0
C549	0	2	1	0

（续）

芯片	标准同步串行口 （SP）	缓冲串行口 （BSP）	时分复用 （TDM ）串行口	多通道缓冲串口 （McBSP）
C5402	0	0	0	2
C5410	0	0	0	3
C5420	0	0	0	6

6.3.1 标准同步串行口

标准同步串行口是一种高速、全双工同步串行口，用于提供与编码器、A/D 转换器等串行设备之间的通信。标准同步串行口的发送器和接收器是双向缓冲的，并可单独屏蔽外部中断信号。它有两个存储器映像寄存器，用于传送数据，即发送数据寄存器（DXR）和接收数据寄存器（DRR），另外还有一个串行口控制寄存器（SPC）。每个串行口的发送和接收部分都有独立的时钟、帧同步脉冲及串行移位寄存器。

1. 标准同步串行口的结构和特点

图 6.6 所示为标准同步串行口接收/发送数据过程图

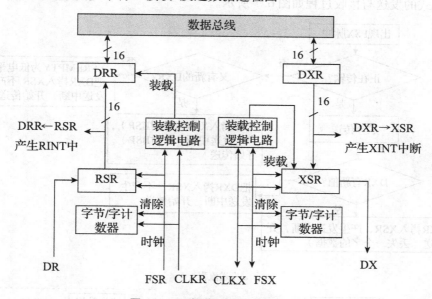

图 6.6　SP 接收/发送数据过程图

引脚：6 个外部引脚，包括接收时钟引脚（CLKR）、发送时钟引脚（CLKX）、串行接收数据引脚（DR）、串行发送数据引脚（DX）、接收帧同步信号引脚（FSR）、发送帧同步信号引脚（FSX）。

寄存器（16 位）：包括数据接收寄存器（ DRR）、数据发送寄存器（DXR）、接收移位寄存器（RSR）、发送移位寄存器（XSR）、串行口控制寄存器（SPC）、两个装载控制逻辑电路及两个字节/字传输计数器。

串行口控制寄存器（SPC）的各位功能见表6.4。

表 6.4　SPC 各位功能

15	14	13	12	11	10	9	8
Free	Soft	RSRFULL	$\overline{\text{XSREMPTY}}$	XRDY	RRDY	IN1	IN0
		RSR 满置 1	XSR 空值 0	发送准备好为 1	接收准备好为 1	CLKX 状态	CLKR 状态
7	**6**	**5**	**4**	**3**	**2**	**1**	**0**
$\overline{\text{RRST}}$	$\overline{\text{XRST}}$	TXM	MCM	FSM	FO	DLB	RES
接收器复位控制	发送器复位控制	配置 FSX 为外部或内部帧同步	配置 CLKX 为外部或内部时钟驱动	配置串行口是猝发模式还是连续模式	定义传输数据的长度	数据回送模式	保留

2. 标准同步串行口的数据传输

串行口数据的传输可以采用两种模式：猝发模式和连续模式。

1）猝发模式：在两帧数据传输之间有停顿。数据帧由 FSX/FSR 上的帧同步脉冲来标志。置 FSM =1，可选择串行口工作在猝发模式。

猝发模式的发送与接收过程如图 6.7 所示。

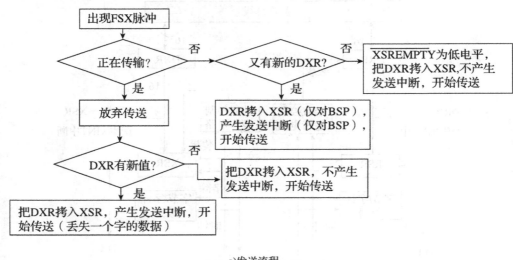

a)发送流程

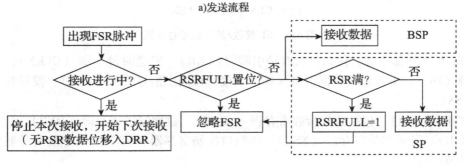

b)接收流程

图 6.7　猝发模式的发送与接收流程图

在发送端，数据传输由对 DXR 的写操作来启动。写入 DXR 的数据在写入 DXR 之后的 CLKX 的第二个上升沿自动复制到 XSR，在 FSX 上出现帧同步脉冲时，XSR 的数据移出到 DX 引脚。一旦数据从 DXR 装入 XSR，串行口控制寄存器（SPC）中的发送准备好（XRDY）位由 0 变为 1，随后产生一个串行口发送中断（XINT）信号，通知 CPU 可以对 DXR 重新加载。装载 DXR 寄存器的指令为 STLM A，DXR。

在接收端，当帧同步脉冲 FSR 变低后，由 CLKR 信号的下降沿把数据从 DR 端移入 RSR 操作开始。在最后一位数据移入 RSR 之后，在 CLKR 的下降，沿数据由 RSR 复制到 DRR，串行口控制寄存器（SPC）中的接收数据准备好（RRDY）位由 0 变为 1，随后产生一个串行口接收中断（RINT）信号，通知 CPU 可以从 DRR 中读取数据。读 DRR 内容：LD DRR，A

在 DRR 前面已接收到的数据尚未读出，而新的数据又已接收到，由于 DRR 和 RSR 都已满，不能再接收新的数据，此时串行口控制寄存器（SPC）中的 RSR 满（RSRFULL）位由 0 变为 1，被置位。

2）连续模式：在启动脉冲有效或以最高帧速度传输数据时，并不需要 FSX/FSR 端有帧同步脉冲。置 FSM = 0，可选择串行口工作在连续模式。

连续模式的发送与接收过程如图 6.8 和图 6.9 所示。

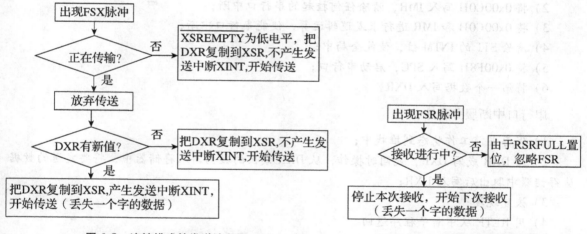

图 6.8　连续模式的发送流程图　　　　　**图 6.9　连续模式的接收流程图**

连续模式的发送：只有一个帧同步脉冲，在对 DXR 加载第一个数据时产生，以后再也不会产生帧同步脉冲了。只要每次传输都能及时地把数据加载到 DXR，就能保持不断地传输。一旦没有更新 DXR，传输就会停止。

连续模式的接收：在 FSR 端出现帧同步脉冲会启动数据传输，之后就不再需要帧同步脉冲了。只要每次传输都能及时地读出 DRR，传输就能进行下去。如果在下一次的传输完成之后还未读出 DRR，接收将停止，RSRFULL 被置位，指示产生了溢出。

3. 标准同步串口的操作过程

图 6.10 给出了串行口传送数据的一种连接方法。

在发送数据时，先将要发送的数写到 DXR。若 XSR 是空的（上一字已串行传送到 DX 引脚），则自动将 DXR 中的

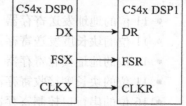

图 6.10　串行口传送数据的一种连接

数据复制到 XSR。在 FSX 和 CLKX 的作用下将 XSR 中的数据移到 DX 引脚输出。当 DXR 中的数据复制到 XSR 后，就可以将另一个数据写到 DXR。在发送期间，DXR 中的数据复制到 XSR 后，串行口控制寄存器（SPC）中的发送准备好（XRDY）位由 0 变为 1，随后产生一个串行口发送中断（XINT）信号，通知 CPU 可以对 DXR 重新加载。

接收数据时，来自 DR 引脚的数据在 FSR 和 CLKR 的作用下移位至 RSR，然后复制到 DRR，CPU 从 DRR 中读出数据。当 RSR 的数据复制到 DRR 后，SPC 中的接收数据准备好（RRDY）位由 0 变为 1，随后产生一个串行口接收中断（RINT）信号，通知 CPU 可以从 DRR 中读取数据。

由此可见，串行口是双缓冲的，发送和接收都自动完成，用户只需检测 RRDY 或 XRDY 位即可判断可否继续发送或接收数据。当然，也可利用中断来完成。

4. 标准同步串行口操作举例

下面以实例说明标准同步串行口操作的步骤，操作以中断的方式完成。

串行口的初始化：

1）复位，并将 0x0038H 写入 SPC，初始化串行口；

2）将 0x00C0H 写入 IMR，清除任何挂起的串行口中断；

3）将 0x00C0H 和 IMR 进行求或逻辑运算，使能串行口中断；

4）清除 ST1 的 INTM 位，使能全局中；

5）将 0x00F8H 写入 SPC，启动串行口；

6）将第一个数据写入 DXR

串行口中断服务程序：

1）保存当前工作状态到堆栈中；

2）读 DRR 或写 DXR，或同时操作，从 DRR 读出的数据写入存储器中，将要发送的数据从存储器中取出后写入 DXR；

3）恢复现场；

4）用 RETE 从中断子程序返回。

6.3.2　缓冲串行口

缓冲串行口（BSP）为增强的同步串行口，具有自动缓冲单元，工作在 CLKOUT 频率下，提供可变数据流长度。自动缓冲单元 ABU 支持高速发送器，并降低了服务中断开销。缓冲串行口结构如图 6.11 所示。

BSP 利用专用总线，控制串行口直接与 C54x 的内部存储器进行数据交换，包括 5 个寄存器：

- 11 位的地址发送寄存器（AXR）；
- 11 位的块长度发送寄存器（BKX）；
- 11 位的地址接收寄存器（ARR）；
- 11 位的块长度接收寄存器（BKR）；
- 16 位的串行口控制寄存器（BSPCE）。

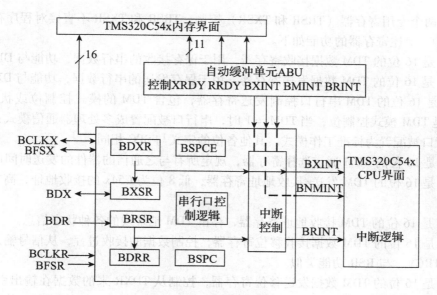

图 6.11 缓冲串行口结构

6.3.3 时分复用 (TDM) 串行口

时分复用串行口是一个允许数据时分多路的同步串行口，它将时间间隔分成若干个子间隔，按照事先规定，每个子间隔表示一个通信信道。

时分复用串行模式是将时间分为时间段，周期性地分别按时间段顺序与不同器件通信的工作方式。此时，每一个器件占用各自的通信时段（通道），循环往复地传送数据，各通道的发送或接收相互独立。图 6.12 所示为一个 TDM 串行口连接图。

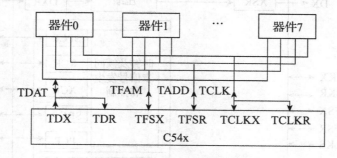

图 6.12 TDM 串行口连接图

在 TDM 串行口的硬件接口连接中，4 条串行口总线可以同时连接 8 个串行口通信器件进行分时通信，这 4 条线的定义分别为时钟 (TCLK)、帧同步 (TFAM)、数据 (TDAT) 及附加地址 (TADD)。

C54x 的 TDM 最多可以有 8 个 TDM 信道。每种器件可以用一个信道发送数据，用 8 个信道中的一个或多个信道接收数据。这样，TDM 为多处理器通信提供了简便而有效的接口，因而在多处理器应用中得到广泛使用。TDM 串行口也有两种工作方式：非 TDM 方式和 TDM 方式。当工作在非 TDM 方式（或称标准方式）时，TDM 串行口的作用与标准同步串行口的作用是相同的。

TDM 串行口工作方式受 6 个存储器映像寄存器 (TRCV、TDXR、TSPC、TCSR、TRTA、

TRAD）和两个专用寄存器（TRSR 和 TXSR）控制。TRSR 和 TXSR 不直接对程序存取，只用于双向缓冲。上述寄存器的功能如下。

TRCV 是 16 位的 TDM 数据接收寄存器，用于保存接收的串行数据，功能与 DRR 相同。

TDXR 是 16 位的 TDM 数据发送寄存器，用于保存发送的串行数据，功能与 DXR 相同。

TSPC 是 16 位的 TDM 串行口控制发送寄存器，包含 TDM 的模式控制位或状态控制位。其第 0 位是 TDM 模式控制位，当 TDM =1 时，串行口被配置成多处理器通信模式；当 TDM = 0 时，串行口被配置为标准工作模式。其他各位的定义与 SPC 相同。

TCSR 是 16 位的 TDM 通道选择寄存器，规定所有与之通信的器件的发送时间段。

TRTA 是 16 位的 TDM 发送/接收地址寄存器，低 8 位为 C54x 的接收地址，高 8 位为发送地址。

TRAD 是 16 位的 TDM 接收地址寄存器，存留 TDM 地址线的各种状态信息。

TRSR 是 16 位的 TDM 数据接收移位寄存器，控制数据的接收过程，从信号输入引脚到接收寄存器 TRCV，与 RSR 功能类似。

TXSR 是 16 位的 TDM 数据发送移位寄存器，控制从 TDXR 来的数据在输出引脚 TDX 发送出去，与 XSR 功能相同。

6.3.4 多通道缓冲串行口

C54x 提供高速、双向、多通道缓冲串行口 McBSP ，最高速率为 1/2 CLKOUT。McBSP 的内部结构如图 6.13 所示。

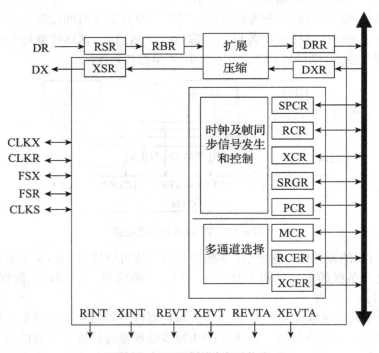

图 6.13 McBSP 的内部结构图

McBSP 的特点很多，主要包括以下几点：

1）全双工通信；

2）双缓冲发送和三缓冲接收数据寄存器，允许连续的数据流；

3）独立的收发帧信号和时钟信号；

4）可以与工业标准的编/解码器、AICS（模拟接口芯片）以及其他串行 A/D、D/A 芯片接口；

5）数据传输可以利用外部时钟，也可由片内的可编程时钟产生；

6）当利用 DMA 为 McBSP 服务时，串行口数据读/写具有自动缓冲能力；

7）支持多种方式的传输接口；

8）可与 128 个通道进行收发；

9）支持传输的数据字长可以是 8 位、12 位、16 位、20 位、24 位或 32 位；

10）内置 μ 律和 A 律硬件压扩；

11）对 8 位数据的传输，可选择 LSB 先传或是 MSB 先传；

12）可设置帧同步信号和数据时钟信号的极性；

13）内部传输时钟和帧同步信号的可编程程度高。

MCBSP 共有 6 个外部引脚：

1）接收时钟引脚（CLKR）；

2）发送时钟引脚（CLKX）；

3）串行接收数据引脚（DR）；

4）串行发送数据引脚（DX）；

5）接收帧同步信号引脚（FSR）；

6）发送帧同步信号引脚（FSX）；

McBSP 的控制模块包括 4 部分：内部时钟发生器、帧同步信号发生器及它们的控制电路、多通道选择电路。

McBSP 的功能包括产生内部时钟和帧同步信号，对这些信号控制，选择多通道，产生中断信号 RINT 和 XINT，触发 CPU 的发送和接收中断，以及产生同步事件 REVTA、XEVTA、REVT 和 XEVT，触发 DMA 接收和发送同步事件。

McBSP 的内部寄存器及地址见表 6.5。

表 6.5　McBSP 的内部寄存器及地址

地址			子地址	名称缩写	寄存器名称
McBSP0	McBSP1	McBSP2			
—	—		—	RSR [1, 2]	接收移位寄存器 1, 2
—	—			RBR [1, 2]	接收缓冲寄存器 1, 2
				XSR [1, 2]	发送移位寄存器 1, 2
0020H	0040H	0030H	—	DRR2x	数据接收寄存器 2
0021H	0041H	0031H	—	DRR1x	数据接收寄存器 1
0022H	0042H	0032H	—	DXR2x	数据发送寄存器 2
0023H	0043H	0033H	—	DXR1x	数据发送寄存器 1
0038H	0048H	0034H	—	SPSAx	子块地址寄存器

（续）

地址			子地址	名称缩写	寄存器名称
McBSP0	McBSP1	McBSP2			
0039H	0049H	0035H	–	SPSDx	子块数据寄存器
0039H	0049H	0035H	0000H	SPCR1x	串行口控制寄存器1
0039H	0049H	0035H	0001H	SPCR2x	串行口控制寄存器2
0039H	0049H	0035H	0002H	RCR1x	接收控制寄存器1
0039H	0049H	0035H	0003H	RCR2x	接收控制寄存器2
0039H	0049H	0035H	0004H	XCR1x	发送控制寄存器1
0039H	0049H	0035H	0005H	XCR2x	发送控制寄存器2
0039H	0049H	0035H	0006H	SRGR1x	采样率发生寄存器1
0039H	0049H	0035H	0007H	SRGR2x	采样率发生寄存器2
0039H	0049H	0035H	0008H	MCR1x	多通道寄存器1
0039H	0049H	0035H	0009H	MCR2x	多通道寄存器2
0039H	0049H	0035H	000aH	RCERAx	接收通道使能寄存器A
0039H	0049H	0035H	000bH	RCERBx	接收通道使能寄存器B
0039H	0049H	0035H	000cH	XCERAx	发送通道使能寄存器A
0039H	0049H	0035H	000dH	XCERBx	发送通道使能寄存器B
0039H	0049H	0035H	000eH	PCRx	引脚控制寄存器

6.3.5　McBSP 串行口应用举例

McBSP 的初始化程序：

STM SPCR1,McBSP1_SPSA ;将 SPCR1 对应的子地址放到子地址寄存器 SPSA 中
STM #0000H,McBSP1_SPSD ;将#00000H 加载到 SPCR1 中,使接收中断由帧有效信号触发,靠右对齐,高位添 0
STM SPCR2,McBSP1_SPSA ;将 SPCR2 对应的子地址放到子地址寄存器 SPSA 中
STM #0000H,McBSP1_SPSD;帧同步发生器复位,发送器复位
STM RCR1,McBSP1_SPSA ;将 RCR1 对应的子地址放到子地址寄存器 SPSA 中
STM #0040H,McBSP1_SPSD ;接收帧长度为16 位
STM RCR2,McBSP1_SPSA ;将 RCR2 对应的子地址放到子地址寄存器 SPSA 中
STM #0040H,McBSP1_SPSD ;接收为单相,每帧16 位
STM XCR1,McBSP1_SPSA ;将 XCR1 对应的子地址放到子地址寄存器 SPSA 中
STM #0040H,McBSP1_SPSD ;接收每帧16 位
STM XCR2,McBSP1_SPSA ;将 XCR2 对应的子地址放到子地址寄存器 SPSA 中
STM #0040H,McBSP1_SPSD ;发送为单相,每帧16 位
STM PCR,McBSP1_SPSA ;将 PCR 对应的子地址放到子地址寄存器 SPSA 中
STM #000eH,McBSP1_SPSD 　;工作于从模式

6.4 主机接口 （HPI）

主机接口（HPI）是一种高速、异步并行接口，通过它可以连接到标准的微处理器总线。主机接口通常在主机和 DSP 内核之间共享这一块可以访问的位于 DSP 器件上的存储器。

TMS320C54x 系列 DSP 提供 8 位 HPI 接口，TMS320C62x /67x 系列 DSP 提供 16 位 HPI 接口，而 TMS320C64x 系列 DSP 提供的则是 32 位 HPI 接口。

通过访问 TMS320C54x 的主机接口，可以高速访问它的片内存储器，这样便于与其他主机之间进行信息交换。HPI 接口是以处理器为主、以 DSP 为从的主从结构。

6.4.1 HPI 结构及其工作方式

TMS320C54x DSP 上配置的是一个 8 位 HPI 接口，是一个 8 位并行口，用于主机（其他控制器）与 C54x DSP 的通信，实现主机访问 DSP 的内部 2K 的双口 RAM（HPI 存储器）。

1. 主机接口 HPI8 的结构

HPI 对于主机来讲就是一个外部设备，主要由 5 个部分组成，其内部结构如图 6.14 所示。

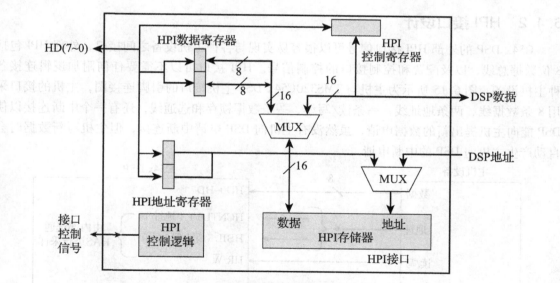

图 6.14 主机接口 HPI8 的内部结构

1）HPI 存储器（DARAM）：用于 TMS320C54x 与主机间传送数据。地址从 1000H 到 17FFH，空间容量为 2K 字。

2）HPI 地址寄存器（HPIA）：由主机对其进行直接访问，存放当前地址 HPI 存储单元的地址。

3）HPI 数据寄存器（HPID）：由主机对其进行直接访问，包含从 HPI 存储器读出的数据，或者要写到 HPI 存储器的数据。

4）HPI 控制寄存器（HPIC）：可以由主机或 C54x DSP 直接访问，包含了 HPI 操作的控制和状态位，用于主处理器与 DSP 相互握手，实现相互中断请求。

5）HPI 控制逻辑：用于处理 HPI 与主机之间的接口信号，自动执行对一个 2K 字 C54x DSP 内部的双口 RAM 的访问。

主机和 C54x DSP 都可以访问 HPI 控制寄存器，HPI 的外部接口为 8 位的总线，通过将两个连续的 8 位字节组合在一起形成一个 16 位字，HPI 就可为 C54x DSP 提供 16 位的数。当主机使用 HPI 寄存器进行数据传输时，HPI 控制逻辑自动执行对一个 2K 字 C54x DSP 内部的双口 RAM 的访问，以完成数据处理。C54x DSP 可以在它的存储器空间访问 RAM 中的数据。

2. HPI8 的工作方式

HPI 具有以下两种工作模式。

1）共用访问模式（SAM）：在 SAM 模式下，主机和 C54x DSP 都能访问 HPI 存储器。异步的主机访问可以在 HPI 内部重新得到同步。如果 C54x DSP 与主机的周期（两个访问同时是读或写）发生冲突，则主机具有访问优先权，C54x DSP 等待一个周期。

2）主机访问模式（HOM）：在该模式下，只有主机可以访问 HPI 存储器，C54x DSP 则处于复位状态或者处在所有内部和外部时钟都停止工作的 IDLE2 空闲状态（最小功耗）。

HPI 支持主机与 C54x DSP 之间高速传输数据。在 SAM 工作模式下，DSP 运行在 40MHz CLKOUT 时，主机可以运行在 30MHz（或 24MHz）下，而不要求插入等待状态。而在 HOM 方式下，HPI 的主机访问与 C54x DSP 的时钟速度无关，速度最快可达 160Mbit/s。

6.4.2　HPI 接口设计

C54x DSP 的外部 HPI 接口信号可以很容易实现与各种主机设备之间接口，外部 HPI 包括 8 位数据总线，以及配置和控制接口的控制信号。HPI 接口可以不需要任何附加逻辑连接各种主机设备。图 6.15 所示为主机与 TMS320C54x DSP 主机接口的引脚连接图，主机的接口采用 8 条数据线、两条地址线、一条读/写线、一条数据锁存和选通线，还有一个中断连接以使 DSP 能向主机提出新的数据申请，虽然没有主机向 DSP 申请中断连接，但主机写新数据时会自动产生主机向 DSP 的中断申请。

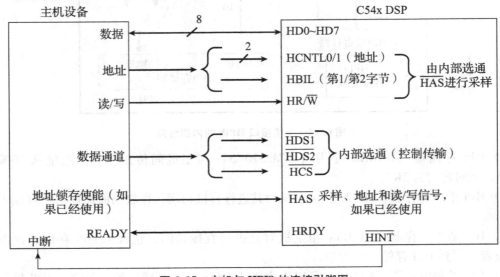

图 6.15　主机与 HPI8 的连接引脚图

8 位数据总线（HD0 ~ HD7）与主机之间交换信息。因为 C54x 的 16 位字的结构，所以主机与 DSP 之间的数据传输必须包含两个连续的字节。HBIL 引脚信号确定传输的是第一个字节还是第二个字节。HPI 控制寄存器（HPIC）的 BOB 位决定第一个字节或第二个字节放置在 16 位字的高 8 位还是低 8 位。这样，不论主机是高字节在前还是低字节在前，都不必破坏两个字节的访问顺序。

两个控制输入（HCNTL0 和 HCNTL1）表示哪个 HPI 寄存器被访问，并且表示对寄存器进行哪种访问。这两个输入与 HBIL 一起由主机地址总线位驱动。使用 HCNTL0/1 输入，主机可以指定对 3 个 HPI 寄存器中的某一个访问：HPI 控制寄存器（HPIC）、HPI 地址寄存器（HPIA）或 HPI 数据寄存器（HPID）。

HPIA 也可以使用自动增寻址方式，自动增特性为连续的字单元的读写提供了方便。在自动增寻址方式下，一次数据读会使 HPIA 在数据读操作后增加 1，而一个数据写操作会使 HPIA 在操作前预先增加 1。

通过写 HPIC 中的 DSPINT，主机可以中断 C54x DSP。C54x DSP 也可用 HPIC 中的 HINT 来中断主机。主机过写 HPIC 来应答中断，并清除 HINT，实现主机和 DSP 的中断握手。

两个数据选通信号（$\overline{\text{HDS1}}$ 和 $\overline{\text{HDS2}}$）、读写选通信号（$\text{HR}/\overline{\text{W}}$）和地址选通信号（$\overline{\text{HAS}}$），可以使 HPI 与各种工业标准主机设备进行连接。

HPI 准备引脚（HRDY）允许为准备输入的主机插入等待状态，这样可以调整主机对 HPI 的访问速度。

对于 C54x DSP，HPI 存储器为 2K 字 × 16 位的双访问 RAM 块，其地址范围为数据存储空间的 1000H ~ 17FFH。不过根据 OVLY 位的值，HPI 数据存储空间也可以位于程序存储器空间。

HPIA 是一个 16 位的地址寄存器，并且所有的位都可以进行读和写，HPI 存储器具有 2K 字，故只有 HPIA 的低 11 位被用来寻址 HPI 存储器。HPIA 的增加和减少影响该寄存器的所有位。

由于主机接口总是传输 8 位字节，而 HPIC（通常是首先要访问的寄存器，用来设置配置位并初始化接口）是一个 16 位寄存器，在主机一侧以相同内容的高字节与低字节来管理 HPIC（尽管访问某些位受到一定的限制），而在 C54x DSP 这一侧，高位是不用的。控制和状态位都处在最低 4 位。选择合适的 HCNTL1 和 HCNTL0，主机可以访问 HPIC 和连续两个字节的 8 位 HPI 数据总线。当主机要写 HPIC 时，第一个字节和第二个字节的内容必须是相同的值。C54x DSP 访问 HPIC 的地址为数据存储空间的 002CH。

所有以上特性，使 HPI 为各种工业标准主机设备提供了灵活而有效的接口。另外，HPI 大大简化了主机和 C54x DSP 之间的数据交换。一旦接口配置好了，就能够以最高速度实现数据的传输。

6.4.3　HPI 应用举例

下面假设双 DSP 通过 HPI 口通信，DSP1 向 DSP2 的数据空间发送数据，并读回到 DSP1 的存储器中。其中，DSP2 的 HPI 口的 HPIC 映像到 DSP1 的 0x8008、0x8009，HPIA 映像到 0x800C、0x800D，HPID 映像到 0x800A、0x800B。由于 DSP2 在访问过程中不需要操作，所以以下为 DSP1 的程序。

```
STM  0x1000,AR1
```

```
        ST   0x00, * AR1
        PORTW * AR1,0x8008        ;将 0x00 写入 HPIC
        ST   0x00, * AR1
        PORTW * AR1,0x8009        ;高低位都为 0x00
        NOP
        ST   0x10, * AR1
        PORTW * AR1,0x800C        ;将 0x10 写入 HPIA 高位
        ST   0x20, * AR1
        NOP
        PORTW * AR1,0x800D        ;将 0x20 写入 HPIA 低位
        NOP                       ;地址为 0x1020
        NOP
        NOP
loop:
        ST   0x1A, * AR1
        NOP
        PORTW * AR1,0x800A        ;将 0x1A2B 写入 DSP2 的 0x1020
        NOP
        ST   0x2B, * AR1
        NOP
        PORTW * AR1,0x800B
        NOP
        NOP
        NOP
        STM  0x1010, AR2
        NOP
        PORTR 0x800A, * AR2       ;将读到的数放入 0x1010 和 0x1011 两个单元
        NOP                       ;每个为 8 位数
        STM  0x1011,AR2
        NOP
        PORTR 0x800B, * AR2
        NOP
        NOP
        ST   0x3C, * AR1
        NOP
        PORTW * AR1,0x800A        ;利用自动增量模式将 0x3C4D 写入 DSP2 的 0x1021
        NOP
        ST   0x4D, * AR1
        NOP
        PORTW * AR1,0x800B
        NOP
        NOP
        NOP
        STM  0x1012,AR2
        NOP
        PORTR 0x800A, * AR2       ;将 DSP2 中的数通过 HPI 读到 DSP1 的 0x1012 和 0x1013
        NOP                       ;中,此时 DSP1 两个单元中分别为两个 8 位数
        STM  0x1013,AR2
```

```
        NOP
        PORTR  0x800B,*AR2
        NOP
        NOP
hear  B hear
    .end
```

6.5　外部总线结构

　　总线是信息传输的通道，是各部件之间的实际互联线。总线不仅存在于芯片内部（用于芯片内各部分器件间的信息传输的总线称为内部总线），也存在于芯片外部（芯片与芯片之间、模板与模板之间、系统与系统之间以及系统语控制对象之间存在的总线，称为外部总线）。

6.5.1　外部总线接口信号

　　TMS320C54x 具有很强的系统接口能力，其总线为内部总线和外部总线。

　　TMS320C54x 的内部总线有 PB、CB、DB、EB、PAB、CAB、DAB 和 EAB 各一条，片内总线采用流水线结构，可以允许 CPU 同时寻址这些总线。TMS320C54x DSP 在片内可以实现一个周期内操作 6 次。

　　TMS320C54x 外部总线由数据总线（D0～D15）、地址总线（A0～A15）和控制总线（11条）组成。外部总线和地址总线的工作同内部总线相似，主要的控制总线说明如下。

　　ISI/O：空间选取信号；

　　DS：外部数据存储空间选取信号；

　　PS：外部程序存储空间选取信号；

　　MSTRB：外部程序或数据存储器访问选通信号；

　　IOSTRBI/O：空间访问选通信号；

　　R/$\overline{W}$：读/写信号，用于控制数据的传送方向；

　　READY：外部数据准备输入信号，与片内软件可编程等待状态发生器合用，可以是 CPU 与各种速度的存储器及 I/O 设备接口进行通信。当器件速度慢时，CPU 处于等待状态，直到慢速器件完成操作并发出 READY 信号后 CPU 才运行；

　　HOLD：存储器接口控制请求信号；

　　HOLDA：响应 HOLD 请求信号，当外设获得存储器的控制权后，就可以进行直接数据传输（DMA）操作，从而提高程序执行效率；

　　LACK：中断响应信号。

6.5.2　外部总线控制功能

　　TMS320C54x 系列 DSP 的内部存储器有限，在应用时有时需要扩展外部存储器，由于 C54x 系列虽然在内部有 4 套总线系统，但外部只共用一套数据地址总线，而且这套总线还提供给 I/O 空间。这样由于内部采用流水线操作，内外部总线数目不同，所以可能产生流水线冲突。同时由于 DSP 的工作频率高，与外部存储器和外设接口时有时序问题。

TMS320C54x 系列 DSP 内部由等待状态发生器与分区转换控制器来提供方便的外部程序、数据存储器、外部设备的时序匹配和控制。而这两个部件又分别受到两个存储器映像寄存器（软件等待状态寄存器（SWWSR）和分区开关控制寄存器（BSCR））的控制。

在 DSP 应用中选择存储器时，主要考虑的因素有存取时间、容量和价格等。存储器存取时间即速度指标十分重要，如果所选存储器的速度跟不上 DSP 的要求，则不能正常工作。因此在采用低速器件时，需要用软件或硬件为 DSP 插入等待状态来协调。

1. 等待状态发生器

TMS320C54x 的所有内部读和写操作都是单周期的，而外部存储器的读操作也是单周期内进行的。可以将单个周期内完成的读操作分成 3 段，即地址建立时间、数据有效时间和存储器存取时间，要求外部存储器的存取时间小于 60% 的机器周期。对于型号为 TMS320C54x-40 的 DSP 芯片，其尾数 40 表示 CPU 运行的最高频率为 40MHz，由于大多数指令都是单周期指令，所以这种 DSP 的运行速率也就是 40MIPS，即每秒执行 4000 万条指令，这时它的机器周期为 25ns。如果不插入等待状态，就要求外部器件的存取时间小于 15ns。当 C54x 与低速器件接口时，就需要使用软件或硬件的方法插入等待状态。

TMS320C54x 有以下两种可产生等待状态的方法。

- 软件可编程等待状态发生器。利用它能够产生 0~7 个等待状态。
- READY 信号。利用该信号能够由外部控制产生任何数量的等待状态。

1）软件可编程等待状态发生器。软件可编程等待状态发生器最多能将外部总线的访问周期延长 7 个机器周期，不需要附加任何外部硬件设备。这样一来，C54x 就能很方便地与外部慢速器件接口。

软件可编程等待状态发生器的工作受到 16 位的软件等待状态寄存器（SWWSR）的控制，它是一个存储器映像寄存器，在数据空间的地址为 0028H。程序空间和数据空间都被分成两个 32K 的字块，I/O 空间由一个 64K 字块组成。这 5 个字块空间在 SWWSR 中都相应地有一个 3 位字段，用来定义各个空间插入等待状态的数目。软件等待状态寄存器各字段功能见表 6.6。

表 6.6 C54x（除 C548 和 C549 外） SWWSR 各字段功能

位	名称	复位值	功能
15	保留	0	保留位。在 C548 和 C549 中，此位用于改变程序字段所对应的程序空间的地址区间
14~12	I/O 空间	111	I/O 空间字段。此字段值（0~7）是对 0000H~FFFFH I/O 空间插入的等待状态数
11~9	数据空间	111	数据空间字段。此字段值（0~7）是对 8000H~FFFFH 数据空间插入的等待状态数
8~6	数据空间	111	数据空间字段。此字段值（0~7）是对 0000H~7FFFH 数据空间插入的等待状态数

（续）

位	名称	复位值	功能
5~3	程序空间	111	程序空间字段。此字段值（0~7）是对 8000H~FFFFH 程序空间插入的等待状态数
2~0	程序空间	111	程序空间字段。此字段值（0~7）是对 0000H~7FFFH 程序空间插入的等待状态数

当 CPU 寻址外部程序存储器时，将 SWWSR 中相应的字段值加载到计数器。如果这个字段不为 000，就会向 CPU 发出一个"没有准备好"的信号，等待计数器启动工作。没有准备好的情况一直保持到计数器减到 0 及外部 READY 线置高电平为止。外部 READY 信号和内部等待状态的 READY 信号经过一个或门产生 CPU 等待信号，加到 CPU 的 $\overline{\text{WAIT}}$ 端。当计数器减到 0（内部等待状态的 READY 信号变为高电平），并且外部 READY 为高电平时，CPU 的 $\overline{\text{WAIT}}$ 端由低变高，结束等待状态。需要说明的是，只有在软件可编程等待状态插入两个以上机器周期时，CPU 才在 CLKOUT 的下降沿检测外部 READY 信号。

例如，利用如下指令：

```
STM #2009H,SWWSR;0 010 000 000 001 001
```

就可以为程序的高 32K 字和低 32K 字空间分别插入一个等待状态，为 I/O 空间插入两个等待状态。

复位时，SWWSR = 7FFFH，这时所有的程序、数据和 I/O 空间都被插入 7 个等待状态。这一点可以保证处理器初始化期间 CPU 能够与外部慢速器件正常通信；复位后，再根据实际情况，用 STM 指令进行修改。

2）READY 信号。TMS320C54x 的系统多种多样，仅有软件等待状态是不够的。如果外部器件要求插入 7 个以上等待周期，则可以利用硬件 READY 线来接口。READY 信号由外部慢速设备驱动控制，对 DSP 来说是输入信号。当 RAEADY 信号为低电平时，表明外部设备尚未准备好，TMS320C54x 将等待一个 CLKOUT 周期，并再次校验 READY 信号；在 READY 信号变为高电平之前，TMS320C54x 将不能连续运行，一直处于等待状态。因此，如果不用 READY 信号，应在外部访问期间将其上拉到高电平。

硬件等待状态是在 2~7 个软件等待状态的基础上插入的，它是利用 $\overline{\text{MSC}}$ 和 READY 信号及外部电路形成的。当只插入 2~7 个等待状态时，将 $\overline{\text{MSC}}$ 和 READY 引脚相连；当需要同时插入硬件和软件等待状态时，$\overline{\text{MSC}}$ 和外部的 READY 信号通过一个或门加到 TMS320C54x 的 READY 输入端。

2. 分区转换逻辑

可编程分区转换逻辑允许 C54x 在外部存储器分区之间切换时不使用软件为存储器的访问插入等待状态。当跨越外部程序或数据空间中的存储器分区界线寻址时，分区转换逻辑会自动地插入一个周期。实际上，外部存储器由多个存储芯片构成，不同芯片之间的地址转换过程中会有一定的延时。

分区转换由分区转换控制寄存器（BSCR）定义，它是地址为 0029H 的存储器映像寄存器。BSCR 的功能见表 6.7。

表 6.7 分区转换控制寄存器（BSCR）的功能

位	名称	复位值	功能
15 ~ 12	BANKCMP	–	分区对照位。此位决定外部存储器分区的大小。 BNKCMP = 1111，分区大小为 4K 字 BANKCMP = 1110，分区大小为 8K 字 BNKCMP = 1100，分区大小为 16K 字 BANKCMP = 1000，分区大小为 32K 字 BNKCMP = 0000，分区大小为 64K 字
11	PS ~ DS	–	程序空间读/数据空间读寻址位。此位决定在连续进行程序读/数据读或者数据读/程序读寻址之间是否插一个额外的周期： 当 PS ~ DS = 0 时，不插 当 PS ~ DS = 1 时，插一个额外的周期
10 ~ 2	保留	–	这 9 位均为保留位
1	BH	0	总线保持器位，用来控制总线保持器。 当 BH = 0 时，关断总线保持器 当 BH = 1 时，接通总线保持器。数据总线保持在原先的逻辑电平
0	EXIO	0	断外部总线接口位，用来控制外部总线。 当 EXIO = 0 时，外部总线接口处于接通状态 当 EXIO = 1 时，关断总线接口。在完成当前总线周期后，地址总线、数据总线和控制信号均变成无效：A（15 ~ 0）为原先的状态，D（15 ~ 0）为高阻状态，外部接口信号 PS、DS、IS、MSTRB、IOSTRB、R/W、MSC 及 IAQ 为高电平。处理器工作方式状态寄存器（PMST）中的 DROM、MP/MC 和 OVLY 位，以及状态寄存器 ST1 中的 HM 位，都不能被修改

　　EXIO 和 BH 位可以用来控制外部地址总线和数据总线。正常操作情况下，这两位都应当置 0。若要降低功耗，特别是从来不用或者很少用外部存储器的情况，可以将 EXIO 和 BH 位置 1。

　　C54x 分区转换逻辑可以在下列几种情况下自动地插入一个附加的周期，在这个附加的周期内，让地址总线转换到一个新的地址，即：

　　● 一次程序存储器读操作之后，紧跟着对不同的存储器分区进行另一次程序存储器读或数据存储器读操作。

　　● 当 PS ~ DS 位置 1 时，一次程序存储器读操作之后，紧跟着一次数据存储器读操作。

　　● 对于 C548 和 C549，一次程序存储器读操作之后，紧跟着对不同页进行另一次程序存储器或数据存储器读操作。

　　● 一次数据存储器读操作之后，紧跟着对一个不同的存储器分区进行另一次程序存储器或数据存储器读操作。

6.6 通用 I/O

C54x DSP 提供了两个由软件控制的专用通用 I/O 引脚。这两个专用引脚为分支转移控制输入引脚（$\overline{\text{BIO}}$）和外部标志输出引脚（XF）。

1. 分支转移控制输入引脚（$\overline{\text{BIO}}$）

$\overline{\text{BIO}}$可以用于监控外部设备的状态。当时间要求严格时，使用$\overline{\text{BIO}}$代替中断非常有用。根据$\overline{\text{BIO}}$输入的状态可以有条件地执行一个分支转移。在使用$\overline{\text{BIO}}$的指令时，有条件执行指令（XC）在流水线译码阶段对$\overline{\text{BIO}}$进行采样，而所有其他条件指令（分支转移、调用和返回）均在流水线的读阶段对$\overline{\text{BIO}}$进行采样。

2. 外部标志输出引脚（XF）

XF 可以用来为外部设备提供输出信号，XF 引脚由软件控制。当设置 ST1 的 XF 位为 1 时，XF 引脚变为高电平；而当清除 XF 位时，该引脚变为低电平。设置状态寄存器位指令（SSBX）和复位指令（RSBX）可以用来设置和清除 XF。复位时，XF 为高电平。

===== 思考题 =====

1. 简述 TMS320C54x 芯片的中断系统。

2. TMS320C54x DSP 芯片上电复位后，INTM 控制位的值是多少？这种状态对 DSP 的中断系统有什么作用？

3. 在 TMS320C54x DSP 中，已知中断向量序号 INT0 = 0001 0000B，中断向量地址指针 IPTR = 0001H，求中断向量地址？

4. 简述 TMS320C54x 芯片的定时器的工作原理。

5. 编程实现周期为 4ms 的方波发生器（设时钟为 100MHz）。

6. 说明标准同步串行口的工作过程。

7. HPI8 接口有几个寄存器？它们的作用是什么？

8. 编程实现外部总线访问延时，设 I/O 空间延时 5 个周期，数据空间延时 2 个周期，程序空间延时 5 个周期。

第7章

DSP 最小硬件系统设计

一个 TMS320C54x DSP 的最小硬件系统可以满足系统的最低要求，完成简单功能。本章讲述最小硬件系统的主要设计过程。

7.1　TMS320C54x DSP 硬件系统组成

图 7.1 所示是一个典型的 DSP 电路的基本硬件组成。

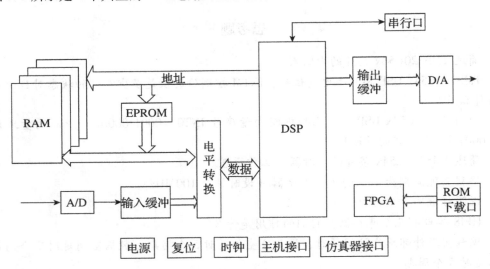

图 7.1　DSP 电路的基本硬件组成

最小系统模块是使得 DSP 芯片能够工作的最精简模块，它主要包括电源电路、复位电路、时钟电路和存储器接口电路等。DSP 硬件系统设计包括以下步骤。

第一步：确定硬件实现方案。在考虑系统性能指标、工期、成本、算法需求、体积和功耗等因素的基础上，选择系统的最优硬件实现方案。

第二步：器件选择。一个 DSP 硬件系统除了 DSP 芯片外，还包括 A/D 转换器、D/A 转换器、存储器、电源、逻辑控制器件、通信器件、人机接口、总线等基本部件。硬件设计过程如图 7.2 所示。具体包括以下几点。

1. DSP 芯片的选择

1）首先要根据系统对运算量的需求来选择；

2）其次要根据系统所应用的领域来选择合适的 DSP 芯片；

3）最后要根据 DSP 的片上资源、价格、外设配置及与其他元部件的配套性等因素来选择。

2. A/D 转换器和 D/A 转换器的选择

A/D 转换器应根据采样频率、精度及是否要求片上自带采样、多路选择器、基准电源等因素来选择；D/A 转换器应根据信号频率、精度及是否要求自带基准电源、多路选择器、输出运放等因素来选择。

3. 存储器的选择

常用的存储器有 SRAM、EPROM、E^2PROM 和 Flash 等，可以根据工作频率、存储容量、位长（8、16、32 位）、接口方式（串行还是并行）、工作电压（5V、3V）等来选择。

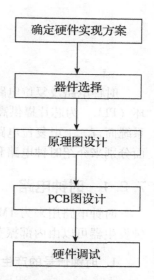

图 7.2　DSP 硬件设计过程

4. 逻辑控制器件的选择

系统的逻辑控制通常是用可编程逻辑器件来实现的。首先确定是采用 CPLD 还是 FPGA；其次根据自己的特长和公司芯片的特点选择哪家公司的哪个系列的产品；最后还要根据 DSP 的频率来选择所使用的 PLD 器件。

5. 通信器件的选择

通常系统都要求有通信接口。首先要根据系统对通信速率的要求来选择通信方式，然后根据通信方式来选择通信器件。

6. 总线的选择

常用总线：PCI、ISA 及现场总线（包括 CAN、3xbus 等），可以根据使用的场合、数据传输要求、总线的宽度、传输频率和同步方式等来选择。

7. 人机接口

常用的人机接口主要有键盘和显示器。一种方案是 DSP 芯片与其他单片机通过双口 RAM 进行通信扩展来构成；另一种方案是 DSP 芯片直接外扩一个并行可编程芯片来构成。

8. 电源的选择

选择电源时，主要考虑电压的高低和电流的大小，既要满足电压的匹配，又要满足电流容量的要求。

第三步：原理图设计。

从第三步开始就进入系统的综合设计阶段。在原理图设计阶段，必须清楚地了解器件的特性、使用方法和系统的开发方法，必要时可对单元电路进行功能仿真。

第四步：PCB 设计。

第五步：硬件调试。

7.2　时钟及复位电路设计

时钟电路及复位电路是 DSP 应用系统必须具备的基本电路，TMS320C54x 可以通过锁相环（PLL）为芯片提供高稳定频率的时钟信号，同时实现时钟的倍频或分频。对于一个 DSP 系统而言，上电复位电路虽然只占很小的一部分，但它的好坏将直接影响系统的稳定性。下面分别来介绍时钟电路和复位电路。

7.2.1　时钟电路

时钟电路用来为 TMS320C54x 提供时钟信号，由内部振荡器和一个锁相环 PLL 组成，时钟发生器可以由内部振荡电路或者外部时钟源驱动。

1. 时钟信号的产生

为 DSP 芯片提供时钟信号一般有两种方法。

一种是使用外部时钟源的时钟信号，连接方式如图 7.3a 所示。将外部时钟信号直接加到 TMS320C54x 的 X2/CLKIN 引脚，而 X1 引脚悬空。

这种电路的特点就是电路简单、体积小、频率范围宽（1Hz ~ 400MHz）、驱动能力强，可以为多个器件使用。另外，其价格便宜，因而得到广泛应用。由于使用了电源，因此也有人称其为有源晶振电路。

另一种方法是利用 DSP 芯片内部的振荡器构成时钟电路，连接方式如图 7.3b 所示。在芯片的 X1 和 X2/CLKIN 引脚之间接入一个晶振，用于启动内部振荡器。

这种电路的特点是价格便宜，体积小，能满足时钟信号电平要求，但驱动能力差，不可供多个器件使用，频率范围小（20kHz ~ 60MHz）。由于其不需要使用外部电源，因此也有人称其为无源晶振电路。

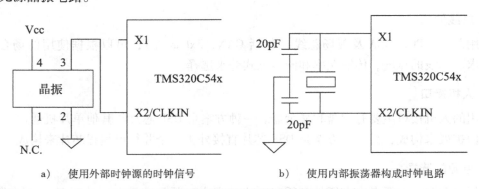

a)　使用外部时钟源的时钟信号　　　　b)　使用内部振荡器构成时钟电路

图 7.3　为 TMS320C54x 提供时钟信号的方法

2. 锁相环（PLL）

锁相环（PLL）具有频率放大和时钟信号提纯的作用，利用 PLL 的锁定特性可以对时钟频率进行锁定，为芯片提供高稳定频率的时钟信号。

除此之外，锁相环还可以对外部时钟频率进行倍频，使外部时钟源的周期低于 CPU 的机器周期，以降低因高速开关时钟所引起的高频噪声。TMS320C54x 的锁相环有两种形式，即硬件配置的 PLL 和软件可编程 PLL。硬件配置的 PLL 通过设定 DSP 的 3 个引脚（CLKMD1、CLKMD2 和 CLKMD3）的状态来选择时钟方式。上电复位时，DSP 根据这 3 个引脚的电平决定 PLL 的工作状态，并启动 PLL 工作，具体的配置方法见表 7.1。

表 7.1 中的时钟方式选择方案是针对不同 C54x 芯片的。对于同样的 CLKMD 引脚状态，使用的芯片不同，所对应的选择方案就不同，其选定的工作频率也不同。因此，在使用硬件配置的 PLL 时，应根据所选用的芯片型号来选择正确的引脚状态。另外，表 7.1 中的停止方式等效于 IDLE3 省电方式。但是，这种工作方式必须通过改变引脚状态才能使时钟正常工作，而用 IDLE3 指令产生的停止方式，可以通过复位或中断唤醒 CPU 来恢复正常工作。

表 7.1 时钟方式的配置方法

引脚功能			时钟方式	
CLKMD1	CLKMD2	CLKMD3	选择方案 1	选择方案 2
0	0	0	用外部时钟源，PLL×3	用外部时钟源，PLL×5
1	1	0	用外部时钟源，PLL×2	用外部时钟源，PLL×4
1	0	0	用内部振荡器，PLL×3	用内部振荡器，PLL×5
0	1	0	用外部时钟源，PLL×1.5	用外部时钟源，PLL×4.5
0	0	1	用外部时钟源，频率除以 2	用外部时钟源，频率除以 2
1	1	1	用内部振荡器，频率除以 2	用内部振荡器，频率除以 2
1	0	1	用外部时钟源，PLL×1	用外部时钟源，PLL×1
0	1	1	停止方式	停止方式

从表 7.1 可以看出，进行硬件配置时，其工作频率的是固定的，不能灵活改变。若不使用 PLL，则对内部或外部时钟分频，CPU 的时钟频率等于内部振荡器频率或外部时钟频率的一半；若使用 PLL，CPU 的时钟频率等于内部振荡器或外部时钟源频率乘以系数 N，即对于内部或外部时钟倍频，其频率为 PLL×N。需要特别说明的是，在 DSP 正常工作时，不能重新改变和配置 DSP 的时钟方式。但 DSP 进入 IDLE3 省电方式后，其 CLKOUT 输出高电平时，可以改变和重新配置 DSP 的时钟方式。

软件可编程 PLL 具有高度的灵活性。通过软件编程，可以使软件可编程 PLL 实现以下两种工作方式。

① PLL 方式，即倍频方式。

芯片的工作频率 = 输入时钟 CLKIN × PLL 的乘系数。PLL 方式共有 31 个乘系数，取值范围为 0.25～15。该方式是依靠 PLL 电路来完成的。

② DIV 方式，即分频方式，对输入时钟 CLKIN 进行 2 分频或 4 分频。当采用 DIV 方式时，所有的模拟电路，包括 PLL 电路将关断，以使芯片功耗最小。

上述两种工作方式通过读/写时钟方式寄存器（CLKMD）控制（地址为 0058H），CLKMD 用来定义 PLL 时钟模块中的时钟配置，其各位的定义如图 7.4 所示。

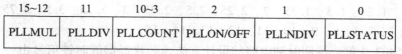

15~12	11	10~3	2	1	0
PLLMUL	PLLDIV	PLLCOUNT	PLLON/OFF	PLLNDIV	PLLSTATUS
PLL乘数	PLL除数	PLL计数器	PLL通/关位	PLL时钟电路 选择位	PLL的状态位

图 7.4 CLKMD 各位的定义

时钟方式寄存器（CLKMD）各位段的功能见表7.2。

表7.2　CLKMD寄存器各位段的功能

位	符号	名称	功能
15～12	PLLMUL	PLL 乘数（读/写位）	与 PLLDIV 及 PLLNDIV 一起定义 PLL 的乘系数
11	PLLDIV	PLL 除数（读/写位）	与 PLLMUL 及 PLLNDIV 一起定义 PLL 的乘系数
10～3	PLLCOUNT	PLL 计数器（读/写位）	PLL 计数器是一个减法计数器，每 16 个输入时钟脉冲 CLKIN 来到后减 1。对 PLL 开始工作之后到 PLL 成为 CPU 时钟之前的一段时间进行计数定时，PLL 计数器能确保在 PLL 锁定之后以正确的时钟信号加到 CPU
2	PLLON/OFF	PLL 通/关位（读/写位）	PLL 开/关。与 PLLNDIV 位一起决定 PLL 部件的通和断： PLLON/$\overline{\text{OFF}}$ = 0，PLLNDIV = 0，PLL 状态为关 PLLON/$\overline{\text{OFF}}$ = 0，PLLNDIV = 0，PLL 状态为关 PLLON/$\overline{\text{OFF}}$ = 0，PLLNDIV = 1，PLL 状态为开 PLLON/$\overline{\text{OFF}}$ = 1，PLLNDIV = 1，PLL 状态为开 PLLON/$\overline{\text{OFF}}$ = 1，PLLNDIV = 1，PLL 状态为开
1	PLLNDIV	PLL 时钟电路选择位（读/写位）	与 PLLMUL 和 PLLDIV 一起定义 PLL 的乘系数，并决定时钟电路的工作方式： PLLDIV = 0，采用 DIV 方式，即分频方式 PLLNDIV = 1，采用 PLL 方式，即倍频方式
0	PLLSTATUS	PLL 的状态位（只读位）	用来指示时钟的工作方式： PLLSTAUTS = 0，时钟电路为 DIV 方式 PLLSTAUTS = 1，时钟电路为 PLL 方式

PLL 的乘系数的选择见表7.3。

表7.3　CLKMD寄存器 PLLNDIV、PLLDIV 和 PLLMUL 位所确定的 PLL 的乘系数

PLLNDIV	PLLDIV	PLLMUL	PLL 乘系数
0	×	0～14	0.5
0	×	15	0.25
1	0	0～14	PLLMUL + 1
1	0	15	1
1	1	0 或偶数	（PLLMUL + 1）÷2
1	1	奇数	PLLMUL ÷ 2

根据 PLLNDIV、PLLDIV 和 PLLMUL 的不同组合，可以得出 31 个乘系数，分别为 0.25、0.5、0.75、1、1.25、1.5、1.75、2、2.25、2.5、2.75、3、3.25、3.5、3.75、4、4.5、5、5.5、6、6.5、7、7.5、8、9、10、11、12、13、14、15。

下面以 C5402 为例来说明时钟电路的设计方法，芯片提供的时钟信号由一个内部振荡器和一个锁相环（PLL）组成，可通过芯片内部的晶振或外部的时钟电路驱动。C5402 时钟信号的产生有两种方法：使用外部时钟源、使用芯片内部的振荡器。若使用外部时钟源，只要将外部时钟信号直接加到 DSP 芯片的 X2/CLKIN 引脚即可，而 X1 引脚悬空；若使用芯片内

部的振荡器，只要在芯片的 X1 和 X2/CLKIN 引脚之间接入一个晶振，用于启动内部振荡器。本系统采用内部振荡器，在引脚 X1 和 X2/CLKOUT 之间连接一个 10MHz 晶振来启动内部振荡器，如图 7.5 所示。

再以 C5402 为例来说明 DSP 从上电复位时的时钟模式到 PLL 倍频的过程。表 7.4 为 TMS320C5402 复位时设置的时钟方式。前面提到，当芯片复位后，时钟方式寄存器（CLKMD）的值是由 3 个外部引脚（CLKMD1、CLKMD2 和 CLKMD3）的状态设定的，从而确定了芯片的工作时钟。

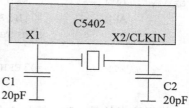

图 7.5　时钟电路

表 7.4　TMS320C5402 复位时设置的时钟方式

CLKMD1	CLKMD2	CLKMD3	CLKMD 的复位值	时钟方式
0	0	0	E007H	PLL × 15
0	0	1	9007H	PLL × 10
0	1	0	4007H	PLL × 5
1	0	0	1007H	PLL × 2
1	1	0	F007H	PLL × 1
1	1	1	0000H	2 分频（PLL 无效）
1	0	1	F000H	4 分频（PLL 无效）
0	1	1		保留

通常，DSP 系统的程序需要从外部低速 EPROM 中调入，可以采用较低工作频率的复位时钟方式，待程序全部调入内部快速 RAM 后，再用软件重新设置 CLKMD 的值，使 DSP 芯片工作在较高的频率上。例如，设 C5402 外部引脚状态为 CLKMD1 ～ CLKMD3 = 111，外部时钟频率为 10MHz，则时钟方式为 2 分频，复位后 C5402 芯片的工作频率为 10MHz/2 = 5MHz。用软件重新设置 CLKMD，就可以改变 DSP 的工作频率，如设定 CLKMD = 9007H，则 DSP 的工作频率为 10 × 10MHz = 100MHz。

为了改变 PLL 的倍频，必须先将 PLL 的工作方式从倍频方式（PLL 方式）切换到分频方式（DIV 方式），然后切换到新的倍频方式。不允许从一种倍频方式直接切换到另一种倍频方式。为了实现倍频之间的切换，可以采用以下步骤。

步骤 1：复位 PLLNDIV，选择 DIV 方式。

步骤 2：检测 PLL 的状态，读 PLLSTATUS 位。若该位为 0，表明 PLL 已切换到 DIV 方式。

步骤 3：根据所要切换的倍频确定 PLL 的乘系数，选择 PLLNDIV、PLLDIV 和 PLLMUL 的组合。

步骤 4：根据所需要的牵引时间设置 PLLCOUNT 的当前值。

步骤 5：设定 CLKMD，一旦 PLLNDIV 位被置位，PLLCOUNT 计数器就开始减 1 计数，为 PLL 提供复位、重新锁定的时间。当计数器减到 0 时，在经过 6 个 CLKIN 周期和 3.5 个 PLL 周期的时间后，新的 PLL 方式开始工作。

例：从某一倍频方式切换到 PLL × 1 方式。

解：必须先从倍频方式（PLL 方式）切换到分频方式（DIV 方式），然后切换到 PLL × 1 方式。其程序如下：

```
            STM      #00H            ;CLKMD 切换到 DIV 方式
Status:     LDM      CLKMD           ;A
            AND      #01H, A         ;测试 PLLSTATUS 位
            BC       Status,ANEQ     ;若 A≠0,则转移,表明还没有切换到 DIV 方式
                                     ;若 A=0,则顺序执行,表明已切换到 DIV 方式
            STM      #03EFH,CLKMD    ;切换到 PLL×1 方式
```

值得注意的是，2 分频与 4 分频之间也不能直接切换。若要切换，则必须先切换到 PLL 的整数倍频方式，然后切换到所需要的分频方式。

7.2.2 复位电路

大部分系统都需要一个复位电路，以便在需要时可以重新启动。复位输入引脚 RS 为 C54x DSP 提供了硬件初始化的方法。这个引脚上电平的变化可以使程序从指定的存储地址 FF80H 开始运行。当时钟电路工作后，只要在 RS 引脚上出现两个以上外部时钟周期的低电平，芯片内部的所有相关寄存器都初始化复位。只要 RS 保持低电平，芯片就始终处于复位状态。只有当此引脚变为高电平后，芯片内的程序才可以从 FF80H 地址开始运行。

对于一个 DSP 系统而言，上电复位电路虽然只占很小的一部分，但它的好坏将直接影响系统的稳定性。C54x DSP 复位有 3 种方式，即上电复位、手动复位、软件复位，前两种是通过硬件电路实现的复位，后一种是通过指令方式实现的复位。这里主要介绍硬件复位电路。

1. 上电复位

图 7.6 所示为简单的上电复位电路，利用 RC 电路的延迟特性给出复位需要的低电平时间。在上电瞬间，由于电容 C 上的电压不能突变，所以通过电阻 R 进行充电，充电时间由 RC 的乘积值决定，一般要求大于 5 个外部时钟周期，可根据具体情况选择。为防止复位不完全，参数可选择大一些。图 7.7 所示为可以分别通过上电或按钮两种方式复位的电路，参数选择与上电复位相同。按钮的作用是，当按钮按下时，将电容 C 上的电荷通过按钮串接的电阻 R_1 释放掉，使电容 C 上的电压降为 0。当按钮松开时，电容 C 的充电过程与上电复位相同，从而实现手动按钮复位。

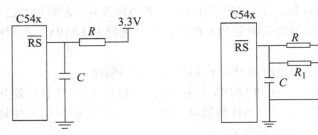

图 7.6 RC 上电复位电路   图 7.7 RC 上电或按钮复位电路

图 7.8 所示为一个实际设计的系统复位电路（这是从 DSP 最小系统设计中截取的一部分电路图）。

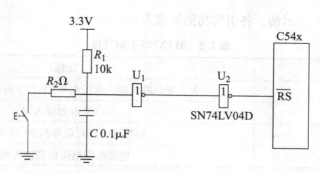

图7.8　复位电路连接实例

复位时间可根据充电时间来计算。

电容电压：$V_c = V_{cc}(1 - e^{-1/\tau})$

时间常数：$\tau = RC$

复位时间：$t = -RC \ln\left[1 - \dfrac{V_c}{V_{cc} - V_c}\right]$

如果设 $V_c = 1.5\text{V}$ 为阈值电压，选择 $R = 100\text{k}\Omega$，$C = 4.7\mu\text{F}$，电源电压 $V_{cc} = 5\text{V}$，可得复位时间 $t = 167\text{ms}$，随后的施密特触发器保证了低电平的持续时间至少为 167ms，从而满足复位要求。

此种复位的特点是简单方便，存在的不足是有时不能可靠复位。

2. 手动复位

手动复位电路通过上电或按钮两种方式对芯片进行复位，如图 7.9 所示。电路参数与上电复位电路相同。当按钮闭合时，电容 C 通过按钮和 R_1 进行放电，使电容 C 上的电压降为 0；当按钮断开时，电容 C 的充电过程与上电复位相同，从而实现手动复位。

3. 自动复位电路

由于实际的 DSP 系统需要较高频率的时钟信号，在运行过程中极容易发生干扰现象，严重时可能会造成系统死机，导致系统无法正常工作。为了解决这种问题，除了在软件设计中加入一些保护措施外，硬件设计还必须做出相

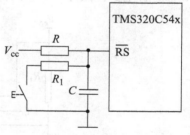

图7.9　手动复位电路

应的处理。目前，最有效的硬件保护措施是采用具有监视功能的自动复位电路，俗称看门狗电路。

自动复位电路除了具有上电复位功能外，还能监视系统运行。当系统发生故障或死机时，可通过该电路对系统进行自动复位。基本原理是通过电路提供的监视线来监视系统运行。当系统正常运行时，在规定的时间内给监视线提供一个变化的高低电平信号，若在规定的时间内这个信号不发生变化，自动复位电路就认为系统运行不正常，并对系统进行复位。

下面以 MAX706 监控芯片为例介绍 DSP 中的 看门狗的复位电路。MAX706 是 MAXIM 公司推出的集复位、掉电检测、看门狗功能于一体的多功能芯片。该芯片具有电源投入时的复位功能，能够检测出电源掉电和电源瞬时短路，并给出复位信号，同时具有电源电压上升时复位信号的解除功能。当死机后，它也能够使 DSP 系统复位。

MAX706 为 DIP 8 脚封装，各引脚功能见表 7.5。

表 7.5　MAX706 引脚功能

名称	功能
$\overline{\text{MR}}$	人工复位输入端，电压在 0.8V 以下可触发复位脉冲
V_{cc}	+5V 电源输入端
GND	接地端，所有信号的 0V 参考点
PFI	电源故障电压监控输入端
$\overline{\text{RESET}}$	电源故障输出端
WDI	看门狗输入端
$\overline{\text{RESET}}$	低电平有效的复位输出端
$\overline{\text{WDO}}$	看门狗输出端

它提供如下 4 种功能：

1）上电、掉电及降压情况下的复位输出。

2）独立的看门狗输出。如果在 1.6s 内看门狗输入端未被触发，看门狗输出将变为低电平。

3）1.25V 门限检测器，用于电源故障报警、低电压检测或 +5V 以外的电源的监控。

4）低电平有效的人工复位输出。

MAX706 应用在 DSP 中的接线如图 7.10 所示。MR 手动复位引脚内部有上拉电阻，可直接通过一个按键接地。不管是上电、手动、掉电引起的复位，还是死机等引起的复位，$\overline{\text{RESET}}$ 脚至少会保持 140ms 的低电平，保证 DSP 系统复位，大大提高了系统抗干扰的能力。

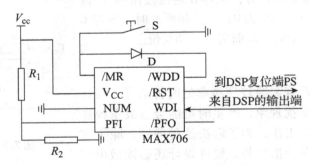

图 7.10　MAX706 应用在 DSP 中的接线

本电路包括以下功能。

（1）复位输出

MAX706 无论何时都可通过复位端使 DSP 复位到初始状态，它能在上电、掉电或欠电压时复位，防止 DSP 误操作。上电后，一旦 Vcc 升至 1.1V，$\overline{\text{RESET}}$ 输出一个高电平，Vcc 继续升高，$\overline{\text{RESET}}$ 保持不变。当升至门限电压时，$\overline{\text{RESET}}$ 保持高电平至少 140ms（典型为 200ms）后变为低电平，保证正确复位。无论什么时候，Vcc 低于门限电压即欠电压时，$\overline{\text{RESET}}$ 为高电平。掉电时，一旦 Vcc 低于门限电压，$\overline{\text{RESET}}$ 就为高电平并持续到 Vcc 降至 1.1V 以下。

（2）看门狗定时器

看门狗电路起着监视 DSP 动作的作用。系统在运行过程中通过 I/O 输出给看门狗的输入端 WDI 脚正脉冲，两次脉冲时间间隔不大于 1.6s，则 $\overline{\text{WDO}}$ 引脚永远为高电平，说明 DSP 程序执行正常。但如果死机，就不可能按时通过 I/O 输出发出正脉冲。当两次发出正脉冲的时间间隔大于 1.6s 时，看门狗便使 $\overline{\text{WDO}}$ 置为低电平，将使系统复位。

7.3　A/D 和 D/A 接口设计

A/D 接口设计是 DSP 系统设计中一个重要的组成部分。A/D、D/A 芯片一般采用并行数字接口。这些芯片与 TMS320C54x 接口时需要设计相应的译码电路，将 A/D、D/A 芯片的 PORTR 和 PORTW 指令来与 A/D 接口芯片交换数据。

7.3.1　DSP 与 A/D 转换器的接口设计

A/D 的转换位数由数字信号处理的精度要求决定，同时要考虑到电路在非理想条件下 A/D 的转换位数有一定损失。A/D 的速度必须满足信号处理的要求。对于 A/D 转换器的选择，要考虑以下因素：

- 转换精度；
- 转换时间；
- 器件价格；
- 接口方式（串行口/并行口）；
- 功耗、封装形式等。

DSP 与 A/D 之间的连接线通常包括数据线、读/写线、片选线。数据线连接有并行、串行两种方式。串行连接线少，硬件简单，有很多 A/D 转换器芯片可以与 DSP 串行口实现无缝连接，即不需要任何外围电路，因此有很广泛的应用，如 TLC320AD50C 与 DSP 的接口电路，但串行口的速度较低，满足不了对 A/D 数据传输速度高的场合。并行总线和 A/D 转换器连接时，A/D 转换器相当于一个 I/O 设备或存储器设备，DSP 的总线经过译码来访问和控制 A/D转换器。

下面以 10 位并行 A/D 转换器 TLV1571 为例说明 DSP 与 A/D 转换器接口电路的设计方法。

1. TLV1571 及其接口

1）TLV1571 的内部结构及引脚功能。TLV1578 是 TI 公司专门为 DSP 芯片配套制作的一种 8 通道 10 位并行 A/D 转换器。其功能框图如图 7.11 所示，它将 8 通道输入多路选择器、高速 10 位 A/D 转换器和并行接口组合在一起，构成 10 位数据采集系统。器件包含两个片内控制寄存器（CR0 和 CR1），通过双向并行口控制通道选择、软件启动转换和掉电。

TLV1571 用 2.7~5.5V 的单电源工作，接受 0~3.3V 的模拟输入电压，在 5V 电压下，以最大为 1.25Mbit/s 的速度使输入电压数字化。使用 3V 电源时，功耗仅为 12 mW，5V 电源时仅为 35mW。极高的速度、简单的并行口及低功耗使得 TLV1571 成为需要模拟输入的高速数字信号处理的理想选择。

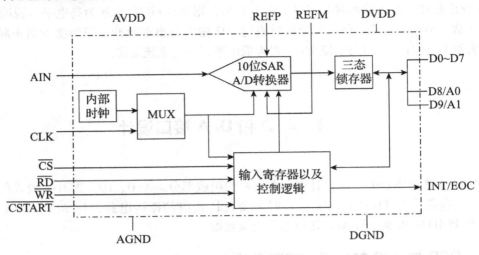

图 7.11　TLV1571 功能框图

TLV1571 的特点:

- 与 DSP 和微控制器兼容的并行口;
- 二进制/2 的补码输出;
- 硬件控制的扩展采样;
- 硬件或软件启动转换。

2) TLV1571 的工作条件。

- 电源电压 GND 至 Vcc: $-0.3 \sim 6.5V$;
- 模拟输入电压范围: $-0.3V \sim AVDD + 0.3V$;
- 基准输入电压范围: $AV_{DD} + 0.3V$;
- 数字输入电压范围: $-0.3V \sim DV_{DD} + 0.3V$;
- 实际温度工作范围: $-40 \sim 150℃$。

3) TLV1571 的引脚功能。TLV1571 有 32 根引脚,引脚功能见表 7.6。

表 7.6　TLV1571 的引脚功能

引脚		I/O	引脚说明
名称	引脚号		
AGND	21		模拟地
AIN	23	I	A/D 转换器模拟输入(作为 TLV1571 输入模拟信号的通道)
AV_{DD}	22		模拟电源电压, $2.7 \sim 5.5V$
CLK	4	I	外部时钟输入
$\overline{CS}$	1	I	片选,低电平有效
$\overline{CSTART}$	18	I	硬件采样和转换启动输入,下降沿启动采样,上升沿启动转换
DGND	5		数字地
DV_{DD}	6		数字电源电压, $2.7 \sim 5.5V$

（续）

引脚		I/O	引脚说明
名称	引脚号		
D0 ~ D7	8 ~ 12 13 ~ 15	I/O	双向三态数据总线
D8/A0	16	I/O	双向三态数据总线，与 D9/A1 一起作为控制寄存器的地址线
D9/A1	17	I/O	双向三态数据总线，与 D8/A0 一起作为控制寄存器的地址线
$\overline{\text{INT}}$/EOC	7	O	转换结束/中断
NC	24		空脚
REFM	20	I	基准电压低端值（额定值为地）通常接地
REFP	19	I	基准电压高端值（额定值为 AV_{DD}）的最大输入电压由加在 REFM 和 REFP 之间的电压差决定
$\overline{\text{WR}}$	2	I	写数据。当 $\overline{\text{CS}}$ 为低电平时，$\overline{\text{WR}}$ 上升沿锁定配置数据。当使用软件转换启动时，$\overline{\text{WT}}$ 上升沿也能启动内部采样起始脉冲，当 $\overline{\text{WR}}$ 接地时，A/D 转换器不能编程（硬件配置方式）

4）TLV1571 的采样频率。对于每一次转换，TLV1571 需要 16 个时钟（CLK），因此使用给定的 CLK 频率所能达到的等效最大采样频率为 $(1/16)\,f_{CLK}$。

5）TLV1571 的采样和转换。TLV1571 片内所有的采样、转换和数据输出均由触发信号启动。根据转换方式和配置，可以是 $\overline{\text{RD}}$、$\overline{\text{WR}}$ 或 $\overline{\text{CSTART}}$ 信号。由于 $\overline{\text{RD}}$、$\overline{\text{WR}}$ 和 $\overline{\text{CSTART}}$ 信号的上升沿用于启动转换，所以它们极为重要。如果外部时钟用作 CLK，那么上述边沿需要紧靠外部时钟的上升沿。相对于外部时钟上升沿的最小建立和保持时间应当为 $5\,\mu s$。当使用内部时钟时，因为这两个边沿将自启动内部时钟，因而建立时间总是满足要求的。

6）TLV1571 的控制寄存器。TLV1571 中的两个控制寄存器 CR0 和 CR1 用来进行软件配置。数据总线上的两个最高有效位 D9、D8 用于设置哪一个寄存器寻址，其余的 8 位用作控制数据位。在写周期内，所有的寄存器位写入控制寄存器。两个控制寄存器的数据格式如图 7.12 所示。

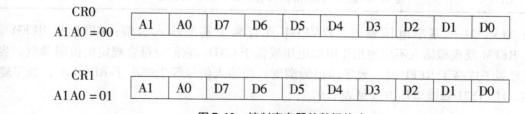

图 7.12　控制寄存器的数据格式

通过写控制寄存器，可以选择工作方式，包括器件的工作方式、转换方式、输出方式、自测方式等。对于时钟源，有内部时钟和外部时钟两种方式。TLV1571 具有内置的 10MHz 振荡器（OSC），通过设置寄存器的 CR1. D6，振荡器的速度可置为（10 ± 1）MHz 或（20 ± 2）MHz。输出方式也有两种：二进制输出和补码输出。表 7.7 给出了

TLV1571 转换方式。

表 7.7　TLV1571 转换方式

方式	转换的启动	操作
单通道输入 CR0. D3 = 0 CR1. D7 = 0	硬件启动 CR0. D7 = 0	$\overline{\text{CSTART}}$ 下降沿启动采样 $\overline{\text{CSTART}}$ 上升沿启动转换 INT 方式时，每次转换后产生一个 $\overline{\text{INT}}$ 脉冲 EOC 方式时，在转换开始时，EOC 将由高电平变至低电平，在转换结束时返回高电平
	软件启动 CR0. D7 = 1	最初在 $\overline{\text{WR}}$ 的上升沿启动采样，在 $\overline{\text{RD}}$ 的上升沿发生采样 采样开始后的 6 个时钟后开始转换，INT 方式时，每次转换后产生一个 $\overline{\text{INT}}$ 脉冲 EOC 方式时，转换开始，EOC 由高电平变至低电平，转换结束时返回高电平

　　对于 TLV1571，如果是单通道输入，则 CR0. D3 = 0，CR1. D7 = 0；采用软件启动，则 CR0. 7 = 1；采用内部时钟源方式，则 CR0. D5 = 0；时钟设置为 20MHz，则 CR1. D6 = 1；采用二进制输出方式，则 CR1. D3 = 0。所以此时控制寄存器的配置为 CR0 = 0080H，CR1 = 0140H。

　　7）TLV1571 的自测试方式。TLV1571 提供 3 种自测方式。采用这些方式，不提供外部信号便可检查 A/D 转换器本身工作是否正常。通过写 CR1（D1、D0）来控制这 3 种测试方式。TLV1571 自测方式见表 7.8。

表 7.8　TLV1571 自测方式

CR1（D1、D0）	所加的自测试电压	数字输出
0H	正常，不加自测试	N/A
1H	将 V_{REFM} 作为基准输入电压加至 A/D 转换器	000H
2H	将（$V_{\text{REFP}} - V_{\text{REFM}}$）/2 作为基准输入电压加至 A/D 转换器	200H
3H	将 $V_{\text{IN}} = V_{\text{REFM}}$ 作为基准输入电压加至 A/D 转换器	3FFH

　　8）TLV1571 的基准电压输入。TLV1571 具有两个基准输入引脚：REFP 和 REFM 。REFP、REFM 及模拟输入不应超出正电源电压或低于 GND，它们应符合规定的极限参数。当输入信号等于或高于 REFP 时，数字输出为满度；当输入信号等于或小于 REFM 时，数字输出为零。TLV1571 基准电压方式见表 7.9。

表 7.9　TLV1571 基准电压方式

外部基准电压	AV_{DD}	MIN	MAX
V_{REFP}	3V	2V	AV_{DD}
	5V	2. 5V	AV_{DD}

（续）

外部基准电压	AV_{DD}	MIN	MAX
V_{REFM}	3V	AGND	1V
	5V	AGND	2V
$V_{REFP} \sim V_{REFM}$		2V	$AV_{DD} \sim GND$

9）TLV1571 的输出格式。当器件工作于单端输入方式时，数据输出格式是单极性的（代码为 0 ~ 1023）。设置寄存器位 CR1. 3，输出代码格式可以是二进制或 2 的补码。

10）TLV1571 的上电和初始化。上电之后，$\overline{CS}$ 必须为低电平以开始 I/O 周期，$\overline{INT}$、$\overline{EOC}$ 最初为高电平。TLV1571 要求两个写周期以配置两个控制寄存器。芯片从掉电状态返回后的首次转换可能无效，应当不予考虑。

11）TLV1571 的接地和去耦考虑。为了限制反馈到电源和基准线的高频瞬变和噪声，要注意印制电路板的设计。这要求充分考虑旁路电源和基准引脚。在大多数情况下，$0.1\mu F$ 瓷片电容足以在宽频带范围内保持低阻抗。由于它们的频率在很大程度上取决于对各电源引脚的靠近程度，所以要把电容放在尽可能靠近电源引脚的地方。为了减少高频和噪声耦合，推荐把数字和模拟地在封装之外立即短路（可在引脚 DGND 和 AGND 之间布一条低阻抗线来实现），如图 7. 13 所示。

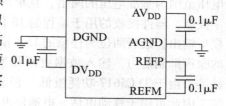

图 7.13　TLV1571 的接地图

2. TLV1571 与 TMS320VC5402 的接口

TLV1571 与 TMS320VC5402 的连接如图 7. 14 所示。这里的时钟信号采用内部时钟，不需要连接，否则可以由 DSP 提供一个精确且可以根据需要随时变化的时钟信号。TLV1571 作为扩展的 I/O 设备，占用一个 I/O 地址，其地址为 7FFFH。

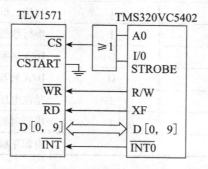

图 7.14　TLV1571 与 TMS320VC5402 的接线图

对 TLV1571 的操作过程如下：

1）通过 DSP 选通 TLV1571（置信号 $\overline{CS}$ 为低），同时通过数据总线向内部控制寄存器（CR0、CR1）写入控制字（置 $\overline{WR}$ 为低）；

2）等待 TLV1571 产生中断信号（INT 信号产生下降沿）；

3）DSP 响应 TLV1571 的中断，读入数据到 DSP，同时通知 TLV1571 读入完成，TLV1571 得到读入完成信号（置 $\overline{RD}$ 低），开始下一次采样过程。

在响应中断过程中，TLV1571 留出 6 个指令周期等待 DSP 读数据，如果 DSP 一直没有读数据，也就是 TLV1571 收不到 $\overline{RD}$ 为低信号，TLV1571 将不再采样，直到 $\overline{RD}$ 接收到低信号。

7.3.2　D/A 接口设计

DSP 系统有时需要将产生的数字信号或处理结果转换成模拟信号，这就需要选择转换速度和位数能满足要求的 D/A 转换器。TI 公司为本公司生产的 DSP 芯片提供了多种配套的 D/A 转换器，根据信号传送方式的不同，可分为并行和串行转换器。典型的有 TLC7528、TLC5510（8 位并行接口）、TLC5617、TLC320AD50C（16 位串行接口）。DSP 与并行 D/A 转换器可实现高速的 D/A 转换，而串行 D/A 转换器具有接口方便、电路设计简单的特点，可以和 DSP 实现无缝连接。本小节以 TI 公司生产的 D/A 转换器 TLC5617 为例，说明 D/A 转换器和 DSP 的接口方法。

1. TLC5617 工作原理及接口

TLC5617 是带有缓冲基准输入的双路 10 位电压输出 D/A 转换器。单电源 5V 供电，输出电压范围为基准电压的两倍，且单调变化。TLC5617 通过与 CMOS 兼容的 3 线串行口实现数字控制，器件接收的用于编程的 16 位字的前 4 位用于产生数据的传送模式，中间 10 位产生模拟输出，最后两位为任意的 LSB 位。TLC5617 数字输入端带有施密特触发器，且具有较高的噪声抑制能力。输入数据更新频率为 1.21MHz，数字通信协议符合 SPI、QSPI、Microwire 标准。由于 TLC5617 功耗极低（慢速方式 3mW，快速方式为 8mW），采用 8 引脚小型 D 封装，因此可用于移动电话、电池供电测试仪表及自动测试控制系统等领域。

TLC5617 的 D 封装引脚排列如图 7.15 所示，表 7.10 所示为 TLC5617 的引脚功能说明。

表 7.10　TLC5617 引脚功能说明

引脚名称	编号	I/O	功能说明
AGND	5		模拟地
$\overline{CS}$	3	I	片选，低电平有效
DIN	1	I	串行数据输入 $VIH = 0.7V_{DD}$，$VIL = 0.3V_{DD}$
OUTA	4	O	D/A 转换器 A 模拟输出
OUTB	7	O	D/A 转换器 B 模拟输出
REFIN	6	I	基准电压输入，$1V \sim V_{DD} - 1.1V$
SCLK	2	I	串行时钟输入，$f(SCLK)_{max} = 20MHz$
V_{DD}	8		电源正极 4.5 ~ 5.5V

TLC5617 的功能框图如图 7.16 所示，时序图如图 7.17 所示。当片选信号 $\overline{CS}$ 为低电平时，输入数据在时钟控制下，以最高有效位在前的方式读入 16 位移位寄存器，在 SCLK 的下降沿把数据移入寄存器 A、B。当片选端 $\overline{CS}$ 信号上升沿到来时，再把数据送至 10 位 D/A 转换器开始 D/A 转换。16 位数据的前 4 位（D15 ~ D12）为可编程控制位，其功能见表 7.11；中间 10 位（D11 ~ D2）为数据位，用于模拟数据输出；最后两位（D1 ~ D0）为任意填充位。

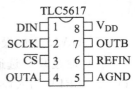

图 7.15　TLC5617 的 D 封装引脚排列

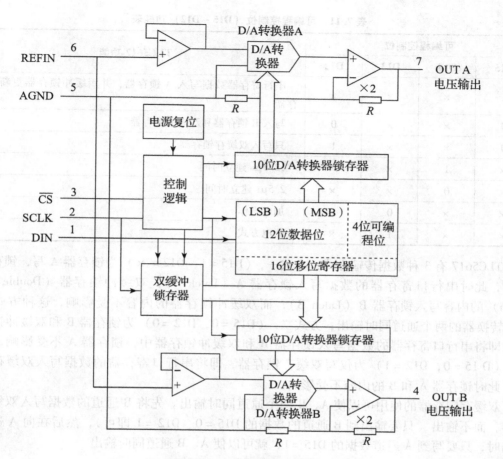

图 7.16　TLC5617 的功能框图

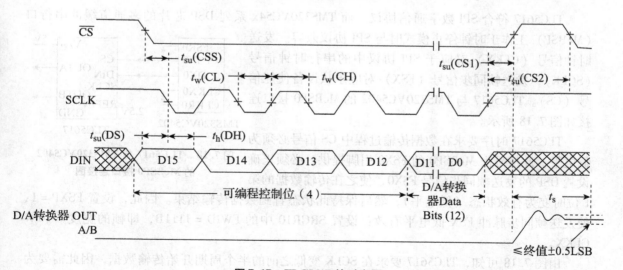

图 7.17　TLC5617 的时序图

在图 7.17 中，第 16 个时钟下降沿之后，SCLK 必须变成高电平。

表 7.11 可编程控制位 (D15 ~ D12) 功能表

可编程控制位				TLC5617 功能
D15	**D14**	**D13**	**D12**	
1	×	×	×	串行寄存器数据写入 A 锁存器，并用缓冲锁存器更新 B 锁存器
0	×	×	0	写入 B 锁存器和双缓冲锁存器
0	×	×	1	只写入双缓存锁存器
×	1	×	×	12.5μs 建立时间
×	0	×	×	2.5μs 建立时间
×	×	0	×	加电操作
×	×	1	×	断电方式

TLC5617 有 3 种数据传输方式：方式一，(D15 = 1，D12 = ×) 为锁存器 A 写，锁存器 B 更新，此时串行口寄存器的数据写入锁存器 A (Latch A)，双缓冲锁存器 (Double Buffer Latch) 的内容写入锁存器 B (Latch B)，而双缓冲锁存器的内容不受影响，这种方式允许 D/A 转换器的两个通道同时输出；方式二，(D15 = 0，D12 = 0) 为锁存器 B 和双缓冲锁存器写，即将串行口寄存器的数据写入锁存器 B 和双缓冲锁存器中，锁存器 A 不受影响；方式三，(D15 = 0，D12 = 1) 为仅写双缓存锁存器，即将串行口寄存器的数据写入双缓存锁存器，此时锁存器 A 和 B 的内容不受影响。

双缓存锁存器的使用可以使 A、B 两个通道同时输出。先将 B 通道的数据写入双缓冲锁存器，而不输出（只要输出到 B 通道的数据的 D15 = 0、D12 = 1 即可），然后在向 A 通道写数据时，只要写到 A 通道数据的 D15 = 1，就可以使 A、B 通道同时输出。

2. TLC5617 与 TMS320VC5402 的 McBSP0 接口设计

TLC5617 符合 SPI 数字通信协议，而 TMS320VC54x 系列 DSP 芯片的多通道缓冲串行口 (McBSP) 工作于时钟停止模式时与 SPI 协议兼容。发送时钟信号 (CLKX) 对应于 SPI 协议中的串行时钟信号 (SCLK)，发送帧同步信号 (FSX) 对应于从设备使能信号 ($\overline{CS}$)。TLC5617 与 TMS320VC5402 的 McBSP0 接口连接如图 7.18 所示。

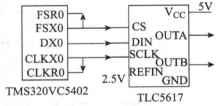

图 7.18 TLC5617 与 TMS320VC5402 的 McBSP0 接口连接图

TLC5617 时序要求在数据传输过程中 $\overline{CS}$ 信号必须为低电平，此信号由 McBSP0 的 FSX0 引脚提供，必须正确设置 DSP 的发送帧同步信号 FSX0，使之在传输数据的第 1 位时变为有效状态（低电平），然后保持此状态直到数据传输结束。因此，设置 FSXP = 1，使发送帧同步脉冲 FSX 低电平有效：设置 SRGR10 中的 FWID = 1111B，即帧的宽度 = 16 × CLKX。

由图 7.18 可知，TLC5617 要求在 SCLK 变低之前的半个周期开始传输数据，因此需要为 McBSP0 设置适合的时钟方案，本应用实例中将 McBSP0 设置为时钟停止模式 4，即 CLKSTP = 11B，CLKXP = 1，这样可保证 McBSP0 与 TLC5617 的时序相配合。

7.3.3　软件设计

本小节给出了较完整的软件程序,包括主程序、串口初始化程序和 CPU 中断服务程序。中断服务程序分别对数据进行处理,然后在 TLC5617 的 A、B 两个通道同时输出。TMS320C5402 的主时钟频率为 81.925MHz,D/A 转换频率为 128kHz。汇编源程序如下:

```
STACK         . usect "STACK",100h
DK_SPCR10     . set 0001100010100001B    ;CLKSTP=11,时钟停止模式;DXENA=1,DX 使能
DK_SPCR20     . set 0000001011000001B    ;Free1,Soft=0;GRST=1,使采样率发生器工作;
                                         ;   FRST=1,产生帧同步脉冲信号
DK_RCR10      . set 0000000010000000B    ;每帧一个字,字长为 16 位
DK_RCR20      . set 0000000001000000B
DK_XCR10      . set 0000000001000000B
DK_XCR20      . set 0000000001000000B
DK_SRGR10     . set 0000111100010011B    ;帧的宽度=16×CLKG,
                                         ;   CLKG=CPU CLK/(1+CLKGDV)=CPU CLK/20
DK_SRGR20     . set 0011000000011111B    ;GLKSM=1,采样率发生器时钟来源于 CPU 时钟
                                         ;   FSGM=1,发送帧同步信号 FSX 由采样率发生器
                                         ;   FSG 驱动,帧周期=(FPER+1)×CLKG=32 CLKG
DK_PCR0       . set 0000101000001111B    ;CLKXM=1,CLKX 为输出引脚,由采样率发生器
                                         ;   驱动 CLKXP=1,在 CLKX 的下降沿对发送数据
                                         ;   采样
                                         ;   FSXP=1,发送帧同步脉冲 FSX 低电平有效
SPSA0         . set 38H                  ;串行口 0 子地址寄存器
McBSP0        . set 39H                  ;串行口 0 子数据寄存器
DXR10         . set 23H                  ;数据发送寄存器 1
DXR20         . set 22H                  ;数据发送寄存器 2
TMP           . set 6FH
TMPL          . set 70H
TMPH          . set 71H
              .text
_c_int00
              b start
              nop
              nop
              ...
XINT0         B XT
              nop
              nop
              nop
              ...
Start:   LD        #0,DP
         STM       #STACK+100H,SP
         STM       #1020h,PMST
         STM       #3FFFH,IFR
         SSBX      INTM
         CALL      DACBSP
```

```
                STM      #0020H,IMR ; BXINT0
                RSBX     INTM
                ST       #1,TMP
WAIT:           B WAIT
* *以下为接收中断服务程序 * * * * * * * * * * * * * * *
XT:             CMPM     TMP,#0
                BC       XT1,TC
                ...
                                              ;对数据进行处理,得到 B 通道输出数据
                                              ;存放在累加器 A 中
                STL      A,TMPL
                LD       TMPL,2,A
                AND      #0FFCH,A
                OR       #1000H,A             ;D15 = 0,D12 = 1
                ST       #0,TMP
                B        XT2                  ;先将 B 通道的数据写入双缓冲锁存器,而不输出
XT:
                ...
                                              ;对数据进行处理,得到 A 通道输出
                                              ;数据存放在累加器 A 中
                STL      A,TMPH
                LD       TMPH,2,A
                AND      #0FFCH,A
                OR       #8000H,A             ;D15 =1,将累加器 AL 中的数据写入 D/A 转换器的
                                              ;A 锁存器,则 D/A 转换器的 A、B 两通道同时输出
                ST       #1,TMP
        XT2:    STLM A,DXR10
* * * * * * * * * * * *以下为 McBSP0 初始化程序* * * * * * * * * * * * * *
DACBSP:         STM      #00H,SPSA0           ;  00H 串行口控制寄存器1 子地址
                STM      #0000H,McBSP0        ;RESET R
                STM      #01H,SPSA0           ;01H 串行口控制寄存器2 子地址
                STM      #0000H,McBSP0        ;RESET X
                STM      #00H,SPSA0
                STM      #DK_SPCR10,McBSP0    ;ENBLE R
                STM      #01H,SPSA0
                STM      #DK_SPCR20,McBSP0    ;ENBLE X
                STM      #02H,SPSA0           ;02H 接收控制寄存器1 子地址
                STM      #DK_RCR10,McBSP0
                STM      #04H,SPSA0           ;04H 发送控制寄存器1 子地址
                STM      #DK_XCR10,McBSP0
                STM      #0EH,SPSA0           ;0EH 引脚控制寄存器子地址
                STM      #DK_PCR10,McBSP0
                STM      #06H,SPSA0           ;06H 采样率发生器寄存器1 子地址
                STM      #DK_SRGR10,McBSP0
                STM      #07H,SPSA0           ;07H 采样率发生器寄存器2 子地址
                STM      #DK_SRGR20,McBSP0
                STM      #03H,SPSA0           ;03H 接收控制寄存器2 子地址
                STM      #DK_RCR20,McBSP0
```

```
STM     #05H,SPSA0              ;05H 发送控制寄存器 2 子地址
STM     #DK_XCR20,McBSP0
NOP
RET
```

以上详细讨论了 TLC5617 与 DSP 串行口通信的硬件接口及软件设计。将中断服务程序中对数据进行处理的部分，根据需要加入合适的处理程序代码，即可构成一个完整的应用程序。

7.4　外部存储器接口设计

作为 DSP 芯片与外界交换数据的重要关口，外部存储器接口的优劣程度直接影响着 DSP 的适应性和控制功能。存储器接口可分为异步存储器接口和同步存储器接口两种类型。异步存储器接口类型是最常见的，MCU 一般采用此类接口。相应的存储器有 SRAM、Flash、NVRAM 等。另外很多以并行方式接口的模/数 I/O 器件，如 A/D、D/A 等也采用异步存储器接口方式。TMS320C54x 系列 DSP 只提供异步存储器接口，所以它们只能与异步存储器直接接口，如果要与同步存储器接口，则必须外加相应的存储器控制器，然而从电路的复杂性和成本考虑，一般不这么做。

TMS320C54x DSP 可通过数据总线、地址总线和一组用于访问片外存储器与 I/O 端口的控制信号与外部器件接口。TMS320C54x DSP 的外部程序或者数据存储器以及 I/O 扩展的地址总线和数据总线复用，完全依靠片选和读写选通配合时序控制完成外部程序存储器、数据存储器和扩展 I/O 的操作。表 7.12 列出了 C54x DSP 的主要扩展接口信号。TMS320C54x DSP 在访问存储器时，是在控制信号 $\overline{\text{MSTRB}}$ 和 R/$\overline{\text{W}}$ 的控制下进行的；如果访问程序存储器空间，则还有 $\overline{\text{PS}}$ 信号；如果访问数据存储器空间，则还有 $\overline{\text{DS}}$ 信号。而在访问 I/O 口时，则在控制信号 $\overline{\text{IOSTRB}}$ 和 R/$\overline{\text{W}}$ 控制下进行。R/$\overline{\text{W}}$ 控制访问的方向。

表 7.12　C54x DSP 的主要扩展接口信号

信号名称	C541、C542、C543、C545、C546	C548、C549、C5410	C5402	C5420	描述
A0 ~ A15	15 ~ 0	22 ~ 0	19 ~ 0	17 ~ 0	地址总线
D0 ~ D15	15 ~ 0	15 ~ 0	15 ~ 0	15 ~ 0	数据总线
$\overline{\text{MSTRB}}$	√	√	√	√	外部存储器访问选通
$\overline{\text{PS}}$	√	√	√	√	程序空间片选
$\overline{\text{DS}}$	√	√	√	√	数据空间片选
$\overline{\text{IOSTRB}}$	√	√	√	√	I/O 访问选通
$\overline{\text{IS}}$	√	√	√	√	I/O 空间片选
R/$\overline{\text{W}}$	√	√	√	√	读/写信号
READY	√	√	√	√	数据准备完成周期

（续）

信号名称	C541、C542、C543、C545、C546	C548、C549、C5410	C5402	C5420	描述
$\overline{HOLD}$	√	√	√	√	保持请求
$\overline{HOLDA}$	√	√	√	√	保持应答
$\overline{MSC}$	√	√	√	√	微状态完成
$\overline{IAQ}$	√	√	√	√	指令地址获取
$\overline{IACK}$	√	√	√	√	中断应答

在选用外部存储器的时候，要考虑以下几点因素。

1. 存储器存储时间问题

对于快速存储器件，即存取时间小于 20ns 的器件，可以直接与 TMS320C54x DSP 接口，接口电路如图 7.19 所示。而对于慢速器件，则 TMS320C54x DSP 在访问时需要插入等待状态。

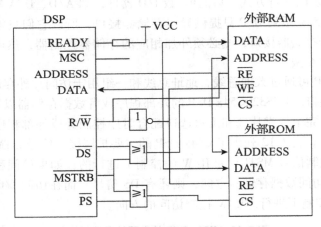

图 7.19　DSP 与外部存储器的接口

2. 存储器容量问题

外部存储器的容量应该由系统需求来决定，在选择芯片时应该尽量选择内部容量大的芯片。

3. 数据总线位数问题

在系统设计时，尽量选用与 DSP 芯片具有相同的数据总线位数的外部存储器，这样有利于简化软件设计，如 TMS320C54x DSP 采用 16 位数据总线，选择时尽量选用 16 位的外部存储器。

外部存储器主要分为两类：一类是 ROM，包括 EPROM、Flash 等，另一类是 RAM，分为静态 RAM（SRAM）和动态 RAM（DRAM）。

7.4.1　外部存储器扩展

1. RAM 接口设计

TMS320C54x 根据型号的不同，可以配置不同大小的内部 RAM。考虑程序的运行速度、系统的整体功耗以及电路的抗干扰性能，在选择芯片时应尽量选择内部 RAM 空间大的芯片。但在一些情况下需要大量的数据运算和存储，因此必须考虑外部数据存储器的扩展问题。DSP 外扩数据存储器使用可读写存储器 RAM。下面以 CY7C1041V33 存储器和 C54x 接口电路来说明 DSP 外部 RAM 并行的扩展方法。

CY7C1041V33 是一款高性能 16 位 CMOS 静态 RAM，容量为 256K × 16 字。其分别有 18 位地址线和 16 位数据线，控制线包括片选信号 $\overline{CE}$、写使能线 $\overline{WE}$、低字节使能线 $\overline{BLE}$、高字节使能线 $\overline{BHE}$、输出使能线 $\overline{OE}$。其工作电压为 3.3V，与 C54x 外设电压相同，工作速度根据型号不同而不同，存取时间从 12 ~ 25ns 可选。CY7C1041V33 的结构如图 7.20 所示，功能见表 7.13。

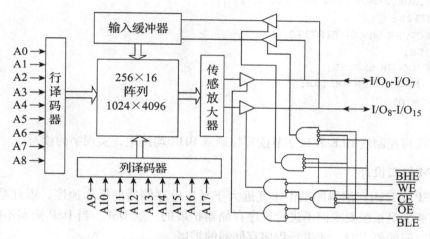

图 7.20　CY7C1041V33 结构

表 7.13　CY7C1041V33 功能表

$\overline{CE}$	$\overline{OE}$	$\overline{WE}$	$\overline{BLE}$	$\overline{BHE}$	$I/O_0 \sim I/O_7$	$I/O_8 \sim I/O_{15}$	模式
H	×	×	×	×	高阻	高阻	未选中
L	L	H	L	L	数据输出	数据输出	读全部位操作
L	L	H	L	H	数据输出	高阻	读低 8 位操作
L	L	H	H	L	高阻	数据输出	读高 8 位操作
L	×	L	L	L	数据输入	数据输入	写全部位操作
L	×	L	L	H	数据输入	高阻	写低 8 位操作
L	×	L	H	L	高阻	数据输入	写高 8 位操作
L	H	H	×	×	高阻	高阻	输出关闭

图 7.21 所示的是 TMS320VC5402 DSP 与 CY7C1041V33 的接口电路图。地址、数据线分别相连，其控制逻辑电路选用了可编程逻辑器件 EMP7128 来实现，片选信号、输出使能、写

使能信号的逻辑关系可用 VHDL 语言描述如下：

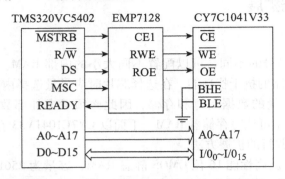

7. 21　TMS320VC5402 与 CY7C1041V33 的接口电路

```
ENTITY EPM7128 IS
PORT(nMSTRB,R/W,DS,nMSC :IN STD_LOGIC;
CE1,RWE,ROE,READY :OUT STD_LOGIC);
END EPM7128;
ARCHITECTURE bhv OF EPM7128 IS
CE1 < = DS;
RWE  < = R/W OR nMSTRB;
ROE  < = NOT R/W OR nMSTRB;
READY < = nMSC;
END bhv;
```

低字节读写控制线 $\overline{BLE}$ 和高字节读写控制线 $\overline{BHE}$ 均接地，实现字的读写。

2. ROM 接口设计

由于 DSP 对片内存储器的操作速度远大于对片外存储器的操作速度，因此系统设计时，应尽量选用能满足系统要求而不进行程序存储器扩展的一款 DSP。当 DSP 确实不能满足系统代码及数表空间的要求时，才进行程序存储器的扩展。

外部程序存储器扩展使用 RAM、EPROM、E^2PROM、Flash，可分为非易失性和易失性两种。EPROM、E^2PROM、Flash 为非易失性的存储器，具有掉电数据不丢失的特点，但读取速度慢。如果 DSP 直接从非易失性存储器读取代码，将会大大限制 DSP 的运行速度。RAM 的读写速度快，但掉电不能保存代码。因此在应用中，EPROM、E^2PROM、Flash 的功能是为 DSP 提供固化的程序代码和数据表，而 RAM 的作用是为 DSP 提供运行指令码。目前流行的 DSP（如 C54x）在片内 ROM 中固化了引导加载程序（Bootloader）。加电复位后，DSP 启动这一程序，将片外非易失性存储器的程序指令搬移到片内/外高速程序 RAM 后，然后在 RAM 中运行程序，使指令的执行速度大大提高。

下面用 Am29LV400B Flash 与 C54x 接口来说明程序存储器扩展的方法。

Am29LV400B 是 AMD 公司新推出的 256K × 16 位的 Flash 存储器，采用 CMOS 工艺，可直接与 3.3 V 的 DSP 接口，最快的存取时间高达 55ns，功耗低，是一款性价比极高的 Flash 存储器。Am29LV400B 采用 48 脚 FBGA 或 44 脚 SO 封装，引脚功能见表 7.14。

表 7.14　Am29LV400B 引脚功能表

引脚名	功能说明
A0 ~ A17	地址线
DQ0 ~ DQ14	数据输入/输出线
BYTE#	8 位或 16 位模式选择端, 高电平为 16 位模式
CE#	片选使能端
OE#	输出使能端
RESET#	硬件复位引脚, 低电平有效
RY/BY#	准备就绪或忙输出端

由于 C5402 的外部存储器、I/O 外设共用地址总线和数据总线, 在不进行程序读操作时, Am29LV400B 一定处于高阻状态, 否则将影响与地址总线、数据总线相连接的存储器和 I/O 的正常工作。

DSP 与扩展的程序存储器接口电路如图 7.22 所示, 根据程序存储器的读写时序, EMP7128 的逻辑使用 VHDL 语言描述如下:

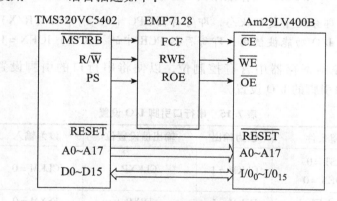

图 7.22　DSP 与扩展的程序存储器接口电路

```
ENTITY EPM7128 IS
PORT(nMSTRB,R/W :IN STD_LOGIC;
FCF,RWE,ROE:OUT STD_LOGIC);
END EPM7128;
ARCHITECTURE bhv OF EPM7128 IS
FCF < = PS;
RWE < = R/W OR nMSTRB;
ROE < = NOT R/W OR nMSTRB;
END bhv;
```

从程序存储器的读写时序可知: 当 $\overline{PS}$ =0 时, $\overline{MSTRB}$ =0, 可以对存储器进行读操作; 当 $\overline{PS}$ =1 时, 程序存储器被挂起, $\overline{MSTRB}$ 的状态对存储器没有影响。所以控制信号在 EMP7128 内的逻辑关系为: 读 ROE≤NOT R/W 或 nMSTRB; 写 RWE≤R/W 或 nMSTRB。

7.4.2　I/O 接口电路设计

由于 TMS320C54x 的 I/O 资源与其他硬件资源复用, 如串行口、并行口、数据总线和地址总线等，所以 I/O 的使用无论是从硬件连接还是从软件驱动方面都需要考虑更多的影响因素。下面以常用的 I/O 输入键盘和 I/O 输出为例，介绍 TMS320C54x 的 I/O 扩展应用需要注意的规则。

1. I/O 配置

TMS320C54x 的 I/O 资源由以下 3 部分构成。

1）通用 I/O 引脚：$\overline{\text{BIO}}$ 和 XF。分支转移控制输入引脚 $\overline{\text{BIO}}$ 用来监控外围设备。在时间要求苛刻的循环中，不允许受干扰。此时可以根据 $\overline{\text{BIO}}$ 引脚的状态（即外围设备的状态）决定分支转移的去向，以代替中断。外部标志输出引脚 XF 可以通过软件命令向外部器件发信号，例如通过以下指令：

```
SSBX XF
RSBX XF
```

可将该引脚置 1 和复位。

2）BSP 引脚用作通用 I/O。在满足下面两个条件的情况下就能将串行口的引脚（CLKX、FSX、DX、CLKR、FSR 和 DR）用作通用的 I/O 引脚。

● 串行口的相应部分处于复位状态，即寄存器 SPC [1, 2] 中的（R/X）IOEN = 1。
● 串行口的通用 I/O 功能被使用，即寄存器 PCR 中的（R/X）IOEN = 1。

串行口的引脚控制寄存器中含有控制位，以便将串行口的引脚设置为输入或输出。表 7.15 给出了串行口引脚的 I/O 设置。

表 7.15 串行口引脚 I/O 设置

引脚	设置条件	设为输出	输出值设置位	设为输入	输入值显示位
CLKX	XRST = 0 XIOEN = 0	CLKM = 1	CLKXP	CLKM = 0	CLKXP
FSX	与上同	FSXM = 1	FSXP	FSXM = 0	FSXP
DX	与上同	总是为输出	DX – STAT	不能	无
CLKX	RRST = 0 RIOEN = 1	CLKRM = 1	CLKRP	CLKRM = 0	CLKRP
FSR	与上同	FSRM = 1	FSRP	FSRM = 0	FSRP
DR	与上同	不能为输出	无	总是输出	DR – STAT
CLKS	RRST – XRST = 0 RIOEN – XIOEN = 1	不能为输出	无	总是输出	CLKS – STAT

3）HPI 的 8 条数据线引脚用作通用 I/O 引脚。HPI 接口的 8 位双向数据总线可以用作通用的 I/O 引脚。这一用法只有在 HPI 接口不被允许（即在复位时 HPIENA 引脚为低）的情况下才能实现。通用 I/O 控制寄存器（GPIOCR）和通用 I/O 状态寄存器（GPIOSR）用来控制 HPI 数据引脚的通用 I/O 功能。表 7.16 所示为通用 I/O 控制寄存器（GPIOCR）各位的功能说明。表 7.17 所示为通用 I/O 状态寄存器（GPIOSR）各位的功能说明。

表 7.16　通用 I/O 控制寄存器各位功能

位	名称	复位时的值	功能
15	TOUT1	0	定时器 1 输出允许。该位允许或禁止定时器 1 的输出到 HINT 引脚。该输出只有在 HPI - 8 不允许时才有效。注意：在只有一个定时器的器件上，该位保留
14 ~ 8	保留位	0	
7 ~ 0	DIR7 ~ DIR0	0	I/O 引脚方向位。DIRX 设置 HDX 引脚为输入还是输出 DIRX = 0：HDX 引脚设置为输入 DIRX = 1：HDX 引脚设置为输出 其中，X = 0，1，…，7

表 7.17　通用 I/O 状态寄存器各位功能

位	名称	复位时的值	功能
15 ~ 8	保留	0	
7 ~ 0	IO7 ~ IO0	任意	IOX 引脚的状态位。该位反映 HDX 引脚的电平，当该引脚设置为输入时，则该位锁存该引脚的电平逻辑值（1 或 0）；当该引脚设置为输出时，则根据该位的值驱动引脚上的状态 IOX = 0：HDX 引脚电平为低 IOX = 1：HDX 引脚电平为高 其中，X = 0，1，…，7

2. I/O 接口扩展

由于 TMS320C54x 的通用 I/O 端口引脚只有两个，输出 XF 和输入 $\overline{\text{BIO}}$。而主机接口（HPI）和同步串行口可以通过设置用作通用 I/O 口。除此之外，TMS320C54x 的 64K 字 I/O 空间必须通过外加缓冲或锁存电路，配合外部 I/O 读写控制时序构成片外外设的控制电路。在图 7.23 中采用数据/地址锁存器（74HC273）和 CPLD（EMP7128SLC84）给 TMS320C54x 扩展了一个 8 位输出口。DSP 的第 8 位数据线经过 74LVC4245A 完成 3.3 ~ 5V 的电平转换，并送往锁存器 74HC273 输出。图 7.23 中的 CS1 是 74HC273 的清零信号，CS2 是锁存器的锁存信号，这两种信号通过 CPLD 的逻辑组合而来，逻辑功能描述如下：

```
ENTITY EPM7128 IS
PORT(nIOSTRB, nIS,nRS,A0,A1,A2,A14,A15 R/W:IN STD_LOGIC;
CS1,CS2:OUT STD_LOGIC);
END EPM7128;
ARCHITECTURE bhv OF EPM7128 IS
CS1 < =nRST; —DSP 的复位信号来对锁存器清零
CS2 < =nIOSTRB OR nIS OR R/W OR NOT A15 OR NOT A14 OR A2 OR NOT A1 OR A0;
END bhv;
```

以 DSP 的控制线 $\overline{\text{IOSTRB}}$、$\overline{\text{IS}}$、R/$\overline{\text{W}}$ 和地址线组合来锁存送出的数据，其地址是 C002H。

图 7.23 中，74LVC4245A 完成 DSP 数据线的 3.3～5V 的电平转换。

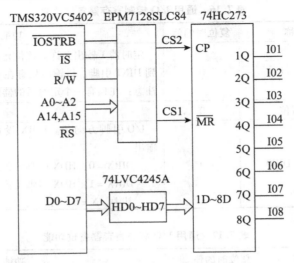

图 7.23 74HC273 扩展的 I/O 接口

例：键盘的连接和驱动。

键盘作为常用的输入设备，应用十分广泛。由于 TMS320C54x 芯片的 I/O 资源较少，通过 74HC573 锁存器扩展了一个 3×5 的矩阵键盘。表 7.18 为锁存器 74HC573 的真值表。TMS320C54x 扩展键盘占用两个 I/O 端口地址：读键盘端口地址 0EFFFH 和写键盘端口地址 0DFFFH。TMS320C54x 的键盘扩展 I/O 连接如图 7.24 所示。

表 7.18 74HC573 真值表

输入			输出
OE	LE	D	
L	H	H	H
L	H	L	L
L	L	X	Q_0
H	X	X	Z

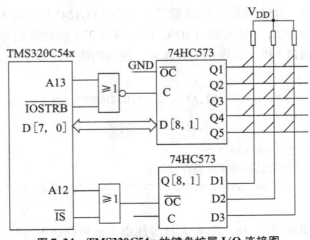

图 7.24 TMS320C54x 的键盘扩展 I/O 连接图

TMS320C54x 的键盘扩展 I/O 驱动程序如下:

```
;KEYSET.ASM
;键盘识别程序
        LD          #key_w,         DP          ;确定页指针
        LD          key_w,          A           ;取行输出数据
        AND         #00H,           A           ;全 0 送入 A
        STL         A,              key_w       ;送入行输出单元
        PORTW       key_w,          WKEYP       ;全 0 数据行输出
        CALL        delay                       ;调用延时程序
        PORTR       RKEYP,          key_w       ;输入列数据
        CALL        delay                       ;调用延时程序
        ANDM        #07H,           key_r       ;屏蔽列数据高位,保留低三位
        CMPM        key_r,          #007H       ;列数据与 007H 比较
        BC          nokey,          TC          ;若相等,无按键按下,转 nokey
                                                ;  若不相等,有按键按下,继续执行
;防按键抖动程序
        CALL        wait10ms                    ;延时 10ms,软件防抖
        PORTR       RKEYP,          key_r       ;重新输入列数据
        CALL        delay                       ;调延时程序
        ANDM        #07H,           key_r       ;保留低三位
        CMPM        key_r,          #07H        ;判断该行是否有按键
        BC          nokey,          TC          ;没有转移,有继续
;键扫描程序
Keyscan:
        LD          #X0,            A           ;扫描第一行,行代码 X0 送 A
        STL         A,              key_w       ;X0 送行输出单元
        PORTW       key_w,          WKTYP       ;X0 行代码输出
        CALL        delay                       ;调延时程序
        PORTR       RKEYP,          key_r       ;读列代码
        CALL        delay                       ;调延时程序
        ANDM        #07H,           key_r       ;屏蔽、比较列代码
        CMPM        key_r,          #07H        ;判断该行是否有按键
        BC          keyok,          #NTC        ;若有按键按下,则转 keyok
        LD          #X1,            A           ;若无按键按下,扫描第二行
        STL         A,              key_w
        PORTW       key_w,          WKEYP
        CALL        delay
        PORTR       RKEYP,          key_r
        CALL        delay
        ANDM        #07H,           key_r       ;屏蔽、比较列代码
        CMPM        key_r,          #07H        ;判断该行是否有按键
        BC          keyok,          NTC         ;若有按键按下,则转 keyok
        LD          #X2,            A           ;若无按键按下,扫描第三行
        STL         A,              key_w
        PORTW       key_w,          WKEYP
        CALL        delay
        PORTR       RKEYP,          key_r
        CALL        delay
```

```
        ANDM      #07H,         key_r       ;屏蔽、比较列代码
        CMPM      key_r,        #07H        ;判断该行是否有按键
        BC        keyok,        NTC         ;若有按键按下,则转 keyok
        LD        #X3,          A           ;若无按键按下,扫描第四行
        STL       A,            key_w
        PORTW     key_w,        WKEYP
        CALL      delay
        PORTR     RKEYP,        key_r
        CALL      delay
        ANDM      #07H,         key_r       ;屏蔽、比较列代码
        CMPM      key_r,        #07H        ;判断该行是否有按键
        BC        keyok,        NTC         ;若有按键按下,则转 keyok
        LD        #X4,          A           ;若无按键按下,扫描第五行
        STL       A,            key_w
        PORTW     key_w,        WKEYP
        CALL      delay
        PORTR     RKEYP,        key_r
        CALL      delay
        ANDM      #07H,         key_r       ;屏蔽、比较列代码
        CMPM      key_r,        #07H        ;判断该行是否有按键
        BC        keyok,        NTC         ;若有按键按下,则转 keyok
nokey:
        ST        #00H,         key_v       ;若无键按下,存储00H标志
        B         keyend                    ;返回
keyok:
        SFTA      A,            3           ;行代码左移三位
        OR        key_r,        A           ;行代码与列代码组合
        AND       #0FFH,        A           ;屏蔽高位,形成键码
        STL       A,            key_v       ;保存键码
Keyend:
        NOP
        RET
```

7.5　供电系统设计

　　TMS320C54x 系列芯片大部分采用低电压设计，这样可以大大地节约系统的功耗。该系列芯片的电源分为两种，即内核电源与 I/O 电源，其中 I/O 电源一般采用 3.3V，而内核电源采用 3.3V、2.5V 或 1.8V。降低内核电源的主要目的是为了降低功耗。下面以目前使用较多的 TMS320VC5402 为例来介绍 C54x DSP 的电源部分的设计。

7.5.1　DSP 供电方案

　　DSP 芯片采用的供电方式，主要取决于应用系统中提供什么样的电源。在实际中，大部分数字系统所使用的电源可工作于 5V 或 3.3V，因此有两种产生芯片电源电压的方案。

1）从 5V 电源产生：5V 电源通过两个电压调节器分别产生 3.3V 和 1.8V 电压。电路框图如图 7.25 所示。在这种方案中，第 1 个电压调节器提供 3.3V 电压，第 2 个电压调节器提供 1.8V 电压。

2）从 3.3V 电源产生：使用一个电压调节器，产生 1.8V 电压，而 DV_{DD} 直接取自 3.3V 电源。电路框图如图 7.26 所示。

图 7.25　从 5V 电源产生电压的设计方案　　图 7.26　从 3.3V 电源产生电压的设计方案

目前，能产生 DSP 需要的电源的芯片比较多，如 Maxim 公司的 MAX604 和 MAX748，TI 公司的 TPS72x 和 TPS73x 系列，这些芯片可以分为线性和开关两种，在设计的时候应根据实际的需要来选择。如果在系统对功耗要求不是很高的情况下，可以使用线性稳压器，它的使用方法较为简单，而且电源的纹波电压较小，对系统的干扰也小；而在系统对功耗要求比较苛刻的情况下，应使用开关电源芯片，一般的开关电源芯片的效率可以达到90%以上。一般而言，开关电源比线性电源产生的纹波电压要大，而且开关电源的振荡频率在几 kHz 到几百 kHz 的范围内，会对 DSP 系统产生干扰。特别是开关电源产生的电压用于 A/D 和 D/A 转换电路时应加滤波电路，以减小电源噪声对模拟电路的影响。下面介绍几种常用的电源电路。

1. 3.3V 单电源供电

可选用 TI 公司的 TPS7133、TPS7233、TPS7333 芯片，也可以选用 Maxim 公司的 MAX604、MAX748 芯片。图 7.27 所示为使用 MAX748 芯片产生 3.3V 电源的原理图，采用这种方式的电源最大限制电流为 2A。

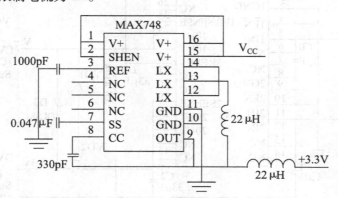

图 7.27　使用 MAX748 芯片产生 3.3V 电源的原理图

2. 采用可调电压的单电源供电

TI 公司的 TPS7101、TPS7201 和 TPS7301 等芯片提供了可调节的输出电压，其调节范围为 1.2 ~ 9.75V，可通过改变两个外接电阻阻值来实现，如图 7.28 所示。电压计算公式如下。

$$V_0 = V_{ref} \times \left(1 + \frac{R_1}{R_2}\right)$$

V_{ref} 为基准电压，典型值为 1.182V。R_1 和 R_2 为外接电阻，通常所选择的阻值使分压器电流近似为 7μA。

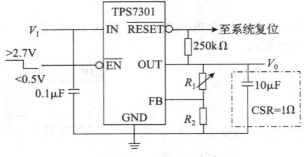

图 7.28　TPS7301 电路

3. 采用双电源供电

采用双电源供电时，可以采用 TPS73HD301、TPS73HD325、TPS73HD318 等系列芯片。其中，TPS73HD301 可提供一路 3.3V 输出电压和一路可调的输出电压（1.2 ~ 9.75V）；TPS73HD325 的输出电压分别为 3.3V、2.5V，每路的最大输出电流为 750mA；TPS73HD318 输出电压分别为 3.3V、1.8V，每路的最大输出电流为 750mA，并且提供两个宽度为 200ms 的低电平复位脉冲。TPS73HD318 芯片可以提供最高 750mA 的电流，为了适应较大的电流输出场合，该芯片输入和输出的引脚都采用两个引脚，这样可以提高电流的通过率并有利于芯片散热。

图 7.29 所示为利用 TPS73HD318 芯片产生双电源的原理图。

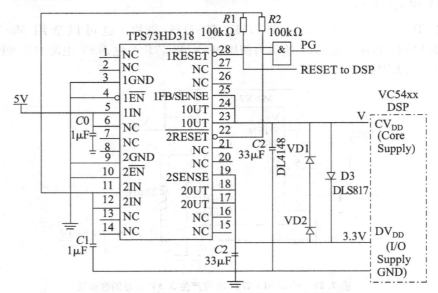

图 7.29　利用 TPS73HD318 芯片产生双电源原理图

7.5.2　3.3V 和 5V 混合逻辑设计

在设计 DSP 系统时，如果都能采用 3.3V 芯片设计当然最好，这样其接口电平相匹配，不存在电平转换的问题。但实际上往往不能避免混合设计，即在一个系统中同时存在 3.3V 和 5V 系列芯片。将两种电压芯片的输入和输出直接连接是不行的，因为 5V 的芯片可以承受

3.3V 的电压，但是 3.3V 的芯片不能承受 5V 的电压。所以在 5V 和 3.3V 芯片共存的电路中就存在混合逻辑设计的问题。

从表 7.19 中可以看出，在 5V CMOS 电压与 3.3V 电平转换时就存在电平匹配问题，例如在程序载体 29F010 或 29F020 与 TMS320VC5410 接口的时候就必须有电平转换。电平转换芯片有 AN74ALVC16425 和 AN74LCX245 等，AN74ALVC16425 是一个 16 位的收发器，可以用在需要转换比较多的场合，如用于 16 位数据线转换最合适，而 AN74LCX245 是一个 8 位的收发器，可以用于 8 路以下的转换。

表 7.19 5V TTL 和 CMOS 与 3.3V 逻辑电平比较

电平名称	5V TTL 电平	5V CMOS 电平	3.3V 逻辑电平
V_{OH}	4.4V	2.4V	4.4V
V_{OL}	0.3V	0.4V	0.4V
V_{IH}	3.5V	2.0V	2.0V
V_{IL}	1.5V	0.8V	0.8V
$V_{中}$	2.5V	1.5V	1.5V

表 7.20 中，V_{OH} 为输出高电平的最低值；V_{OL} 为输出低电平的最高值；V_{IH} 为输出高电平的最低值；V_{IL} 为输出低电平的最高值；$V_{中}$ 为 "0" "1" 电平的中界值。

1. DSP 芯片与 3V 器件的接口

从目前的趋势来看，使用低电压的 3V 系列芯片是发展方向，所以在设计 DSP 系统时应尽量选用 3V 的芯片。这样既可以设计成一个低功耗的系统，也避免了混合系统设计中的电平转换问题。

DSP 与 3V 器件的接口比较简单，由于两者电平一致，因此可以直接驱动。如 DSP 芯片可以直接与 3V 的 Flash 存储器连接。

2. DSP 芯片与 5V 器件的接口

DSP 与 5V 器件的接口属于混合系统的设计。设计时要分析它们之间的电平转换标准是否满足电压的兼容性和接口条件。

下面以 TMS320LC549 与 Am27C010 EPROM 接口为例来介绍接口设计的方法。

首先分析电平转换标准，见表 7.20。

表 7.20 转换标准

电平器件	V_{OH}	V_{OL}	V_{IH}	V_{IL}
TMS320LC549	2.4V	0.4V	2.0V	0.8V
Am27C010	2.4V	0.45V	2.0V	0.8V

电平转换标准一致，C549 到 Am27C010 单方向的地址线和信号线可以直接连接。C549 不能承受 5V 电压，从 Am27C010 到 C549 方向的数据线不能直接连接。

其次需加一个缓冲器，可以选择双电压供电的缓冲器，也可以选择 3.3V 单电压供电并能承受 5V 电压的缓冲器，如选择 74LVC16245 缓冲器。它是一个双向收发器，可以用作两个 8 位或一个 16 位收发器。工作电压为 2.7~3.6V。74LVC16245 的接口功能见表 7.21。

表 7.21　74LVC16245 的接口功能表

$\overline{OE}$	DIR	功能
L	L	B→A
L	H	A→B
H	×	隔离

$\overline{OE}$：输出使能控制端，用来选择器件工作（双侧相互隔离）。

DIR：数据方向控制端，用来控制数据的传输方向。

最后，接口电路如图 7.30 所示，Am27C010 是 EPROM，数据总线是单向的，从 Am27C010 经缓冲器 74LVC16245 流向 DSP 芯片。

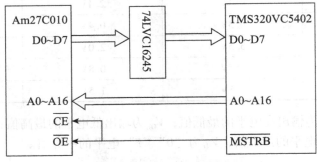

图 7.30　DSP 与 Am27C010 接口电路

7.6　JTAG 在线仿真调试接口电路设计

目前流行的 DSP 都备有标准的 JTAG（Joint Test Action Group）接口。在做实验时，需要一个 DSP 仿真器，把在计算机上编译并生成的执行代码下载到 C5402 芯片上，实现在线调试 DSP 硬件和软件。仿真器有两端接口，其中一端与计算机的并行口或 USB 口相连，这取决于仿真器的类型，另一端与 DSP 芯片的 JTAG 接口相连，JTAG 接口连接只要和仿真器上给出的引脚一致就可以了。TI 仿真器的 14 脚 JTAG 接口的引脚如图 7.31 所示。一般情况下，自己开发的电路板引出双排的 14 脚插针可以和图 7.31 中的一致。

TMS	1	2	$\overline{TRST}$
TD1	3	4	GND
PD(Vcc)	5	6	No pin(key)+
TD0	7	8	GND
TCK_RET	9	10	GND
TCK	11	12	GND
EMU0	13	14	EMU1

图 7.31　14 脚 JTAG 接口引脚图

在大多数情况下，只要电路板和仿真器之间的连接电缆不超过 6in（1in = 2.54 cm），就可以采用图 7.32 所示的接法。

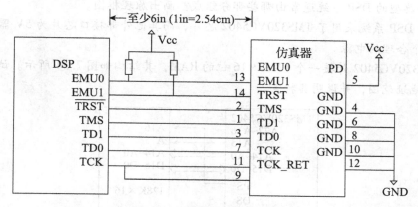

图 7.32　DSP 与仿真口连接图 1

这里需要注意的是，其中 DSP 的 EMU0 和 EMU1 引脚需要用电阻上拉，推荐阻值为 4.7kΩ 或 10kΩ。

如果 DSP 和仿真器之间的连接电缆超过 6in，可采用图 7.33 所示的接法为数据传输脚加上驱动。

JTAG 是一种通用标准接口，允许不同类型的 DSP 甚至其他带有 JTAG 信号引脚的任何器件组成 JTAG 链。DSP 仿真启用软件设置后，可以将仿真器支持的一个或几个 DSP 选择出来进行调试。

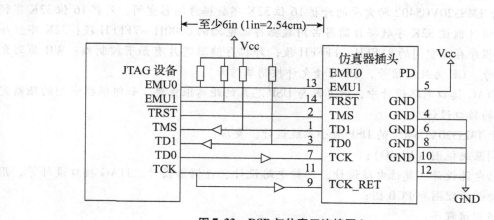

图 7.33　DSP 与仿真口连接图 2

使用仿真器时一定要注意操作安全，避免不正确的使用方法损坏仿真器和电路板，在保证电路设计正确、仿真器接口符合要求的前提下，还应注意以下几点：

1）要求安装仿真器的计算机的地与电路板的地必须可靠连接；

2）不应带电插拔仿真器插头，特别是计算机处在仿真调试状态时，更不能把仿真器插头从电路板上拔下；

3）电路板断电前，应先退出仿真器软件调试环境，否则仿真器虽不至于损坏，但可能会工作不正常，可能需要重启计算机才能恢复正常工作。

思考题

1. 一个典型的 DSP 系统通常由哪些部分组成？画出原理框图。

2. 一个 DSP 系统采用了 TMS320VC5402 芯片，而其他外部接口芯片为 5V 器件，试为该系统设计一个合理的电源。

3. TMS320VC5402 外接一个 128K×16 位的 RAM，其结构如图 7.34 所示。试分析程序区和数据区的地址范围，并说明其特点。

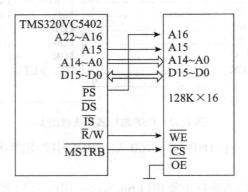

图 7.34　题 3 图

4. 如何设计 DSP 芯片的模/数接口电路？并行转换接口和串行转换接口与 DSP 芯片的连接有何不同？

5. 如何在 DSP 系统中实现看门狗功能？

6. 设计 TMS320VC5402 所需要的外扩 16 位 32K 字数据存储器空间、外扩 16 位 32K 字程序存储器空间（假设 32K 字数据存储器占用数据存储空间的 0000H～7FFFH 段；32K 字程序存储器占用程序存储空间的 8FFFH～FFFFH 段；外扩存储器芯片有如下控制端：$\overline{\text{WR}}$ 为写允许控制端信号，$\overline{\text{CE}}$ 为片选信号，$\overline{\text{OE}}$ 为读允许控制端信号）。

7. 在 JTAG 接口电路设计中，仿真器与 DSP 芯片的距离很重要。如何根据它们的距离完成硬件电路的接口设计？

8. 基于 TMS320VC5402 的 DSP 最小系统设计。要求：

1）绘制系统框图（VISIO）；

2）包括电源设计、复位电路设计、时钟电路设计、存储器设计、JTAG 接口设计等，用 Protel 软件绘制原理图和 PCB 图；

3）编写测试程序；

4）设计的系统要满足基本的信号处理要求。

第 8 章

经典信号处理应用实例

如果说 DSP 的硬件设计是基础，那么软件设计则是系统的精华所在。精确、高效的软件算法设计能确保所需功能的实现，而且系统的精确性和高效性也十分依赖软件设计。本章介绍几个经典信号处理应用的软件设计实例，包括信号的生成、信号的谱分析、混合信号的带通滤波、图像信号的锐化处理等，详细叙述了设计方法和编程过程，并附有实用程序和运行结果。通过这些实例，读者可以掌握基于 DSP 的汇编语言和 C 语言编程的基本方法。

8.1 DSP 应用系统设计过程

一个 DSP 应用系统设计包括硬件设计和软件设计两部分。

硬件设计又称为目标板设计，是在算法需求分析和成本、体积、功耗核算等全面考虑的基础上完成的。典型的 DSP 目标板包括 DSP 及 DSP 基本系统、存储器、模拟数字信号转换电路、模拟控制与处理电路、各种控制口与通信口、电源处理以及为并行处理或协处理提供的同步电路等。

软件设计是指设计包括信号处理算法的程序，用 DSP 汇编语言或通用的高级语言（C/C++）编写出来并进行调试。这些程序要放在 DSP 片内或片外存储器中运行，在程序执行时，DSP 会执行与 DSP 外围设备传递数据或互相控制的指令，因此，DSP 的软件与硬件设计调试是密不可分的。

图 8.1 所示是一般 DSP 系统的设计开发过程。主要有以下几个步骤。

1）设计一个 DSP 系统，首先要根据系统的使用目标确定系统的性能指标、系统功能的要求。

2）进行算法模拟。对一个实时数字信号处理的任务，选择一种方案和多种算法，用计算机高级语言（如 C、MATLAB 等工具）验证算法能否满足系统性能指标，然后从多种信号处理算法中找出最佳的算法。目前信号处理的理论和方法很多，在具体实现时，这些算法对实际处理设备的要求是不同的。有些算法所要求的运算量、数据存储量、处理设备的计算精度是很高的，实现时成本上是难以承受的，因此算法的选择还应注重其性能价格比，尽量以较低的成本达到性能满足要求的实际系统。由于 MATLAB 等工具提供强有力的模拟手段，设计者可以在较短的时间内选择有效的算法，避免后续设计工作中由于算法选择不当而造成的浪费和反复。

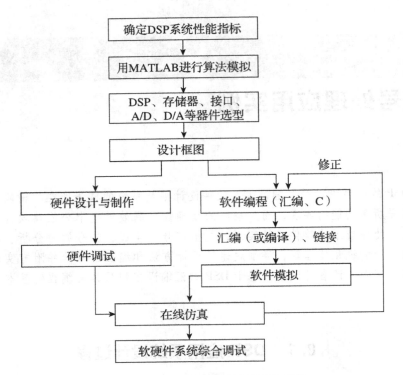

图 8.1　一般 DSP 系统的设计开发过程

3）选择合适的器件，包括 DSP 芯片、存储器、接口、A/D、D/A 转换器、电平转换器、供电电源等。对于 DSP 芯片，由于它是整个处理系统的核心，因而对它的选择至关重要，应从具体应用要求出发，选择合适的 DSP 型号。

4）进行硬件电路的设计。由 DSP 构成的电路一般包括以下类型的器件：EPROM/Flash ROM、RAM、A/D、D/A、同步/异步串行口、电源模块、电平转换器、FPGA/CPLD、接口电路、仿真器接口、时钟等。要根据选定的主要元器件进行电路原理图绘制、设计印制电路板、制板、器件安装、加电调试。硬件设计涉及较多的电路技术，这里要强调的是，在进行 DSP 硬件设计时，要注意 DSP 和 FPGA/CPLD 的结合使用。在一个 DSP 电路中，由于 DSP 的 I/O 引脚数有限，可以把大量的数字接口电路转移到 FPGA/CPLD 中完成。FPGA/CPLD 通常负责以下功能：计数、译码、接口、电平转换、加密等功能。由于 FPGA/CPLD 有硬件可编程修改的优点，因此，即使电路板设计有错误，也不必在板上飞线或重新制板，只要在 FPGA 中修改就可以了。

5）进行软件设计。软件设计分 3 个阶段。

①用汇编或 C 语言编写程序，再用 DSP 开发工具包中的汇编器生成可执行的代码。

②用 PC 上的 DSP 软件模拟器（Simulator）调试和验证程序及算法的功能。这时，DSP 不能从外部得到实际数据，通常的做法是，用户自编 PC 程序，产生一个模拟数据文件，放在 DSP 的存储器中，再将 DSP 对这块数据的处理结果显示在 PC 上或输出到一个文件中，将其与期望的结果进行对比。模拟器可以观察到 DSP 内部所有控制/状态寄存器和片内/片外存储器的内容，也可以对这些内容进行修改。模拟器既可以单步运行每条指令，也可以设置断点来分段检查程序，同时还可以统计出各段程序的执行时间。

③通过连接电缆将 PC 以及 DSP 仿真器相连，对实际的 DSP 电路板进行在线仿真（ICE）。仿真器的软件界面及调试方法和模拟器一样，但由于它是直接对 DSP 电路调试，因此 DSP 的运行效果更加真实，也能得到 DSP 和外围设备进行数据交换的真实效果。使用仿真器时，同样可以单步调试或让 DSP 全速运行。

这里需要强调两点。第一，由于 DSP 软件和硬件密切相关，因此两者基本内容的设计应同时进行。一般来说，开发 DSP 系统时，在电路原理图设计的同时就应该开始软件设计。在等待印制电路板制作时继续软件设计，并用模拟器进行实时调试。第二，在软件、硬件设计时应留有较大的设计余量，包括选择的 DSP 应在速度、存储量上有足够的富余。硬件上可以采用现场可编程器件 FPGA/CPLD 和若干跳线开关等来保证电路板修改时不必飞线，还应考虑在高密度电路板上加易于测试的探测点或指示灯等。

6）进行软硬件综合调试。

充分利用仿真器和 DSP 的开发环境对 DSP 进行联调。对于 DSP 外围器件的信号测量，还要借助于示波器或逻辑分析仪等测量工具进行信号测量。当软硬件的链条满足要求后，还需要将程序固化到系统中，TI 公司提供了将仿真器生成的 COFF 文件转换为一般编程器能支持的 HEX 或 BIN 格式的功能，并写入到 EPROM、Flash、ROM 中。将代码固化后，DSP 电路板就可以脱离仿真器独立运行了，对系统的完整测试和验证也应在这种条件下进行。

7）系统的测试和验证。系统的硬件和软件全部设计完成后，还需要对系统进行完整的测试和验证，包括以下几方面。第一，对系统功能进行验证和对系统技术指标进行测试。如果满足设计要求，证明设计思路是正确的。如果没有达到预期目标，则必须重新进行调试，必要时要重新设计与研制。第二，对系统软件的完善性进行测试，一个 DSP 方案设计完毕后应提交给用户使用，在使用过程中进行系统功能的完善和修改。如果系统具有较好的智能化和可程控性，很多修改工作可以通过完善系统软件来实现。第三，进行其他测试与验证、包括软件可靠性验证、硬件可靠性验证、自检与自诊断能力验证，以及进行环境实验，如进行冲击实验、例行温度实验及老化实验等。

8.2 信号的生成

在电子、通信和信息传输中，常常要使用正弦信号。用 DSP 实现正弦信号生成的基本方法有 3 种。

1）查表法。即将某个频率的正弦/余弦值计算出来后制成一个表，DSP 工作时仅进行查表运算即可。这种方法适用于信号精度要求不是很高的情况。当对于信号的精度要求较高时，其信号采样点的个数增多，占用的存储器空间也将增大。

2）泰勒级数展开法。与查表法相比，需要的存储单元少，但是泰勒级数展开一般只能取有限次项，精度无法得到保证。

3）迭代法。利用数字振荡器通过迭代法产生正弦信号。

本节介绍利用迭代法产生正弦信号的原理和 DSP 实现方法。

8.2.1　数字振荡器原理

数字正弦序列可表示为

$$x[k] = \sin(k\omega T) \tag{8.1}$$

设单位冲击序列经过一系统后，其输出为正弦序列 $\sin(k\omega T)$，则系统的传递函数为

$$H(z) = \frac{Cz}{z^2 - Az - B} = \frac{Cz^{-1}}{1 - Az^{-1} - Bz^{-2}} \tag{8.2}$$

这就是正弦序列 $\sin(k\omega T)$ 的 Z 变换。

其中，$A = 2\cos(\omega T)$，$B = -1$，$C = \sin(\omega T)$。

系统幅值为 1 的极点对应一个数字振荡器，其振荡频率由系数 A、B 和 C 来决定。因此，设计振荡器主要就在于确定这些系数。

设初始值为 0，求式（8.2）的 Z 反变换，得到数字振荡器的二阶差分方程形式为

$$y[k] = Ay[k-1] + By[k-2] + Cx[k-1] \tag{8.3}$$

这是个二阶差分方程，其单位冲击响应即为 $\sin(k\omega T)$。利用单位冲击函数 $x[k-1]$ 的性质，即仅当 $k=1$ 时，$x[k-1] = 1$，代入式（8.3）得

$$
\begin{aligned}
k=0 \quad & y[0] = Ay[-1] + By[-2] + 0 = 0 \\
k=1 \quad & y[1] = Ay[0] + By[-1] + C = C \\
k=2 \quad & y[2] = Ay[1] + By[0] + 0 = Ay[1] \\
k=3 \quad & y[3] = Ay[2] + By[1] \\
k=n \quad & y[n] = Ay[n-1] + By[n-2]
\end{aligned}
\tag{8.4}
$$

在 $k > 2$ 以后，$y[k]$ 能用 $y[k-1]$ 和 $y[k-2]$ 算出，这是一个递归的差分方程。编写程序时，通过迭代方法就可以产生正弦信号。

8.2.2　正弦信号发生器的设计

根据上述数字振荡器的原理，一个正弦波序列可以通过递归方法得到，系数 A、B 和 C 一旦确定后，代入式（8.4）就可得到期望频率的正弦序列。下面根据数字振荡器的原理在 TMS320VC5402 中设计一正弦波信号发生器，并使用汇编语言完成源程序的编写。

设计要求为利用 C54x 的定时器 Timer0 在 XF 引脚产生一个频率为 $f_d = 2\text{kHz}$ 的正弦波，并利用图形显示窗口显示正弦波信号波形和频谱。这里假设 C54x 的 CPU 时钟 $f = 100\text{MHz}$。

为了得到正弦波序列的输出，可以采用定时中断的方法输出 $y[n]$，再经过 D/A 转换和滤波后输出连续的正弦波。因此，正弦波信号发生器的设计包括正弦序列值的计算和定时器设计两部分。

1. 正弦序列值的计算

根据设计要求，正弦波频率为 $f_d = 2\text{kHz}$，采样率选为 $f_s = 40\text{kHz}$，则递归的差分方程系数为

$$A = 2\cos\omega T = 2\cos 2\pi \frac{f_d}{f_s} = 2\cos 2\pi \frac{2}{40} = 2 \times 0.95105652$$

$$B = -1$$

$$C = \sin\omega T = \sin 2\pi \frac{f_d}{f_s} = \sin 2\pi \frac{2}{40} = 0.58778525229$$

为了便于定点 DSP 处理,将所有系数除以 2,然后用 16 位定点格式表示为

$$\frac{A}{2} \times 2^{15} = 79BC$$

$$\frac{B}{2} \times 2^{15} = C000$$

$$\frac{C}{2} \times 2^{15} = 13C7$$

这便是产生 2kHz 正弦信号的 3 个系数。

通过迭代方法计算正弦序列值时,首先要计算出 $y[1]$ 和 $y[2]$ 的值,这部分计算将在程序初始化中完成。即实现

$$y[1] = C \quad y[2] = Ay[1]$$

在 $k=3$ 以后,$y[k]$ 将用 $y[k-1]$ 和 $y[k-2]$ 算出,这部分计算将在定时器中断服务程序_tint 中完成,即实现

$$y[3] = Ay[2] + by[1]$$

并在每次定时中断响应时更新数据,完成迭代过程。

2. 定时器的设计

由前面可以看出,用式(8.4)产生的正弦波频率只是一个相对值,只有给定了采样频率,也就是确定了采样点之间的时间间隔后,才能最终决定模拟频率。具体的时间间隔用定时器中断方式产生。

因为设计的采样率为 $f_s = 40\text{kHz}$,即时间间隔为 $25\mu s$,通过定时器中断,每隔 $25\mu s$ 产生一个正弦序列值 $y[n]$。

定时器的初值计算由下式决定

$$f_s = \frac{f_{\text{clk}}}{(\text{TDDR} + 1)(\text{PRD} + 1)} \tag{8.5}$$

式中,f_{clk} 为 DSP 时钟频率,f_s 为采样频率。为了简便,可以设定时器预分频系数 TDDR = 0,则定时器周期寄存器初值 PRD 为

$$\text{PDR} = \frac{f_{\text{clk}}}{f_s} - 1$$

本例中,$f_s = 40\text{kHz}$,$f_{\text{clk}} = 100\text{MHz}$,则 PRD = 2499。

8.2.3 正弦信号发生器的汇编语言程序

完整的正弦波信号产生程序由以下 3 个程序组成,分别是 sinewave. asm 程序、vec_table. asm 程序、sinewave. cmd 程序。

1. 正弦信号 sinewave. asm 程序

该段程序首先进行初始化,初始化包括计算 $y[1]$ 和 $y[2]$、初始化中断、定时器相关寄存器设置、开放定时器中断等。初始化完成后,主程序循环等待定时器中断。当程序进入定时器中断服务程序时,利用前面的 $y[1]$ 和 $y[2]$ 计算出新的 $y[n]$,得到一个正弦信号波形。完整的程序如下:

```
            .title "sinewave.asm"
            .mmregs
            .global _c_int00, _tint, vector
OFF_INTIMER .set 04CH                 ;系数等赋初始值
INIT_A      .set 079bcH
INIT_B      .set 0c000H
INIT_C      .set 013c7H
            .bss y0, 1                ;为变量预留空间
            .bss y1, 1
            .bss y2, 1
            .bss temp, 1
            .bss AA,1
            .bss BB,1
            .bss CC,1
            .text
* * * * * * 中断初始化:设置中断总开关,修改中断向量表的入口地址 * * * * * *
_c_int00:
            LD #0, DP        ;设置 DP 页指针
            SSBX INTM        ;关闭所有中断
            LD #vector, A
            AND #0FF80H, A
            ANDM #007FH, PMST
            OR PMST, A
            STLM A, PMST    ;设置 PMST(其中包括 IPTR)
    * * * * * * * * 初始化定时器 * * * * * * * * * * * * *
            STM #10H,TCR            ;停止计时器
            STM #2499,PRD           ;设置 PRD 寄存器值为 2499
            STM #20H,TCR            ;重新装入 TIM 和 PSC,然后启动定时器
            LDM IMR, A             ;设置中断屏蔽寄存器
            OR #08H, A
            STLM A, IMR
            LD #temp, DP
    * * * * * * * * * 初始化 y[1] 和 y[2] * * * * * * * * * * *
            SSBX FRCT           ;置 FRCT=1,准备进行小数运算
            ST #INIT_A, AA     ;将常数 A 装入变量 AA
            ST #INIT_B, BB
            ST #INIT_C, CC
            PSHD CC            ;将变量 CC 压入堆栈
            POPD y1            ;初始化 y1=CC
            LD AA,T            ;将 AA 装到 T 寄存器
            MPY y1, A          ;y1 乘系数 AA
            STH A,y2           ;初始化 y2=AA*y1
    * * * * * * * * *启动定时器工作 * * * * * * * * * * * *
            STM #0H,TCR       ;启动定时器
               NOP
             RSBX INTM        ;开所有中断
   again:
            NOP
```

```
        B again             ;循环等待定时器中断
                NOP
                NOP
                NOP
                NOP
                NOP
                NOP
```

* * * * * * * *定时器中断服务程序* * * * * * * * * * * * * *

```
_tint:
        LD #BB, DP
        LD BB, T        ;将系数 BB 存入 T 寄存器
        MPY y2, A       ;y2 乘系数结果存入 A 寄存器
        LTD y1          ;将 y1 装入 T 寄存器,同时复制 y2
        MAC AA, A       ;完成新正弦数据的计算,A 寄存器中为 y1 * AA + y2 * BB
        STH A, 1, y1    ;将新数据存入 y1,因所有系数都除过 2,
                        ;所以在保存结果时左移一位
        STH A, 1, y0    ;将新正弦数据存入 y0
        NOP
int1_end:
        NOP
        RETE
        .end
```

2. 中断向量 vec_table. asm 程序

要获得完整的程序，必须有中断向量表文件和内存定位文件。中断向量表清单如下：

```
        .mmregs
        .ref _ret
        .ref _c_int00
        .ref _tint
        .global vector
        .sect ".int_table"
vector:
rsb _c_int00    ;复位中断,转到_c_int00
        nop
        nop
nmi     b _ret
        nop
        nop
sint17  b _ret
        nop
        nop
sint18  b _ret
        nop
        nop
sint19b _ret
        nop
        nop
```

```
sint20b _ret
        .word        0,0
sint21b _ret
        .word        0,0
sint22  .word        01000H
        .word        0, 0, 0
sint23  .word0ff80H
        .word        0, 0,0
sint24  .word01000H
        .word        0, 0,0
sint25  .word0ff80H
        .word        0, 0,0
sint26  .word01000H
        .word        0, 0,0
sint27  .word0ff80H
        .word        0, 0,0
sint28  .word01000H
        .word        0, 0,0
sint29  .word0ff80H
        .word        0, 0,0
sint30  .word01000H
        .word        0, 0,0
int0b _ret
        nop
        nop
int1b _ret
        nop
        nop
int2b _ret
        nop
        nop
tint b _tint        ;定时器中断,转到_tint 中断服务程序
        nop
        nop
brint0b _ret
        nop
        nop
bxint0b _ret
        nop
        nop
trintb _ret
        nop
        nop
dmac1b _ret
        nop
        nop
int3    b _ret
        nop
```

```
            nop
hpintb _ret
            nop
            nop
q26 .word 0ff80H
     .word         0,0,0
q27  .word         01000H
     .word         0,0,0
dmac4b _ret
            nop
            nop
dmac5b _ret
            nop
            nop
q30  .word         0ff80H
     .word         0,0,0
q31  .word         01000H
     .word         0,0,0
_ret rete
```

3. 连接命令 sinewave. cmd 程序

程序如下：

```
MEMORY
{
    PAGE 1:
        DATA : ORIGIN = 080H, LENGTH = 0807fH
    PAGE 0:
        VEC:ORIGIN = 1000H,LENGTH = 0ffH
        PROG : ORIGIN = 1100H, LENGTH = 8000H
}

SECTIONS
{
    .text  > PROG PAGE 0
    .cinit > PROG PAGE 0
    .switch > PROG PAGE 0
    .int_table > VEC PAGE 0
    .data  > DATA PAGE 1
    .bss   > DATA PAGE 1
    .const > DATA PAGE 1
    .sysmem > DATA PAGE 1
    .stack > DATA PAGE 1
}
```

8.2.4　程序实现及结果

编写完成以上程序后，就可以在 CCS 集成开发环境下运行，并通过 CCS 提供的图形显示窗口观察输出信号波形以及频谱。过程分以下几步完成。

1）启动 CCS，新建工程文件，如文件名为 sinewave. pjt。选择 Project→Add File to Project 命令，将汇编源程序 sinewave. asm、vec_table. asm 和连接定位 sinewave. cmd 文件依次添加到工程文件中。

2）完成编译、连接，生成 . out 文件，并装载 . out 文件到片内存储器。

3）选择 View→Graph→Time/Frequency 命令，打开图形显示设置对话框，按图 8.2 所示进行设置，主要修改 Start Address 为 y0（y0 为生成的正弦波输出变量）、Acquisition Buffer Size 为 1、DSP Data Type 为 16 – bit signed integer。

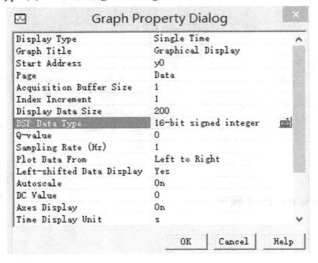

图 8.2   图形显示设置对话框

4）在汇编源程序的中断服务程序（_ tint）中的"nop"语句处设置断点，该行被加亮为红色。选择 Debug→Animate 命令，运行程序，可观察到输出波形，如图 8.3 所示。

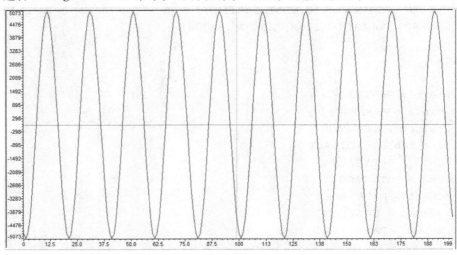

图 8.3   输出的正弦波信号波形

5）用右键单击图形显示窗口，并选择 Proporties 命令以便修改显示属性。将 Display Type 项改为 FFT Magnitude 以便显示信号频谱，修改 Sampling Rate（Hz）项为 40000，然后退出，即可观察到生成的正弦波信号频谱，如图 8.4 所示。

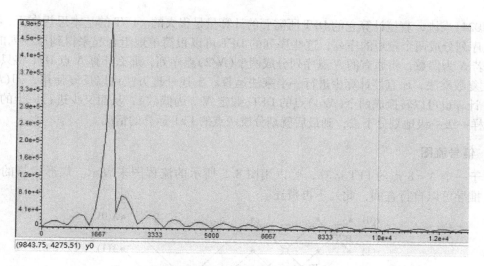

图 8.4 输出的正弦波信号频谱

由以上结果可以看出，产生的正弦波信号波形完整，频率正确，达到设计要求。

8.3 信号的谱分析

在数字信号处理系统中，FFT 作为一个非常重要的工具经常被使用，甚至成为 DSP 运算能力的一个考核因素。FFT 是一种高效实现离散傅里叶变换的算法。离散傅里叶变换的目的是把信号由时域变换到频域，从而可以在频域分析处理信息，得到的结果再由傅里叶逆变换到时域。

本节简要介绍基 2 按时间抽取（DIF）的 FFT 算法及 DSP 的实现方法，并对一些技巧进行讨论，如存储器的分配、输入数据的组合和位倒序、C5000 定点 DSP 编程时防溢出的算法等。这些对于编写正确高效的 FFT 至关重要。

8.3.1 快速傅里叶变换的原理（FFT）

1、基 2 按时间抽取的 FFT 算法原理

对于有限长离散数字信号 $\{x[n]\}$，$0 \leqslant n \leqslant N$，其离散谱 $\{x[n]\}$ 可以由离散傅里叶变换（DFT）求得。DFT 的定义为

$$X(k) = \sum_{n=0}^{N-1} x[n] e^{-j\left(\frac{2\pi}{N}\right)nk} \qquad k = 0.1, 1, \cdots, N-1 \qquad (8.6)$$

可以方便地把它改写为如下形式

$$X(k) = \sum_{n=0}^{N-1} x[n] W_N^{nk} \qquad k = 0.1, 1, \cdots, N-1 \qquad (8.7)$$

其中，$W_N = e^{-j2\pi/N}$。不难看出，W_N^{nk} 是周期性的，且周期为 N，即

$$W_N^{(n+mN)(k+lN)} = W_N^{nk} \qquad m, l = 0, \pm 1, \pm 2\cdots \qquad (8.8)$$

W_N^{nk} 的周期性是 DFT 的关键性质之一。由 DFT 的定义可以看出，在 $x[n]$ 为复数序列的情况下，完全直接运算 N 点 DFT 需要 N^2 次复数乘法和 $N(N-1)$ 次加法。因此，对于一些相当大的 N

值(如 1024)来说，直接计算它的 DFT 所需要的计算量是很大的。FFT 的基本思想在于，将原有的 N 点序列分成两个较短的序列，这些序列的 DFT 可以很简单地组合起来得到原序列的 DFT。例如，若 N 为偶数，将原有的 N 点序列分成两个($N/2$)点序列，那么计算 N 点 DFT 将只需要约 $N^2/2$ 次复数乘法，比直接计算少进行一半乘法运算。上述处理方法可以反复使用，即($N/2$)点的 DFT 计算也可以转换成两个($N/4$)点的 DFT(假定 $N/2$ 为偶数)，从而又少进行一半的乘法运算。这样一级一级地划分下去，到最后就划分成两点的 FFT 运算的情况。

2. 信号流图

对于一个 $N = 8$ 点的 FFT 运算，可以用图 8.5 所示的流程图来表示。蝶形运算的具体原理及其推导可以自行查阅，此处不再赘述。

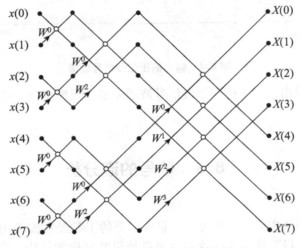

图 8.5　8 点基 2 FFT 流图与蝶形运算

3. 比特反转

图 8.5 的输入信号的顺序是按照比特反转排列的，输出序列是按照自然排序的。比特反转就是将序列下标用二进制表示，然后将二进制数按照相反的方向排列，即得到这个序列的实际位置。

按照自然排序的时域信号数据是 x (0)、x (1)、x (2)、x (3)、x (4)、x (5)、x (6)、x (7)，其序号写成二进制数分别为 000B、001B、010B、011B、100B、101B、110B、111B，将这些二进制数前后倒转，即得到进行 FFT 前数据所对应的实际二进制数地址，即 000B、100B、010B、110B、001B、101B、011B、111B，对应的十进制数是 0、4、2、6、1、5、3、7。序号为 3 的存储单元，按照自然排序应该存放 x (3)，但由于 FFT 计算规则的要求，现在应该存放 x (6)。

4. 蝶形运算

基 2 DIT FFT 算法共由 M 级构成，每级计算由 $N/2$ 个蝶形运算构成。

基本运算单元为以下蝶形运算

$$X_{M+1}(q) = X_M(p) + W_N^r X_m(q) \tag{8.9}$$

$$X_{M+1}(q) = X_M(p) + W_N^r X_m(q) \tag{8.10}$$

$$m = 0, 1, \cdots, M-1$$

蝶形运算中的上、下两个节点 p、q 的间距为

$$q - p = 2^m$$

8.3.2 FFT 算法的 C 语言程序设计

1. 程序设计流程

FFT 算法的程序设计流程图如图 8.6 所示。

2. 实数 FFT 运算序列的存储分配

如何利用有限的 DSP 系统资源合理地安排算法使用的存储器是一个比较重要的问题。本小节实现 256 点的 FFT，程序代码安排在 0xd000 开始的存储器中，FFT 程序使用的正弦表、余弦表数据（. data 段）安排在 0x6000 开始的地方。另外，256 点实数 FFT 程序的输入数据缓冲起始地址为 0x3000，FFT 变换后功率谱的计算结果存放在从 0x3500 开始的内存单元中。链接定位 . cmd 文件程序如下：

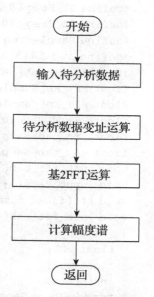

图 8.6　FFT 算法的程序设计流程图

```
MEMORY {
  DATA:      origin = 0x6000,    len = 0x4000
  PROG:      origin = 0x200,     len = 0x5e00
  VECT:      origin = 0xd000,    len = 0x100
}
SECTIONS
{
    .vectors: {} > VECT
    .trcinit: {} > PROG
    .gblinit: {} > PROG
frt:      {} > PROG
    .text:    {} > PROG
    .cinit:   {} > PROG
    .pinit:   {} > PROG
    .sysinit: {} > PROG
    .bss:     {} > DATA
    .far:     {} > DATA
    .const:   {} > DATA
    .switch:  {} > DATA
    .sysmem:  {} > DATA
    .cio:     {} > DATA
    .MEM$obj: {} > DATA
    .sysheap: {} > DATA
    .stack:   {} > DATA
    .sysstack {} > DATA
}
```

3. 主程序 FFT. c 编写

程序代码如下：

```
#include "math.h"
#define Sample_Numb 256          /* FFT 点数 */
#define S1_Freq 60               /*信号 1 频率 */
#define S2_Freq 180              /*信号 2 频率 */
#define SampleFreq 800           /* 采样率 */
#define pi 3.1415926
int SignalInput[Sample_Numb];    /*输入信号,S = S1 + S2 */
float FFT_Re[Sample_Numb];       /* FFT 实部 */
float FFT_Im[Sample_Numb];       /*FFT 虚部 */
float FFT_W[Sample_Numb];        /*功率谱 */
float sin_tab[Sample_Numb];
float cos_tab[Sample_Numb];
void init_fft_tab();
void input_data();
void fft(float datar[Sample_Numb],float datai[Sample_Numb]);
void init_fft_tab(void)          /*输入波形的初始化 */
{
  float wt1;
  float wt2;
  int i;
  for (i = 0;i < Sample_Numb;i + +)
    {
  wt1 = 2 * pi * i * S1_Freq;
  wt1 = wt1 /SampleFreq;
  wt2 = 2 * pi * i * S2_Freq;
  wt2 = wt2 /SampleFreq;
  SignalInput[i] = (cos(wt1) + cos(wt2))/2 * 100; /*输入信号 */
    }
}
void FFT_WNnk(void) /*蝶形运算系数表计算 */
  {
    int i;
    for(i = 0;i < Sample_Numb;i + +)
  {
    sin_tab[i] = sin(2 * pi * i /Sample_Numb);
    cos_tab[i] = cos(2 * pi * i /Sample_Numb);
  }
  }
void fft(float datar[Sample_Numb],float datai[Sample_Numb]) /*FFT 变换 */
  {
    int x0,x1,x2,x3,x4,x5,x6,x7,xx; /*N = 256 = 2^8,需 8 个点 */
    int i,j,k,b,p,L;
    float TR,TI,temp;
    for(i = 0;i < Sample_Numb;i + +)
    {
    x0 = x1 = x2 = x3 = x4 = x5 = x6 = 0;
    x0 = i&0x01;
    x1 = (i /2)&0x01;
    x2 = (i /4)&0x01;
    x3 = (i /8)&0x01;
```

```
   x4 = (i /16)&0x01;
   x5 = (i /32)&0x01;
   x6 = (i /64)&0x01;
   x7 = (i /128)&0x01;
   xx = x0 * 128 + x1 * 64 + x2 * 32 + x3 * 16 + x4 * 8 + x5 * 4 + x6 * 2 + x7;
   datai[xx] = datar[i];
}
for(i = 0;i < Sample_Numb;i + +)
{
datar[i] = datai[i];datai[i] = 0;
}
for(L = 1;L < = M;L + +)
  {
    b = 1;i = L - 1;
    while(i > 0)
      {
        b = b * 2;i - -;
      }
    for(j = 0;j < = b - 1;j + +)
      {
     p = 1;i = M - L;
     while(i > 0) { p = p * 2;i - -;}
     p = p * j;
     for(k = j;k < 256;k = k + 2 * b)
       {
         TR = datar[k];TI = datai[k];temp = datar[k + b];
         datar[k] = datar[k] + datar[k + b] * cos_tab[p] + datai[k + b] * sin_tab[p];
         datai[k] = datai[k] - datar[k + b] * sin_tab[p] + datai[k + b] * cos_tab[p];
         datar[k + b] = TR - datar[k + b] * cos_tab[p] - datai[k + b] * sin_tab[p];
         datai[k + b] = TI + temp * sin_tab[p] - datai[k + b] * cos_tab[p];
       }
      }
  }
  for(i = 0;i < Sample_Numb;i + +)
  {
    FFT_W[i] = sqrt(datar[i] * datar[i] + datai[i] * datai[i]);
  }
}
void main() /* 主函数 */
{
int i;
init_fft_tab();
FFT_WNnk();
for (i = 0;i < Sample_Numb;i + +)
{
FFT_Re[i] = SignalInput[i];
  FFT_Im[i] = 0.0f;
  FFT_W[i] = 0.0f;
}
fft(FFT_Re,FFT_Im);
```

```
    while(1);
    }
```

8.3.3 信号时域波形及其频谱

本小节实例将两个不同频率的余弦信号直接相加，编写程序完成 256 点 FFT。FFT 参数如下。

信号 1 频率：60Hz。

信号 2 频率：180Hz。

采样频率：800Hz。

FFT 点数：256。

这些参数均在源代码开始部分的宏部分进行定义和修改。合成之后的离散时间信号样本存放于 SignalInput［256］数组内，FFT 变换之后的 256 个样本存放于 FFT_W［256］数组内。

编写好程序后，首先建立工程，选择 Project→New 命令，在弹出的对话框中填好工程名。然后将本工程的需要的 3 个基本的文件（FFT. c、FFT. cmd、rts55. lib）添加进工程。rts55. lib 库文件可以在 CCS 安装目录 CCS \ C5500 \ cgtools \ lib 目录下找到。之后编译程序，接着装载程序，选择 File→Load Program→FFT→Debug→FFT. out 选项。如果需要进行断点设置，需进入 FFT. c 主程序，本实例只需要执行一次就可得到全部数据，故将断点设置到 main 函数的 while（1）处，具体做法是先把光标放到 while（1）这一行，单击 "Toggle Breakpoint"。调试运行成功后，可以通过 CCS 的图形显示工具观察结果。在 CCS 中选择命令 View→Graph→Time/Frequency，打开图形工具以便显示输入数据波形。将起始地址改为 SignalInput，设置显示类型为 Single Time，则得到信号的时域波形图如图 8.7 上半部所示。将起始地址改为 FFT_W，设置显示类型为 Single Time，便可显示计算完成后的谱波形。输入信号时域波形及 FFT 波形如图 8.7 所示。

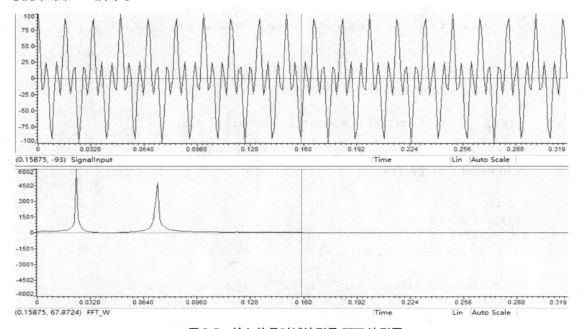

图 8.7 输入信号时域波形及 FFT 波形图

在程序中可改变输入函数，比如可将输入函数改为正弦函数，同样的流程可以得到其谱分析结果图，正弦信号时域波形及 FFT 波形图如图 8.8 所示。

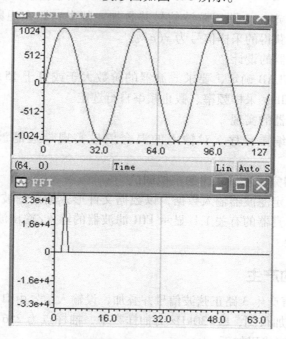

图 8.8　正弦信号时域波形及 FFT 波形图

8.4　混合信号的带通滤波

在数字信号处理中，滤波占有极其重要的作用。因此数字滤波器在各个领域有广泛的应用，如数字音响、音乐和语言合成、噪声消除、数据压缩、频率合成、谐波消除、相关检测等。数字滤波是 DSP 最基本的应用领域，一个 DSP 芯片执行数字滤波算法的能力反映了这种芯片的功能强弱，用 DSP 实现数字滤波器可以十分方便地改变滤波器特性。

本节主要讨论用 DSP 设计一个 FIR 滤波器，实现对混合信号的带通滤波功能。

8.4.1　混合信号的带通滤波方案设计

设计总体要求：将 3 路正弦波信号叠加后的采样数据输入 FIR 带通滤波器，输出信号为通频带内的信号，应为标准的正弦波，如图 8.9 所示。通过 CCS 的图形显示工具观察输入/输出信号波形及频谱的变化，以验证滤波器的滤波性能。

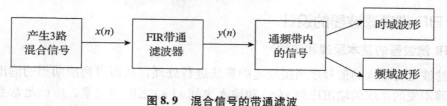

图 8.9　混合信号的带通滤波

混合信号的带通滤波实现过程分为以下步骤。

（1）混合信号的产生

使用 MATLAB 语言产生 3 路正弦波信号并叠加，其中一路在通频带内，一路低于通频带，一路高于通频带。获得的采样信号为 $x(n)$。

（2）FIR 带通滤波器的设计

滤波器系数用 MATLAB 确定，要求滤波器的阶数大于或等于 15；通带内幅度失真小于1dB，阻带衰减大于 40dB；采样频率、截止频率自行选定。

（3）FIR 带通滤波器的实现

编制 C54x DSP 汇编源程序，对输入的混合信号实现带通滤波功能，获得输出信号$y(n)$。

（4）用软件仿真器完成上述程序的模拟调试

以数据文件形式设定滤波器输入数据，以数据文件形式输出滤波结果，并与输入数据进行比较分析。用软件仿真器的有关工具显示 FIR 滤波器的输入/输出波形（时域和频域），以验证滤波器的滤波性能。

8.4.2　混合信号的产生

采用 MATLAB 语言产生 3 路正弦波信号并叠加，设输入信号由 f1 = 1kHz、f2 = 5kHz 和 f3= 10kHz 的正弦信号叠加得到，fs = 30kHz 为抽样频率，抽样点为 256 个。混合信号的数据文件在 indata. inc 中。程序代码如下：

```
clc;
clearall;
f1 = 1000;
f2 = 5000;
f3 = 10000;
fs = 30000;
N = 256;
T = 1/fs;
n = 0:N - 1;
x1 = 0.01 * sin(2 * pi * f1 * n * T);
x2 = 0.01 * sin(2 * pi * f2 * n * T);
x3 = 0.01 * sin(2 * pi * f3 * n * T);
xn = ceil(32768 * (x1 + x2 + x3));
fid = fopen('indata.inc','w');
fprintf(fid,'.word% 5.0 f \r\n',xn);
fclose(fid);
```

8.4.3　FIR 带通滤波器的设计

1. FIR 滤波器的基本原理和结构

数字滤波是将输入的信号序列按规定的算法进行处理，从而得到所期望的输出序列。一个线性位移不变的系统的输出序列 $y(n)$ 和输入序列 $x(n)$ 之间的关系，应满足常系数线性差分方程：

$$y(n) = \sum_{i=0}^{N-1} b_i x(n-i) - \sum_{i=0}^{M} a_i y(n-i) \qquad n \geqslant 0 \qquad (8.11)$$

式中，$x(n)$ 为输入序列；$y(n)$ 为输出序列；a_i 和 b_i 为滤波器系数；N 为滤波器的阶数。

在式（8.11）中，若所有的 a_i 均为 0，则得到 FIR 滤波器的差分方程为

$$y(n) = \sum_{i=0}^{N-1} b_i x(n-i) \qquad (8.12)$$

对式（8.12）进行 Z 变换，整理后可得 FIR 滤波器的传递函数为

$$H(z) = \frac{Y(z)}{X(z)} = \sum_{i=0}^{N-1} b_i z^{-i} \qquad (8.13)$$

图 8.10 是直接型（又称卷积型）FIR 数字滤波器的结构图。

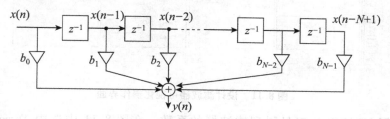

图 8.10 直接型 FIR 数字滤波器的结构图

由上面的公式和结构图可知，FIR 滤波算法实际上是一种乘法累加运算。它不断地从输入端读入样本值 $x(n)$，经延时（z^{-1}）后做乘法累加，再输出滤波结果 $y(n)$。

在数字滤波器中，FIR 滤波器主要的特点是没有反馈回路，故不存在不稳定的问题；同时，可以随意设置幅度特性，却能保证精确、严格的线性相位。稳定和线性相位是 FIR 滤波器的突出特点。

2. FIR 滤波器的设计

FIR 滤波器的设计方法主要有窗函数法和频率采样法，其中，窗函数法是最基本的方法。其中最简单的是矩形窗，但存在明显的吉布斯效应，主瓣和第一旁瓣之比也仅有 13dB。为了克服这些缺陷，可以采用其他窗函数，如 Hanning 窗、Blackman 窗和 Kaiser 窗等函数。利用上述各种窗函数，DSP 设计者可以利用功能强大的 MATLAB 工具很方便地设计出逼近理想特性的 FIR 滤波器，然后将此 FIR 系数放入 DSP 程序中。

本次要设计一个 FIR 带通滤波器，其采样频率 $f_s = 30000\text{Hz}$，按照总体设计要求，要保留频率为 5000Hz 的正弦信号，滤除 1000Hz 和 10000Hz 的正弦信号，因此通带设定范围为 4500～6000Hz，即保留频率在 4500～6000Hz 范围内的信号成分，幅度失真小于 1dB；阻带边界频率为 3000Hz 和 8000Hz，衰减大于 40dB。同时，FIR 滤波器的输入预设阶数 $N = 26$。

利用 MATLAB 的 FDATOOL 工具来设计滤波器，其可视化操作界面简单易懂。用户只需要选择所需要的滤波器类型并输入各参数，FDATOOL 就可以帮助用户设计并计算出相应的滤波器参数。输入 fdatool 命令及参数，生成滤波器，设计滤波器可视化操作界面如图 8.11 所示。

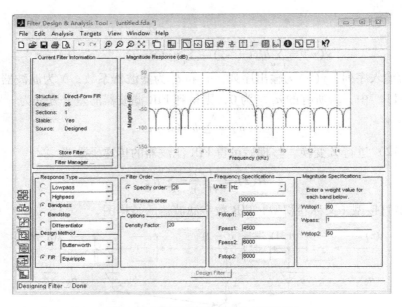

图 8.11　设计滤波器可视化操作界面

　　然后，利用 FDATOOL 工具得到滤波器的系数，在图 8.11 中选中 Targets→Generate C Header 命令，打开的对话框如图 8.12 所示，输出头文件中包含滤波器系数，修改后保存为 firdata1.inc 文件，以便于下一步的调用。其中数据格式选择有符号 16 位整型，转换成 Q15 格式，修改后得到的 firdata.inc 文件内容如下：

```
N           .set 27
COFF_FIR:.sect "COFF_FIR"
            .word −124
            .word 141
            .word 629
            .word 423
            .word −980
            .word −1981
            .word −363
            .word 2890
            .word 3441
            .word −715
            .word −5133
            .word −3769
            .word 2530
            .word 6158
            .word 2530
            .word −3769
            .word −5133
            .word −715
            .word 3441
            .word 2890
            .word −363
            .word −1981
```

```
.word -980
.word 423
.word 629
.word 141
.word -124
```

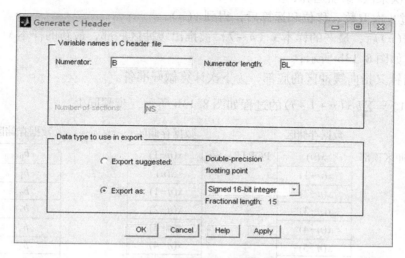

图 8.12　得到滤波器的系数

8.4.4　FIR 带通滤波器的汇编语言实现

FIR 滤波器的输出表达式为

$$y(n) = b_0 x(n) + b_1 x(n-1) + \cdots + b_{n-1} x(n-N+1) \tag{8.14}$$

式中，b_1 为滤波器系数；$x(n)$ 为滤波器在 n 时刻的输入，$y(n)$ 为 n 时刻的输出。

可见，FIR 滤波器不断地对输入样本 $x(n)$ 进行 $n-1$ 延时后，再进行乘法累加，最后输出滤波结果 $y(n)$。在 DSP 中，FIR 将待滤波的数据序列与滤波系数序列相乘后再相加，同时要模仿 FIR 结构中的延迟线将数据在存储器中滑动。

1. 实现 FIR 滤波器的基本方法

为了实现 FIR 滤波器的延迟线 z^{-1}，C54x 可以通过两种方法实现，即线性缓冲区法和循环缓冲区法。另外，为了有效地进行系数对称 FIR 滤波器的实现，C54x 提供了一个专门用于系数对称 FIR 滤波器指令：FIRS。下面分别对这 3 种方法进行介绍。

（1）线性缓冲区法

线性缓冲区法又称延迟线法。实现 N 阶 FIR 滤波器，需要在数据存储器中开辟一个 N 单元的缓冲区（滑窗），用来存放最新的 N 个输入样本。DSP 每计算一个输出值，都需要读取 N 个样本并进行 N 次乘法和累加。之后将此样本向后移动，最老的样本被推出缓冲区，最新的样本存入缓冲区的顶部。

下面以 $N=8$ 为例介绍线性缓冲区的数据寻址过程。

$N=8$ 的线性缓冲区如图 8.13 所示。顶部为低地址单元，存放最新样本；底部为高地址单元，存放最老样本；AR1 被用作间接寻址的数据缓冲区的辅助寄存器，指向最老样本单元，如图 8.13a 所示。滤波系数存放在数据存储器中，AR2 被用作间接寻址的系数区的辅助寄存器，如图 8.13c 所示。

求 $y(n) = \sum_{i=0}^{7} b_i x(n-i)$ 的过程如图 8.13a 所示。

① 以 AR1 为指针，按 $x(n-7)$，$\cdots$，$x(n)$ 的顺序取数，每取一次数后，数据向下移一位，并完成一次乘法/累加运算；

② 当经过 8 次取数、移位和运算后，得到 $y(n)$；

③ 求得 $y(n)$ 后，最老的样本 $x(n-7)$ 被推出缓冲区底部，最新的样本 $x(n+1)$ 存入缓冲区的顶部，如图 8.13b 所示；

④AR1 指针又指向缓冲区的底部，为下次计算做好准备。

求 $y(n+1) = \sum_{i=0}^{7} b_i x(n+1-i)$ 的过程如图 8.13b 所示，步骤同上。

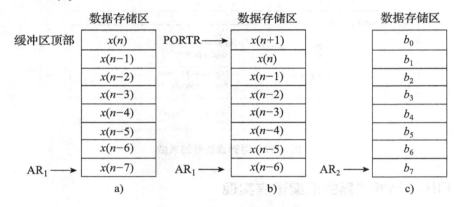

图 8.13 $N=8$ 的线性缓冲区

线性缓冲区法具有存储器中新老数据位置直观明了的优点。但用线性缓冲区实现 z^{-1} 运算时，缓冲区的数据需要移动，这样在一个机器周期内需要一次读和一次写操作。因此，线性缓冲区只能定位在 DARAM 中。

实现 z^{-1} 的运算可通过执行存储器延时指令 DELAY 来实现，即将数据存储器中的数据向较高地址单元移位来进行延时。其指令为：

```
DELAY  Smem      ;(Smen)→Smem +1
```
或
```
DELAY  * AR1 -   ;AR1 指向源地址
```

将延时指令与其他指令结合使用，可在同样的机器周期内完成这些操作。例如：

LD + DELAY→LTD 指令

MAC + DELAY→MACD 指令

下面举例说明在 C54x 中用线性缓冲区法实现 FIR 滤波器的汇编语言程序设计。为了采用线性缓冲区实现延时，需要将系数和数据均放在 DARAM 中，这样程序的执行速度最快。以下程序利用双操作数且带数据移动的 MACD 指令，实现数据存储器单元与程序存储器单元的相乘、累加和移位。

设 $N=7$，可以参考图 8.13。

$y(n) = b_0 x(n) + b_1 x(n-1) + b_2 x(n-2) + b_3 x(n-3) + b_4 x(n-4) + b_5 x(n-5) + b_6 x(n-6)$

FIR 滤波器的算法为：

```
        .title      "FIR1.ASM"
        .mmregs
        .def        start
X       .usect      "x",7               ;自定义数据空间
PA0     .set        0                   ;输出数据端口
PA1     .set        1                   ;输入数据端口
        .data
COEF:
        .word       1 *32768 /10        ;定义 b6
        .word       2 *32768 /10        ;定义 b5
        .word      -4 *32768 /10        ;定义 b4
        .word       3 *32768 /10        ;定义 b3
        .word      -4 *32768 /10        ;定义 b2
        .word       2 *32768 /10        ;定义 b1
        .word       1 *32768 /10        ;定义 b0
        .text
start:
        SSBX    FRCT                    ;设置小数乘法
        STM     #x +7,    AR1           ;AR1 指向缓冲区底部 x(n-6)
        STM     #7,       AR0           ;AR0 =7,设置 AR1 复位值
        LD      #x,       DP            ;设置页指针
        PORTR   PA1,@ x                 ;输入 x(n)
FIR1:
        RPTZ    A,        #7            ;累加器 A 清 0,设置迭代次数
        MACD    *AR1_,COEF,A            ;完成乘法、累加并移位
        STH     A,        *AR1          ;暂存 y(n)
        PORTW   *AR1_,PA0               ;输出 y(n)
        BD      FIR1                    ;延迟执行下一条指令后,转移到 FIR1
        PORTR   PA1, *AR1 +0            ;输入最新样本到缓冲区顶部,
                                        ;然后修改 AR1 = AR1 + AR0,指向缓冲区底部
        .end
```

注意：MACD 指令既完成乘法、累加操作，同时还实现线性缓冲区的数据移位。

（2）循环缓冲区法

循环缓冲区法实现 N 阶 FIR 滤波器时，需要在数据存储器中开辟一个称为滑窗的 N 个单元的缓冲区，用来存放最新的 N 个输入样本。每当输入新的样本时，以新样本改写滑窗中最老的数据，而滑窗的其他数据不需要移动，因此，在循环缓冲区，新老数据不太直接明了。但它不用移动数据，不需要在一个机器周期中要求进行一次读和一次写的数据存储器，因此，可将循环缓冲区定位在数据存储器的任何位置，而不像线性缓冲区那样要求定位在 DARAM 中。

下面以 $N = 8$ 的 FIR 滤波器循环缓冲区为例，说明数据的寻址过程。8 级循环缓冲区的结构如图 8.14 所示，顶部为低地址单元，底部为高地址单元，指针 ARx 指向最新样本单元，如图 8.14a 所示。由图可见，第 1 次运算，求 $y(n)$ 的过程如下。

① 以 ARx 为指针，按 $x(n)$，…，$x(n-7)$ 的顺序取数，每取一次数后，完成一次乘法、累加运算；

② 当经过 8 次取数、运算之后，得到 $y(n)$；

③ 求得 $y(n)$ 后，ARx 指向最老样本 $x(n-7)$ 单元；

④从 I/O 口输入新样本 $x(n+1)$，替代最老样本 $x(n-7)$，为下次计算做好准备，如图 8.14b 所示。

第 2 次运算，求 $y(n+1)$ 的过程是：按 $x(n+1)$，$x(n)$，…，$x(n-6)$ 的顺序取数，其他步骤同上。

计算得到 $y(n+1)$ 后，ARx 指向 $x(n-6)$，输入的新样本 $x(n+2)$ 将替代 $x(n-6)$ 样本，如图 8.14c 所示。

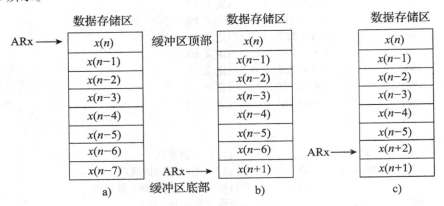

图 8.14 $N=8$ 的循环缓冲区

由此可以看出，实现循环缓冲区间接寻址的关键问题是如何使 N 个循环缓冲区首尾单元相邻，这就需要采用 C54x 所提供的循环寻址方式来实现。循环寻址的具体内容可参看第 3 章，在使用时须注意以下两点。

第一，必须采用 BK（循环缓冲区长度）寄存器按模间接寻址来实现。设定 BK 的值为 FIR 的阶数，就能保证循环缓冲区的指针 ARx 始终指向循环缓冲区，实现循环缓冲区顶部和底部的相邻。

例如：（BK） $= N=8$，（AR1） $=0060H$，用 "$*AR1+\%$" 间接寻址。

第 1 次间接寻址后，AR1 指向 0061H 单元；

第 2 次间接寻址后，AR1 指向 0062H 单元；

……

第 8 次间接寻址后，AR1 指向 0068H 单元；

再将 BK 按 8 取模，AR1 又回到 0060H。

第二，为使循环寻址正常进行，所开辟的循环缓冲区的长度必须是 $2^k>N$，其中 k 是整数，N 是 FIR 滤波器的级数，而且循环缓冲区的起始地址必须对准 2^k 的边界，即循环缓冲区的基地址的 k 个最低有效位必须为 0，如 $N=31$ 时，由于 $2^5=32>31$，$k=5$，该地址的最低 5 位为 0，所以循环缓冲区必须从二进制地址 xxxx xxx0 0000B 开始。

下面是利用循环缓冲区和双操作数寻址方法实现的 FIR 滤波器的汇编语言程序。

设 $N=7$，FIR 滤波器的算法为：

$$y(n)=b_0x(n)+b_1x(n-1)+b_2x(n-2)+b_3x(n-3)+b_4x(n-4)+b_5x(n-5)+b_6x(n-6)$$

存放输入数据的循环缓冲区和系数表均设在 DARAM 中，如图 8.15 所示。利用 MAC 指令，实现双操作数的相乘和累加运算。

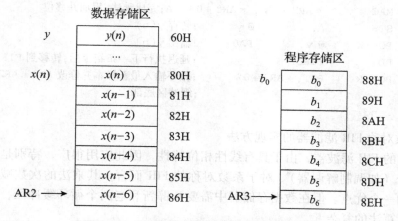

图 8.15　双操作数寻址循环缓冲区数据分配

循环缓冲区 FIR 滤波器的源程序如下：

```
        .title    "FIR2.ASM"
        .mmregs
        .def   start
        .bss   y ,1
X       .usect    "xₙ",7              ;自定义数据存储器空间
b0      .usect    "b0",7             ;自定义数据存储器空间

PA0     .set      0
PA1     .set      1
        .data
COEF:
        .word     1 *32768 /10       ;定义 b6
        .word     2 *32768 /10       ;定义 b5
        .word    -4 *32768 /10       ;定义 b4
        .word     3 *32768 /10       ;定义 b3
        .word    -4 *32768 /10       ;定义 b2
        .word     2 *32768 /10       ;定义 b1
        .word1     *32768 /10        ;定义 b0
        .text
start:
        SSBX      FRCT               ;设置小数乘法
        STM       #b0,AR1            ;AR1 指向自定义数据存储器空间 b0
        RPT       #6
        MVPD      COEF, * AR1 +      ;完成系数的搬移,搬移到数据存储器空间
        STM       # -1,    AR0       ;设置 AR0 初始值
        STM       #xn +6,  AR2       ;设置指针
        STM       #b0 +6,  AR3       ;设置指针
        STM       #7,      BK;
        LD        #xn,     DP
        PORTR     PA1,     @ xn      ;输入 x(n)
FIR2:
        RPTZ      A,       #6        ;累加器 A 清 0,设置迭代次数
```

```
MAC        * AR2 + 0% , * AR3 + 0% , A;完成乘法、累加并移位
STH        A,           @ y      ;暂存 y(n)
PORTW      @ y,         PA0      ;输出 y(n)
BD         FIR2                  ;延迟执行下一条指令后,转移到 FIR2
PORTR      PA1,* AR2 + 0%        ;循环输入最新样本并修改 AR2 = AR2 + AR0;指向
                                 ;缓冲区底部
.end
```

（3）系数对称 FIR 滤波器的实现方法

系数对称的 FIR 滤波器，由于具有线性相位特性，因此应用很广，特别是对相位失真要求很高的场合（如调制解调器）。对于系数对称的 FIR 而言，其乘法的次数减少了一半，这是对称 FIR 的一个优点。但在数据存储器中需要开辟新和老两个循环缓冲区，指针也要设计两个，增加了算法的复杂度。

设 $N = 8$，系数对称 FIR 滤波器的算法为

$$y(n) = b_0[x(n) + x(n-7)] + b_1[x(n-1) + x(n-6)] + b_2[x(n-2) + x(n-5)] +$$
$$b_3[x(n-3) + x(n-4)]$$

为了有效地进行系数对称 FIR 滤波器的实现，C54x 提供了一个专门用于系数对称 FIR 滤波器的指令：

```
FIRS    Xmem,Ymem,Pmad
```

该指令的操作如下：

执行：Pmad→PAR

当（RC）≠0

$\quad$（B）+ [A（32 - 16）] ×（由 PAR 寻址 Pmem）→B

$\quad$ [（Xmem）+（Ymem）]≪16→A

$\quad$（PAR + 1）→PAR

$\quad$（RC）- 1→RC

FIRS 指令在同一机器周期内，通过 C 和 D 总线读两次数据存储器，同时通过 P 总线读程序存储区的一个系数。因此，在用 FIRS 实现系数对称的 FIR 滤波器时，需要注意以下两点。

第一，在数据存储器中开辟两个循环缓冲区，如 New 和 Old 缓冲区，分别存放 $N/2$ 个新数据和老数据，循环缓冲区的长度为 $N/2$。设置了循环缓冲区，就需要设置相应的循环缓冲区指针，如用 AR2 指向 New 缓冲区中最新的数据，用 AR3 指向 Old 缓冲区中最老的数据。

第二，将系数表存放在程序缓冲区内，如图 8.16 所示。

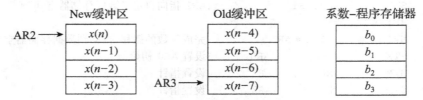

图 8.16　系数对称 FIR 滤波器缓冲区数据分配

于是，对称的 FIR 滤波器（$N = 8$）的源程序如下：

```
            .title      "FIR3.ASM"
            .mmregs
            .def start
            .bss y, 1
x_new:      .usect      "DATA1",4
x_old:      .usect      "DATA2",4
size        .set        4
PA0         .set        0
PA1         .set        1
            .data
COEF        .word       1*32768/10,2*32768/10
            .word       3*32768/10,4*32768/10
            .text
start:      LD          #y,DP
            SSBX        FRCT
            STM         #x_new,AR2           ;AR2 指向新缓冲区第一个单元
            STM         #x_old+(size-1),AR3  ;AR3 指向老缓冲区最后一个单元
            STM         #size,BK             ;设置循环缓冲区长度
            STM         #-1,AR0
            LD          #x_new,DP
            PORTR PA1,#x_new                 ;输入 x(n)
FIR:        ADD  *AR2+0% ,*AR3+0% ,A         ;AH=x(n)+x(n-7)(第一次)
            RPTZ        B,#(size-1)          ;B=0,下条指令执行 size 次
            FIRS *AR2+0% ,*AR3+0% ,COEF      ;B+=AH*b₀,AH=x(n-1)+X(n-6)等
            STH         B,@y                 ;保存结果
            PORTW       @y,PA0               ;输出结果
            MAR         *+AR2(2)%            ;修正 AR2,指向新缓冲区最老数据
            MAR         *AR3+%               ;修正 AR3,指向老缓冲区最老数据
            MVDD        *AR2,*AR3+0%         ;新缓冲区向老缓冲区传送一个数
                                             ;即将 x(n-3)送到 x(n-7)位置
            BD          FIR
            PORTR       PA1,*AR2             ;输入新数据至新缓冲区
            .end
```

2. 本例的带通滤波程序设计

上述实现 FIR 滤波器的方法各有优点和缺点, 本例使用循环缓冲区方法实现 N 阶 FIR 滤波器, 需要在数据存储器中开辟一个滑窗为 N 个单元的缓冲区, 用来存放最新的 N 个输入样本。根据 8.4.3 节的滤波器设计结果 $N=27$, 应用 FIR 数字滤波器的汇编程序 fir.asm 如下:

```
            .title      "fir.asm"
            .mmregs
            .global start
            .def start,_c_int00
INDEX       .set 1
KS          .set 256                         ;滤波处理数据量为 256
            .copy "firdata.inc"              ;滤波器系数文件
            .data
INPUT       .copy "indata.inc"              ;输入混合信号文件
OUTPUT      .space 1024                      ;为输出信号保留空间
```

```
FIR_DP   .usect "FIR_VARS",   0
D_FIN  .usect "FIR_VARS",   1
D_FOUT  .usect "FIR_VARS",   1
COFFTAB  .usect "FIR_COFF",   N          ;滤波系数预留 N 个空间
DATABUF  .usect "FIR_BFR",   N           ;数据缓冲区预留 N 个空间
BOS       .usect "STACK",   0FH
TOS       .usect "STACK",   1
          .text                          ;下面定义指针字符串与替代符号,使其相等
          .asg  AR0,   INDEX_P
          .asg  AR4,   DATA_P            ;数据缓冲区指针
          .asg  AR5,   COFF_P            ;系数指针
          .asg  AR6,   INBUF_P           ;输入数据指针
          .asg  AR7,   OUTBUF_P          ;输出数据指针
_c_int00:
          B  start
          NOP
          NOP
start:
          STM  #COFFTAB,  COFF_P
          RPT  #N - 1
          MVPD  #COFF_FIR,  * COFF_P +    ;将系数搬移到数据存储区
          STM  #INDEX,  INDEX_P
          STM  #DATABUF,  DATA_P
          RPTZ  A,  #N - 1
          STL  A,  * DATA_P +             ;数据存储区清零
          STM  #(DATABUF + N - 1),  DATA_P  ;数据缓冲区指针指向底部
          STM  #COFFTAB,  COFF_P          ;系数指针指向系数
FIR_TASK:
          STM  #INPUT,  INBUF_P           ;输入数据指针指向 INPUT 空间
          STM  #OUTPUT,  OUTBUF_P         ;输出数据指针指向 OUTPUT 空间
          STM  #KS - 1,  BRC              ;设置块循环计数器次数
          RPTBD  LOOP - 1                 ;执行块循环
          STM  #N,  BK
          LD  * INBUF_P +,  A             ;输入待滤波新数据 x(t)
FIR_FILTER:
          STL  A,  * DATA_P + %
          RPTZ  A,  N - 1
          MAC  * DATA_P + 0%,  * COFF_P + 0%,  A  ;实现循环缓冲区法滤波
          STH  A,  * OUTBUF_P +           ;将滤波结果 y(n)存入 OUTPUT 空间
LOOP:
EEND     B  EEND
          .end
```

对应于以上 FIR 滤波器的汇编程序的连接文件 fir. cmd 如下:

```
fir.obj
-m  fir.map
-o  fir.out
MEMORY
```

```
{
  PAGE 0:ROM1(RIX)    :ORIGIN=0080h,LENGTH=1000h
  PAGE 1:INTRAM1(RW)  :ORIGIN=2400h,LENGTH=0200h
INTRAM2(RW) :ORIGIN=2600h,LENGTH=0100h
INTRAM3(RW) :ORIGIN=2700h,LENGTH=0100h
INTRAM4(RW) :ORIGIN=2800h,LENGTH=0040h
B2B(RW)     :ORIGIN=0070h,LENGTH=0010h
}
SECTIONS
{
      .text     :{} > ROM1      PAGE 0
      .data     :{} > INTRAM1   PAGE 1
  FIR_COFF      :{} > INTRAM2 PAGE 1
  FIR_BFR       :{} > INTRAM3 PAGE 1
  FIR_VARS      :{} > INTRAM4 PAGE 1
      .stack    :{} >B2B        PAGE 1
}
```

8.4.5　带通滤波的结果及分析

在 CCS 3.3 环境下，选择 Project→New 命令，创建一个新工程，再选择 Add File to Project 命令，添加所需文件。文件编译连接后，装载产生的 .out 文件，运行后，利用 Graph 工具得到输入/输出波形，Graph 工具的设置如图 8.17 所示。

图 8.17　Graph 工具的设置

起始地址为 0x2400 时，得到输入波形地址。起始地址为 0x2500 时，得到输出波形。输入/输出波形的时域图分别如图 8.18、图 8.19 所示，输入/输出波形的频域图分别如图 8.20、图 8.21 所示。

从图 8.18～图 8.21 可以看出，输入信号由 $f1=1kHz$、$f2=5kHz$ 和 $f3=10kHz$ 的正弦信号叠加得到，通过带通滤波器的处理，输出信号为单一的正弦波信号，频率为 5kHz，达到了设计要求。

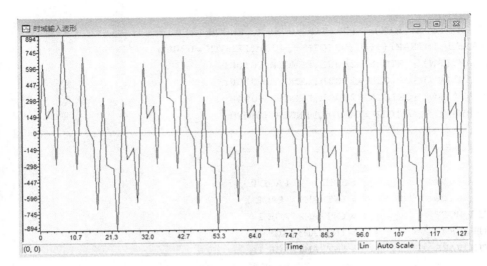

图 8.18　时域输入波形

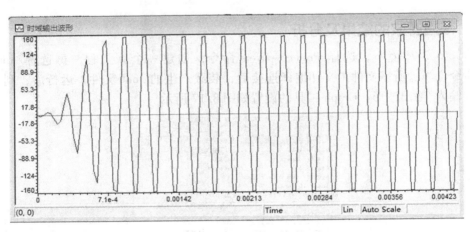

图 8.19　时域输出波形

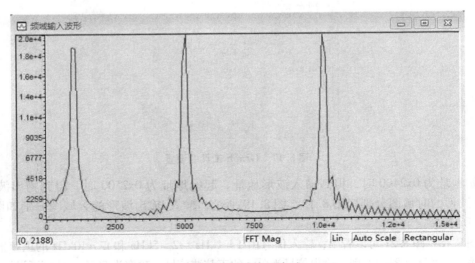

图 8.20　频域输入波形

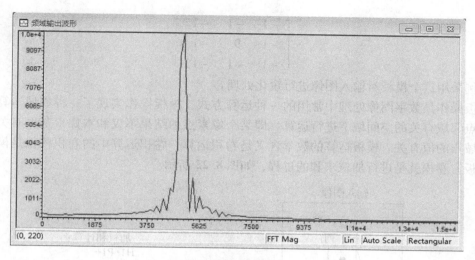

图 8.21 频域输出波形

8.5 图像信号的锐化处理

图像的传输或转换系统的传递函数对高频成分的衰减作用,会造成图像的细节和轮廓不清晰。图像锐化可以增强图像的边缘及灰度跳变部分,使图像的轮廓更加清晰。图像锐化是图像处理中的经典算法,广泛应用于各类图像的增强中。

8.5.1 图像锐化的原理

图像锐化就是加强图像中景物的细节和轮廓,使图像变得较清晰。在数字图像中,细节和轮廓就是灰度突变的地方。灰度突变在频域中代表了一种高频分量,如果使图像信号经历一个使高频分量得以加强的滤波器,就可以达到减少图像中的模糊、加强图像的细节和轮廓的目的。锐化恰好是一个与平滑相反的过程。它可对像素及其邻域进行加权平均,也就是用积分的方法实现图像的平滑,因此可以利用微分来实现图像锐化。

图像锐化常常采用拉普拉斯算法,它是微分锐化方法的一种。拉普拉斯运算是偏导数运算的线性组合,拉普拉斯算子是最简单的各向同性微分算子,具有旋转不变性。一个二维图像函数的拉普拉斯变换是各向同性的二阶导数,定义为

$$\Delta^2 f = \frac{\delta^2 f}{\delta^2 x} + \frac{\delta^2 f}{\delta^2 y} \tag{8.15}$$

对于数字图像 $f(i, j)$,由于扩散现象引起的图像模糊,可以用式 (8.16) 进行锐化

$$g(i, j) = f(i, j) - k_T \Delta^2 f(i, j) \tag{8.16}$$

其中,k_T 是与扩散效应有关的系数。该系数设置合理,锐化效果才会更好。本例中,k_T 取值为 2,通过变换可以得到锐化后的图像的像素值 $g(i, j)$ 表达式:

$g(i, j) = 9f(i, j) - f(i-1, j-1) - f(i-1, j) - f(i+1, j) - f(i, j-1) - f(i+1, j-1) - f(i, j+1) - f(i+1, j+1)$

通过这个表达式可以得到拉普拉斯模板为

$$\begin{bmatrix} -1 & -1 & -1 \\ -1 & 9 & -1 \\ -1 & -1 & -1 \end{bmatrix}$$

本例采用这个模板对输入图像进行锐化处理。

模板操作是数字图像处理中常用的一种运算方式，模板操作实现了一种邻域运算，只在与处理点邻域有关的空间域上进行运算，即某个像素点的结果不仅和本像素灰度有关，而且和其邻域点的值有关。模板运算的数学含义是卷积运算，卷积运算中的卷积核就是模板运算中的模板，卷积就是进行加权求和的过程，如图 8.22 所示。

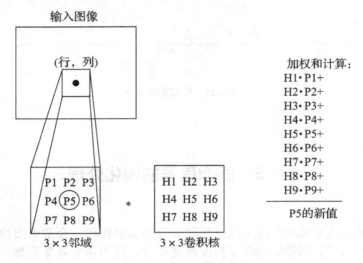

输入图像

(行，列)

加权和计算：
H1·P1+
H2·P2+
H3·P3+
H4·P4+
H5·P5+
H6·P6+
H7·P7+
H8·P8+
H9·P9+

P5的新值

P1	P2	P3
P4	P5	P6
P7	P8	P9

*

H1	H2	H3
H4	H5	H6
H7	H8	H9

3×3邻域   3×3卷积核

图 8.22　卷积运算示意图

卷积核中的元素称作加权系数（亦称为卷积系数）。卷积核中的系数大小及排列顺序，决定了对图像进行处理的类型。改变卷积核中的加权系数，会影响总和的数值与符号，从而影响所求像素的新值。在图像上移动模板（卷积核）遍历全图像，就实现了图像的处理。需要注意的是，若计算出来的像素值的动态范围超过最大值或最小值，简单地将其值置为 0 或 255 即可。

8.5.2　图像锐化的编程实现

根据模板操作的运算方式，用 C 语言编写拉普拉斯子程序、图像产生代码和主函数。

1. 拉普拉斯子程序

该子程序代码主要实现拉普拉斯算子通过模板运算对输入图像进行锐化处理，并对锐化后的像素值进行处理，将大于 255 的像素值赋值为 255，将锐化后小于 0 的像素值赋值为 0。

```
#define IMAGEWIDTH 80 //定义图像的大小
#define IMAGEHEIGHT 80
externunsignedchar dbImage[IMAGEWIDTH * IMAGEHEIGHT];
externunsignedchar dbTargetImage[IMAGEWIDTH * IMAGEHEIGHT];
int mi,mj,m_nWork1,m_nWork2;
unsignedint m_nWork,* pWork;
unsignedchar * pImg1,* pImg2,* pImg3,* pImg;//定义指向原图和目标图的指针
unsignedint x1,x2,x3,x4,x5,x6,x7,x8,x9;//定义 3×3 矩阵的元素变量
```

```
void Laplace(int nWidth,int nHeight){
int i;
pImg = dbTargetImage;                          //初始化目标图
for ( i =0;i < IMAGEWIDTH;i + + ,pImg + + )
    ( * pImg) = 0;
( * pImg) = 0;
pImg1 = dbImage;                               //指针指向 3 ×3 矩阵
pImg2 = pImg1 + IMAGEWIDTH;
pImg3 = pImg2 + IMAGEWIDTH;
for ( i =2;i < nHeight;i + + )                  //遍历输入图像的每一行
{
    pImg + +;
    x1 = ( * pImg1); pImg1 + +; x2 = ( * pImg1); pImg1 + +;// 将 3 ×3 矩阵的元素赋值给
                                                               变量
    x4 = ( * pImg2); pImg2 + +; x5 = ( * pImg2); pImg2 + +;
    x7 = ( * pImg3); pImg3 + +; x8 = ( * pImg3); pImg3 + +;
    for ( mi =2;mi < nWidth;mi + + ,pImg + + ,pImg1 + + ,pImg2 + + ,pImg3 + + )//遍历
输入图像的每一列,对每个像素点用拉普拉斯算子进行运算
    {
        x3 = ( * pImg1); x6 = ( * pImg2); x9 = ( * pImg3);
        m_nWork1 = x5 < <3; m_nWork1 + = x5;//本行和下一行代码是拉普拉斯算子模板的
                                                    实现
        m_nWork2 = x1 + x2 + x3 + x4 + x6 + x7 + x8 + x9;    //模板
        m_nWork1 - = m_nWork2;
        if ( m_nWork1 >255 )m_nWork1 =255;  //对锐化后的像素值进行处理,将大于 255 的
                                                   像素值赋值为 255
        elseif ( m_nWork1 <0 )m_nWork1 =0;  //将锐化后小于 0 的像素值赋值为 0
        ( * pImg) = m_nWork1;
        x1 = x2; x2 = x3;
        x4 = x5; x5 = x6;
        x7 = x8; x8 = x9;
    }
    ( * pImg) = 0; pImg + +;
  }
}
```

2. 图像产生的代码

　　本段代码主要实现图像初始化。本例对图像进行锐化时,不仅采用计算机系统自带的 .bmp图像,在读取图像的子函数中还自定义了图像。根据传入的不同参数 nMode,初始化图像。当参数 nMode 为 MODEGRAY 时,通过相应代码产生由连续灰度组成的图像;当参数 nMode 为 MODEPHOTO1 时,直接调用 ReadImage 函数来读取输入图像 DSP.bmp。

```
#include < stdio.h >
void ReadImage(unsignedchar *pImage,char *cFileName,int nWidth,int nHeight);
void InitImage ( unsignedint nMode, unsignedchar * pImage, int nWidth, int
nHeight)
{
int x,y,nWork,nWork1;
unsignedchar * pWork;
```

```
    int nPointx = nWidth /2;
    int nPointy = nHeight /2;
    float fWork;
    switch ( nMode )            //根据传入的不同参数 nMode,初始化图像
    {
        case MODEGRAY: //nMode 为 MODEGRAY,产生由连续灰度组成的图像
          pWork = pImage;
          nWork1 = nHeight - nPointy; nWork = nWork1 * nWork1;
          nWork1 = nWidth - nPointx; nWork + = (nWork1 * nWork1);
          nWork/=256;
          for ( y = 0;y < nHeight;y + + )
          {
              for ( x = 0;x < nWidth;x + +,pWork + + )
              {
              nWork1 = (x - nPointx) * (x - nPointx) + (y - nPointy) * (y - nPointy);
              nWork1 = 255 - nWork1 /nWork;
              if ( nWork1 < 0 )nWork1 = 0;
              elseif ( nWork1 > 255 )nWork1 = 255;
              ( * pWork) = nWork1;
              }
          }
        break;
          case MODEPHOTO1: //nMode 为 MODEPHOTO1,调用 ReadImage 函数来读取输入图像
    ReadImage(pImage," C: \Users \a \workspace _v5 _5 \ruihua3 \DSP.bmp ", nWidth,
nHeight);
        break;
        default:
        break;
      }
    }
    void ReadImage(unsignedchar * pImage,char * cFileName,int nWidth,int nHeight)
    //该函数功能:实现读取输入图像
    {
    int j;
    unsignedchar * pWork;
    FILE * fp;
    if ( fp = fopen(cFileName,"rb" ) )
    {
        fseek( fp,1078L,SEEK_SET);
        pWork = pImage + (nHeight - 1) * nWidth;
        for ( j = 0;j < nHeight;j + +,pWork - = nWidth )
          fread(pWork,nWidth,1,fp);
        fclose( fp);
      }
    }
```

3. 主函数

通过运行本段程序来调用上述定义的相应子程序，完成图像输入并实现图像锐化功能。

```
#define IMAGEWIDTH 80
```

```
    #define IMAGEHEIGHT 80
void Laplace(int nWidth,int nHeight);
    void  InitImage ( unsignedint  nMode, unsignedchar  * pImage, int  nWidth,
intnHeight);
    unsignedchar dbImage[IMAGEWIDTH * IMAGEHEIGHT];
    unsignedchar dbTargetImage[IMAGEWIDTH * IMAGEHEIGHT];
    int main()
    {
    InitImage(MODEGRAY,dbImage,IMAGEWIDTH,IMAGEHEIGHT);//BreakPoint
    Laplace(IMAGEWIDTH,IMAGEHEIGHT);//调用锐化的子程序实现图像锐化

    InitImage(MODEPHOTO1,dbImage,IMAGEWIDTH,IMAGEHEIGHT);//BreakPoint
    Laplace(IMAGEWIDTH,IMAGEHEIGHT);
    while(1);                    //BreakPoint
    }
```

8.5.3　图像锐化结果及分析

本例使用 CCS 5.5 软件。首先创建项目工程，配置选择 C5500 系列；其次将编写的上述代码文件添加到工程中，如图 8.23 所示。

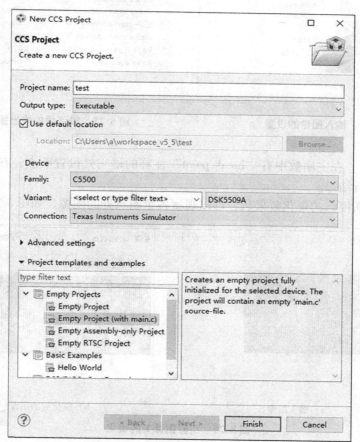

图 8.23　添加文件到工程

完成程序调试，并观察输入和输出图像。

1）设置观察窗口，输入图像的设置如图 8.24 所示。

2）锐化后的输出图像的设置如图 8.25 所示。

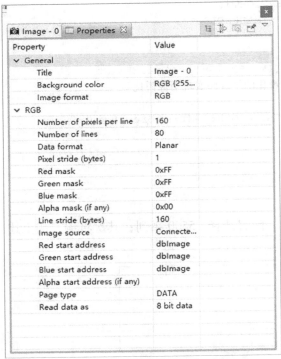

图 8.24　输入图像的设置

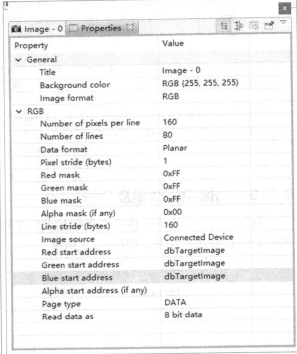

图 8.25　锐化后的输出图像的设置

3）设置断点，在主函数中有"break point"注释的语句处设置断点，在程序运行过程中观察每一步的运行结果。

得到拉普拉斯模板的锐化效果后，可以观察各个断点处的图像，如图 8.26 所示。

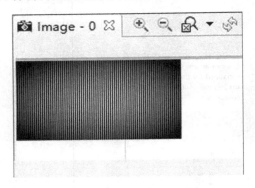
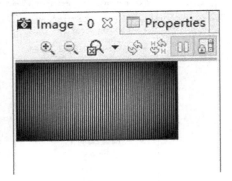

a）输入图像　　　　　　　b）锐化后的图像

图 8.26　实验图像 1 的锐化

a）输入图像　　　　　　　　　　　　　　b）锐化后的图像

图 8.27　实验图像 2 的锐化

实验图像 1 由连续的灰度组成，用拉普拉斯算子使得灰白对比度有了改善，但是图像没有体现突变的信息，如图 8.26 所示。

实验图像 2 通过对锐化前后的图像进行对比可以看出，通过锐化，原图中的分界处更加明显，加强了图像的细节和轮廓，图像更加清晰，如图 8.27 所示。

思考题

1. 在 8.2 节中，正弦波信号发生器产生了一个 2kHz 的正弦信号，请修改程序，产生一个频率为 4kHz 的正弦信号。

2. 在第 1 题的基础上，新建一个工程文件，使用 TMS320VC5402 的定时器 1 产生余弦信号，同时使用定时器 0 产生正弦信号。

3. 用 C 语言编写 FFT 算法程序，实现周期为 100ms 的方波的谱分析。

4. 实现 FIR 滤波器的延迟线 z^{-1}，C54x 有几种方法？

5. 在 FIR 滤波器设计中，请使用 C54x 的 FIRS 指令完成滤波运算。

6. 编写用循环缓冲区实现 FIR 滤波器的源程序。

7. 利用位倒序循址方式对 512 个数据进行位倒序排列，应如何编写程序代码？

参考文献

［1］TEXAS INSTRUMENTS. TMS320C54x DSP Reference Set Volume1：CPU and Peripherals ［DB/OL］．［1999］. https：//speech. di. uoa. gr/dsp/manuals/E16. pdf.

［2］TEXAS INSTRUMENTS. TMS320 DSP/ BIOS User's Guide ［DB/OL］．［2004］. http：//my. fit. edu/~ vkepuska/ece3552/TI% 20DSP – BIOS/BIOS/spru423f. pdf.

［3］TEXAS INSTRUMENTS. TMS320C5000 DSP/ BIOS Application Programming Interface（API）Reference Guide ［DB/OL］．［2004］. http：//www. ti. com/lit/ug/spru404g/spru404g. pdf.

［4］TEXAS INSTRUMENTS. Code Composer Studio Getting Started Guide ［DB/OL］．［2001］. https：// perso. esiee. fr/~ baudoing/CD/DocsTi/pdf/spru509. pdf.

［5］TEXAS INSTRUMENTS. CCS Tutorial ［DB/OL］．［2007］. https：//www. javatpoint. com/css – tutorial.

［6］TEXAS INSTRUMENTS. TMS320C54x DSP Reference Set Volume5：Enhanced Peripherals ［DB/OL］．［2007］. http：//www. ti. com. cn/cn/lit/ug/spru302b/spru302b. pdf.

［7］TEXAS INSTRUMENTS. TMS320C54x DSP Reference Set Volume4：Applications Guide ［DB/OL］．［1996］. http：//www. ti. com/lit/ug/spru173/spru173. pdf.

［8］汪春梅，孙洪波. TMS320C55x DSP 原理及应用 ［M］. 5 版. 北京：电子工业出版社，2018.

［9］蔺鹏，胡玫. TMS320C55x DSP 原理及应用 ［M］. 北京：清华大学出版社，2015.

［10］赵洪亮. TMS320C55x DSP 应用系统设计 ［M］. 2 版. 北京：北京航空航天大学出版社，2010.

［11］彭启琮. DSP 技术的发展与应用 ［M］. 2 版. 北京：高等教育出版社，2007.

［12］KUO S M，LEE B H，TIAN W. 数字信号处理原理、实现与应用：基于 MATLAB/Simulink 与 TMS320C55x DSP 的实现方法 ［M］. 北京：清华大学出版社，2017.

［13］乔瑞萍，张涛，张芳娟. TMS320C54x 系列 DSP 原理及应用 ［M］. 西安：西安电子科技大学出版社，2005.

［14］钟睿. DSP 技术完全攻略：基于 TI 系列的 DSP 设计与开发 ［M］. 北京：化学工业出版社，2015.

［15］张永祥，宋宇，袁慧梅. TMS320C54x 系列 DSP 原理及应用 ［M］. 北京：清华大学出版社，2011.

［16］TEXAS INSTRUMENTS INCORPORATED. TMS320C54x 系列 DSP 的 CPU 与外设 ［M］. 北京：清华大学出版社，2006.

［17］戴明桢，周建江. TMS320C54xDSP 结构原理及应用 ［M］. 北京：北京航空航天大学出版社，2001.

［18］张雄伟，陈亮，徐光辉. DSP 芯片的原理与开发应用 ［M］. 3 版. 北京：电子工业出版社，2003.